Louis Figuier

Les Aérostats

Les Merveilles de la science

ISBN : 978-1519556950

10 9 8 7 6 5 4 3 2 1

Louis Figuier

Les Aérostats

Les Merveilles de la science

Table de Matières

Aucune découverte n'a excité, autant que celle des aérostats, la surprise, l'admiration, l'émotion universelles. Il n'y eut en Europe, qu'un cri d'enthousiasme pour les navigateurs intrépides qui, les premiers, osèrent s'élancer dans le vaste champ des airs. En effet, jamais l'orgueil humain n'avait rencontré de triomphe plus éclatant en apparence. L'homme venait, disait-on, de marcher à la conquête de l'atmosphère. Ces plaines infinies, dont l'œil est impuissant à sonder l'étendue, désormais devenaient son domaine ; il pouvait à son gré parcourir son nouvel empire, il régnait en maître sur ces régions inexplorées. Ainsi le monde n'offrait plus de barrières, l'espace n'avait plus d'abîmes que son génie ne pût franchir. On s'abandonnait de toutes parts, à l'orgueil de cette pensée ; on applaudissait à ce résultat inespéré des sciences physiques qui, à peine à leur naissance, venaient de donner un si magnifique témoignage de leur puissance. On ne mettait pas en doute la possibilité de régulariser bientôt et de diriger à travers les airs la marche de ces nouveaux esquifs, et la navigation atmosphérique apparaissait déjà comme une création prochaine.

De tout cet éclat et de tout ce retentissement, de cet enthousiasme qui, d'un bout à l'autre de l'Europe, enflammait les esprits, de ces espérances ardentes, de ces aspirations inouïes, qu'est-il resté ? L'histoire n'offre aucun autre exemple d'une découverte aussi applaudie, aussi exaltée à sa naissance, aussi délaissée bientôt après. Les aérostats semblaient appelés à régénérer la science, en lui ouvrant des moyens d'expérimentation d'une portée toute nouvelle ; cependant ils n'ont guère servi qu'à satisfaire, dans les fêtes publiques, une vaine curiosité. Les résultats qu'ont retirés de leur emploi les différentes branches de la physique et de la météorologie, n'ont qu'une valeur très-secondaire. La possibilité de s'élever dans les airs et d'y séjourner quelque temps, certains faits, d'une importance médiocre, ajoutés à la météorologie, quelques moyens nouveaux d'expérimentation offerts aux physiciens, l'espérance lointaine, et d'ailleurs très-vivement contestée, d'arriver un jour à la direction des ballons : voilà tout ce qu'a produit, sous le rapport scientifique, une découverte qui semblait dans ses débuts si riche de promesses.

Cependant il y a dans le seul fait d'une ascension dans les airs, quelque chose de si grand, de si noble et de si hardi, quelques traits si bien en rapport avec l'audace et le génie de l'homme, que l'on a toujours recherché et accueilli avec intérêt tout ce qui se rapporte aux aérostats. Nous présenterons donc avec quelques détails l'histoire d'une découverte qui a toujours tenu une si grande place dans les préoccupations du public.

CHAPITRE PREMIER

LES FRÈRES MONTGOLFIER. — EXPÉRIENCE D'ANNONAY. — ASCENSION DU PREMIER BALLON À GAZ HYDROGÈNE AU CHAMP DE MARS DE PARIS.

Personne n'ignore que l'invention des aérostats, d'origine toute française, appartient aux frères Etienne et Joseph Montgolfier. Rien n'avait pu faire pressentir encore une découverte de ce genre, lorsque, le 4 juin 1783, ils firent à Annonay leur première expérience publique.

Étienne et Joseph Montgolfier étaient les fils d'un manufacturier connu depuis longtemps pour son habileté dans l'art de la fabrication du papier. La famille Montgolfier était originaire de la petite ville d'Ambert, en Auvergne ; on voyait encore, vers le milieu du siècle dernier, sur le penchant d'une colline qui domine la ville, les ruines d'une très-ancienne résidence de la famille Montgolfier, qui paraît avoir donné ou pris son nom au pays qu'elle habitait[1]. Les Montgolfier avaient embrassé avec ardeur la cause de la réforme. Après les massacres de la Saint-Barthélemy en 1572, leurs biens furent confisqués, leurs papeteries détruites, et ils vinrent se réfugier, avec les débris de leur fortune, dans les montagnes du Vivarais. Les établissements nouveaux qu'ils fondèrent plus tard à Annonay, ne tardèrent pas à acquérir beaucoup d'importance, et dès le commencement du dix-huitième siècle, la manufacture de Pierre Montgolfier était connue dans toute l'Europe pour la perfection de ses produits.

C'est au milieu de cette famille, vouée depuis des siècles à la pratique de l'industrie et des arts, sous les yeux d'un père distingué par ses talents, ses lumières et sa probité, vivant en patriarche entre ses ouvriers et ses enfants, que naquirent les inventeurs de la machine aérostatique. Destinés à se livrer par état aux opérations industrielles, ils s'y préparèrent de bonne heure par l'étude des sciences, dont plus tard ils ne perdirent jamais le goût.

Fig. 255. — Étienne Montgolfier.

Étienne Montgolfier joignit à cette éducation commune une instruction spéciale qu'il alla de bonne heure chercher à Paris. Il se destinait à l'architecture, et devint élève de Soufflot. On voit encore, dans les environs de Paris, des églises et des maisons bâties d'après ses plans, qui témoignent de ses talents et de son goût. Il avait, en outre, pour les mathématiques des dispositions précoces qui lui valaient l'estime des savants les plus distingués. Son père le rappela, pour prendre part à la direction de la manufacture héréditaire. De retour à Annonay, Étienne Montgolfier apporta à sa famille l'utile secours de ses connaissances[2]. Il découvrit divers procédés de fabrication, que les Hollandais, longtemps nos rivaux en ce genre, enveloppaient d'un impénétrable mystère, et contribua pour beaucoup à amener la révolution qui s'est opérée à cette époque dans cette branche de l'industrie française.

Son frère, Joseph Montgolfier, qui partagea ses travaux et sa gloire, avait comme lui ressenti de bonne heure un goût très-vif pour les sciences mathématiques ; mais il avait un genre d'esprit particulier qui l'éloignait des règles et des méthodes de travail habituelles aux géomètres. Dans l'exécution de ses calculs, il s'écartait toujours des voies connues ; il combinait pour lui-même, à l'aide de tâtonnements empiriques, certaines formules dont il se servait pour résoudre les problèmes les plus difficiles, il possédait moins de connaissances que son frère, mais il avait reçu en partage un génie véritablement inventif, marqué cependant au coin d'une certaine bizarrerie. Placé à l'âge de treize ans au collège de Tournon, il n'avait pu se plier aux exigences de l'enseignement classique, et il partit un beau matin, décidé à descendre jusqu'à la Méditerranée pour y vivre en ermite le long de la plage. La faim l'arrêta dans une métairie du bas Languedoc ; il fallut reprendre le chemin du collège.

Cependant il réussit à s'enfuir une seconde fois, et gagna la ville de Saint-Étienne. Arrivé là, il s'enferma dans un misérable réduit, et, pour subvenir à ses besoins, il se mit à fabriquer du bleu de Prusse et quelques autres sels employés dans les arts, qu'il allait ensuite colporter lui-même dans les hameaux du Vivarais. Il vivait du produit de la pêche et de la vente de ses sels. Il put ainsi acheter des livres et des outils ; il se procura même assez d'argent pour se rendre à Paris. Il s'était proposé, en effet, de séjourner quelque temps dans la capitale, pour se mettre en rapport avec les savants, et puiser dans leur entretien, des conceptions et des idées nouvelles.

Il trouva installées au café Procope toute la littérature et toute la science du jour, et c'est là qu'il établit avec divers savants des relations dont il sut profiter. Son père l'ayant rappelé sur ces entrefaites, il revint à Annonay, pour participer aux travaux de la fabrique. Il put dès lors donner carrière à toute son ardeur d'invention. Mais ses idées étaient si hardies et si nouvelles, que l'esprit d'ordre et d'économie de la maison s'en effraya à bon droit ; on dut bien des fois contenir son ardeur en de plus sages limites.

Cette brillante faculté d'invention départie par la nature à Joseph Montgolfier, avait besoin d'être rectifiée et contenue par un esprit plus calme et plus méthodique. Il trouva dans la sagesse de vues et dans la prudence de son frère les qualités qui lui manquaient. Aussi la plus parfaite intimité morale s'établit-elle bien vite entre les deux Montgolfier. Si différentes par leurs qualités et leurs allures, ces deux intelligences étaient cependant nécessaires et presque indispensables l'une à l'autre. Dès ce jour, les deux frères mirent en commun toutes leurs vues, toutes leurs conceptions, toutes leurs pensées scientifiques ; et c'est ainsi que s'établit entre eux cette communauté d'existence morale, cette double vie intellectuelle, qui seule fait comprendre leurs travaux et leurs succès. Avant l'invention des aérostats, plusieurs découvertes avaient déjà rendu le nom des Montgolfier célèbre dans les sciences mécaniques, et plus tard cette découverte n'arrêta pas l'essor de leurs utiles travaux[3].

On comprendra, d'après cela, qu'il serait tout à fait hors de propos de chercher à établir ici auquel des deux Montgolfier appartient la pensée primitive de l'invention qui va nous occuper. Ils ont tous les deux constamment tenu à honneur de repousser les investigations de ce genre, et nous n'essayerons pas de dénouer ce faisceau généreux que l'amitié fraternelle s'est plu elle-même à confondre et à lier.

La ville d'Annonay est située au pied des montagnes du Vivarais, En contemplant le spectacle continuel de la production et de l'ascension des nuages, qu'ils voyaient chaque jour se former sur le flanc de ces montagnes, en méditant sur les causes de la suspension et de l'équilibre de ces masses énormes qui se promènent dans les cieux, les frères Montgolfier conçurent l'espoir d'imiter la nature dans l'une de ses opérations les plus brillantes. Il ne leur parut pas impossible de composer des nuages factices, qui, à l'imitation des nuages naturels, s'élèveraient dans les plus hautes régions des airs. Pour reproduire, autant que possible, les conditions que présente la nature, ils essayèrent de renfermer de la vapeur d'eau dans une enveloppe à la fois résistante et légère. Ce nuage factice s'élevait dans l'air, mais la température extérieure ramenait bientôt la vapeur à l'état liquide, l'enveloppe se mouillait, et l'appareil retombait sur le sol. Ils tentèrent sans plus de succès d'emmagasiner la fumée produite par la combustion du bois et contenue dans une enveloppe de toile. La fumée reçue dans cette enveloppe se refroidissait et ne parvenait point à soulever le petit appareil.

Sur ces entrefaites, parut en France la traduction de l'ouvrage de Priestley :*Des différentes espèces d'air*. Dans ce livre, qui devait exercer une influence décisive sur la création et le développement de la chimie, Priestley faisait connaître un grand nombre de gaz nouveaux ; il exposait en termes généraux les propriétés, les caractères, le poids spécifique, les différences relatives des fluides élastiques. Étienne Montgolfier lut cet ouvrage à Montpellier, où il se trouvait alors.

En revenant à Annonay, il réfléchissait profondément sur les faits signalés par le physicien anglais, et c'est en montant la côte de Serrière, qu'il fut frappé, dit-il dans son *Discours à l'Académie de Lyon*, de la possibilité de faire élever des corps dans l'air atmosphérique, en tirant parti de l'une des propriétés reconnues aux gaz par Priestley. Il devait suffire, pour s'élever dans l'atmosphère, de renfermer dans une enveloppe d'un faible poids, un gaz plus léger que l'air : l'appareil s'élèverait, en vertu de son excès de légèreté sur l'air environnant, jusqu'à ce qu'il rencontrât, à une certaine hauteur, des couches dont la pesanteur spécifique le maintint en équilibre.

Rentré chez lui, Étienne Montgolfier se hâta de communiquer cette pensée à son frère, qui l'accueillit avec transport. Dès ce moment, ils furent certains de réussir dans leurs tentatives pour imiter et reproduire les nuages.

Ils essayèrent d'abord de renfermer dans diverses enveloppes le *gaz inflammable*, c'est-à-dire le gaz hydrogène qui est quatorze fois plus léger que l'air. Mais l'enveloppe de papier dont ils se servirent était perméable au gaz, elle laissait transpirer l'hydrogène, l'air entrait à sa place, et le globe, un moment soulevé, ne tardait pas à redescendre. D'ailleurs, l'hydrogène était un gaz à peine connu à cette époque ; sa préparation était difficile et coûteuse, on renonça, pour le moment, à en faire usage.

Après avoir essayé quelques autres gaz ou vapeurs, les frères Montgolfier en vinrent à penser que l'électricité, qu'ils regardaient comme l'une des causes de l'ascension et de l'équilibre des nuages, pourrait produire l'ascension-d'un corps assez léger. Ils cherchèrent donc à composer un gaz affectant des propriétés électriques. Ils s'imaginèrent obtenir un gaz de cette nature en faisant un mélange d'une vapeur à propriétés alcalines avec une autre vapeur qui serait dépourvue de ces propriétés.

Pour former un tel mélange, ils firent brûler ensemble de la paille légèrement mouillée et de la laine, matière animale qui donne naissance, en brûlant, à des gaz qui présentent une réaction alcaline due à la présence d'une petite quantité de carbonate d'ammoniaque. Ils reconnurent que la combustion de ces deux corps au-dessous d'une enveloppe de toile ou de papier, provoquait l'ascension rapide de l'appareil.

L'idée théorique qui amena les Montgolfier à la découverte des ballons, ne supporte pas un moment l'examen. C'est une de ces conceptions vagues et mal raisonnées, comme on en trouve tant à cette époque de renouvellement pour les sciences modernes. L'ascension de ces petits globes s'expliquait tout simplement par la dilatation de l'air échauffé, qui devient ainsi plus léger que l'air environnant, et tend dès lors à s'élever, jusqu'à ce qu'il rencontre des couches d'une densité égale à la sienne. La fumée abondante produite par la combustion de la laine et de la paille mouillée, ne faisait qu'augmenter le poids de l'air chaud, sans amener aucun des avantages sur lesquels les inventeurs avaient compté.

De Saussure prouva parfaitement, l'année suivante, la vérité de cette explication. Pour terminer la discussion élevée à ce sujet entre les physiciens, il prit un petit ballon de papier, ouvert à sa partie inférieure, et introduisit, avec précaution, dans son intérieur, un fer à souder rougi au blanc. Aussitôt la petite machine se gonfla, et s'éleva au plafond de l'appartement. Il fut ainsi bien démontré que la raréfaction de l'air par la chaleur était la seule cause du phénomène, et l'on cessa de donner le nom fort impropre de *gaz Montgolfier* au mélange gazeux qui déterminait l'ascension.

Fig. 257. — Joseph Montgolfier.

C'est à Avignon que les frères Montgolfier firent le premier essai d'un petit appareil fondé sur les principes qui viennent d'être expliqués. Au mois de novembre 1782, Étienne Montgolfier construisit un parallélipipède creux, de soie, d'une très-petite capacité, puisqu'il contenait seulement deux mètres cubes d'air ; et il vit, avec une joie facile à comprendre, ce petit ballon s'élever au plafond de sa chambre. De retour à Annonay, il s'empressa de répéter l'expérience avec son frère. Ils opérèrent en plein air avec ce même appareil qui s'éleva devant eux à une grande hauteur.

Encouragés par ce résultat, les frères Montgolfier construisirent un ballon plus grand qui pouvait contenir vingt mètres cubes d'air. Ce nouvel essai réussit parfaitement ; la machine s'éleva avec tant de force qu'elle brisa les cordes qui la retenaient, et alla tomber sur un coteau voisin, après avoir atteint une hauteur de trois cents mètres.

Dès lors, certains du succès, ils se mirent à construire un appareil de grande dimension, et résolurent d'exécuter, sur une des places de la ville d'Annonay, une expérience solennelle, pour faire connaître et constater publiquement leur découverte.

Cette expérience eut lieu le 4 juin 1783, en présence de la ville entière. L'assemblée des états particuliers du Vivarais, qui siégeait en ce moment dans la ville d'Annonay, assista en corps à cet essai mémorable.

La machine aérostatique avait douze mètres de diamètre ; elle était faite de toile d'emballage doublée de papier. À sa partie inférieure, on avait disposé un réchaud de fil de fer, sur lequel on brûla dix livres de paille mouillée et de laine hachée. Aussitôt elle fit effort pour se soulever, on l'abandonna à elle-même, et elle s'éleva aux acclamations des spectateurs. Elle parvint en dix minutes, à cinq cents mètres de hauteur ; mais, comme elle perdait la plus grande partie de l'air chaud, par suite de la perméabilité de la toile et du papier, on la vit bientôt redescendre lentement vers la terre.

Un procès-verbal de cette belle expérience, fut dressé par les membres des états du Vivarais et expédié à l'Académie des sciences de Paris. Sur la demande de M. de Breteuil, alors ministre, l'Académie nomma une commission, pour prendre connaissance de ces faits. Lavoisier, Cadet, Condorcet, Desmarets, l'abbé Bossut,

Brisson, Leroy et Tillet, composaient cette commission.

Fig. 256. — Expérience faite à Annonay, le 4 juin 1783, par les frères Montgolfier.

Étienne Montgolfier fut mandé à Paris et prévenu que l'expérience serait répétée prochainement aux frais de l'Académie.

La nouvelle de l'ascension d'Annonay, répandue bientôt dans tout Paris, y causait une impression des plus vives. La curiosité du public et des savants était trop vivement excitée pour que l'on s'accommodât des lenteurs habituelles des commissions académiques. Il fallait à tout prix répéter l'expérience sous les yeux des habitants de la capitale.

Louis Figuier

Faujas de Saint-Fond, professeur au Jardin des plantes, ouvrit une souscription pour subvenir aux frais de l'entreprise. Dix mille francs furent recueillis en quelques jours. Les frères Robert, habiles constructeurs d'instruments de physique, furent chargés d'édifier la machine ; le professeur Charles, jeune alors et tout brûlant de zèle, se chargea de diriger le travail.

Cette entreprise offrait, pourtant, beaucoup de difficultés, on le comprendra sans peine. Le procès-verbal de l'expérience de Montgolfier, les lettres d'Annonay qui en avaient raconté les détails, ne donnaient aucune indication sur les gaz dont s'étaient servis les inventeurs : on se bornait à dire que la machine avait été remplie avec un gaz *moitié moins pesant que l'air ordinaire*. Charles ne perdit pas son temps à chercher quel était le gaz dont Montgolfier avait fait usage. Il comprit que, puisque l'expérience avait réussi avec un gaz qui n'avait que la moitié du poids spécifique de l'air, elle réussirait bien mieux encore avec le gaz hydrogène, qui pèse quatorze fois moins que l'air. En conséquence, il prit le parti de remplir le ballon avec le gaz inflammable.

Mais cette opération elle-même n'était pas sans difficultés ; l'hydrogène était encore un gaz à peine observé ; on ne l'avait jamais préparé que dans les cours publics et en opérant sur de faibles quantités ; les savants eux-mêmes ne le maniaient pas sans quelque crainte, à cause des dangers qu'il présente par son inflammabilité. Or, il fallait obtenir et accumuler dans un même réservoir, plus de quarante mètres cubes de ce gaz.

On se mit à l'œuvre néanmoins. On s'établit dans les ateliers des frères Robert, situés près de la place des Victoires. Il fallait, pour la première fois, imaginer et construire les appareils nécessaires à la préparation et à la conservation des gaz. Beaucoup de dispositions différentes furent essayées, sans trop de succès. Enfin, pour procéder au dégagement de l'hydrogène, on disposa l'appareil de la manière suivante. On plaça dans un tonneau : de l'eau et de la limaille de fer. Le fond supérieur de ce tonneau était percé de deux trous : l'un donnait passage à un tube de cuir, destiné à conduire le gaz dans l'intérieur du ballon ; l'autre était simplement fermé par un bouchon. On ajoutait successivement, par ce dernier orifice, l'acide sulfurique, qui devait produire le gaz hydrogène, en réagissant sur le fer. Au moment de l'effervescence on ouvrait un robinet adapté au tube de cuir, et le gaz s'introduisait dans le ballon.

On voit, d'après ces manœuvres grossières, combien on était encore peu avancé, à cette époque, dans l'art de manier les gaz. C'était réellement l'enfance de la préparation de l'hydrogène, et l'on comprend quels obstacles il fallut surmonter avant d'atteindre au but proposé.

Les difficultés furent telles qu'elles firent douter quelque temps du succès de l'entreprise. Ainsi la chaleur provoquée par l'action de l'acide sulfurique sur le fer était si élevée, qu'une grande quantité d'eau était réduite en vapeurs ; ces vapeurs étaient mêlées d'acide sulfureux, car ce gaz prend naissance par suite de la réaction, très-énergique, de l'acide sulfurique sur le fer. Or ces vapeurs, rendues corrosives par la présence de l'acide sulfureux, attaquaient les parois du ballon : une fois condensées, elles coulaient le long du taffetas et venaient se réunir à sa partie inférieure ; il fallait donc, de temps en temps, les faire écouler en ouvrant le robinet et en secouant le taffetas[4]. De plus, la chaleur développée par la réaction, se communiquait au tube de cuir, et de là au ballon lui-même. Il fallait donc pour refroidir ses parois, l'arroser sans cesse avec une petite pompe.

Par suite de ces mauvaises dispositions et de la difficulté des manœuvres, on perdait la plus grande partie du gaz formé à l'intérieur du tonneau. Aussi quatre jours furent-ils nécessaires pour remplir le ballon. Nous donnerons une idée des pertes de gaz éprouvées pendant ces opérations, en disant qu'il fallut employer mille livres de fer et cinq cents livres d'acide sulfurique, pour remplir un aérostat qui soulevait à peine un poids de dix-huit livres.

Cependant, le quatrième jour, à force de soins et de peines, le ballon, aux deux tiers rempli, flottait dans l'atelier des frères Robert.

Le public avait connaissance de l'opération qui s'exécutait place des Victoires ; on se pressait en foule aux portes de la maison. Il fallut requérir l'assistance du guet, pour contenir l'impatience des curieux.

Le 27 août, tout se trouvant prêt pour l'expérience, on s'occupa de transporter la machine au Champ-de-Mars, où devait s'effectuer son ascension. Pour éviter l'encombrement des curieux, la translation se fit à deux heures dumatin. Le ballon, porté sur un brancard, s'avançait précédé de torches, escorté par un détachement du guet. L'obscurité de la nuit, la forme étrange et inconnue de ce globe immense, qui s'avançait lentement à travers les rues silencieuses, tout prêtait à cette scène nocturne un caractère particulier de mystère ; et l'on vit des hommes du peuple, qui se rendaient à leurs travaux, s'agenouiller devant le cortège, saisis d'une sorte de superstitieuse terreur.

Arrivé au Champ-de-Mars avant le jour, le ballon fut placé au milieu d'une enceinte disposée pour le recevoir ; on le retint en place à l'aide de petites cordes fixées au méridien du globe et arrêtées dans des anneaux de fer plantés en terre. Dès que le jour parut, on s'occupa de préparer du gaz hydrogène pour achever de le remplir. À midi, il était prêt à s'élancer.

À trois heures, une foule immense se portait au Champ-de-Mars ; la place était garnie de troupes, les avenues gardées de tous les côtés. Les bords de la rivière, l'amphithéâtre de Passy, l'École militaire, les Invalides et tous les alentours du Champ-de-Mars, étaient occupés par les curieux. Trois cent mille personnes, c'est-à-dire la moitié de la population de Paris, s'étaient donné rendez-vous en cet endroit.

À cinq heures, un coup de canon annonça que l'expérience allait commencer ; il servit en même temps d'avertissement pour les savants qui, placés sur la terrasse du Garde-Meuble, sur les tours de Notre-Dame et à l'École militaire, devaient appliquer les instruments et le calcul à l'observation du phénomène.

Délivré de ses liens, le globe s'élança avec une telle vitesse, qu'il fut porté en deux minutes à mille mètres de hauteur ; là il trouva un nuage obscur dans lequel il se perdit. Un second coup de canon annonça sa disparition ; mais on le vit bientôt percer la nue, reparaître un instant à une très-grande élévation, et s'éclipser enfin dans d'autres nuages.

Un sentiment d'admiration et d'enthousiasme indicible, s'empara alors de l'esprit des spectateurs. L'idée qu'un corps parti de la terre, voyageait en ce moment dans l'espace, avait quelque chose de si merveilleux ; elle s'écartait si fort des lois ordinaires, que l'on ne pouvait se défendre des plus vives impressions. Beaucoup de personnes fondirent en larmes ; d'autres s'embrassaient comme en délire. Les yeux fixés sur le même point du ciel, tous recevaient, sans songer à s'en garantir, une pluie violente, qui ne cessait pas de tomber. La population de Paris, si avide d'émotions et de surprises, n'avait jamais assisté à un aussi curieux spectacle.

Fig. 258. — Le premier aérostat à gaz hydrogène, lancé au Champ-de-Mars, à Paris, par Charles et Robert, le 27 août 1783.

L'aérostat ne fournit pas cependant toute la carrière qu'il aurait pu parcourir. Dans leur désir de lui donner une forme complètement sphérique, et d'en augmenter ainsi le volume aux yeux des spectateurs, les frères Robert avaient voulu, contrairement à l'opinion de Charles, que le ballon fût entièrement gonflé au départ ; ils introduisirent même de l'air au moment de le lancer, afin de tendre toutes les parties de l'étoffe. L'expansion du gaz amena la rupture du ballon lorsqu'il fut parvenu dans une région élevée ; il se fit, à sa partie supérieure, une déchirure de plusieurs pieds ; le gaz s'échappa, et le globe vint tomber lentement, après trois quarts d'heure de marche, auprès d'Ecouen, à cinq lieues de Paris.

Il s'abattit au milieu d'une troupe de paysans de Gonesse, que cette apparition frappa d'abord d'épouvante, car ils s'imaginèrent que la lune tombait du ciel. Cependant ils ne tardèrent pas à se rassurer, et pour se venger de la terreur qu'ils avaient éprouvée, ils se précipitèrent avec furie sur l'innocente machine, qui fut en quelques instants réduite en pièces.

Le premier aérostat à gaz hydrogène, qui avait coûté tant de soins et de travaux, fut attaché à la queue d'un cheval, et traîné, pendant une heure, à travers les champs, les fossés et les routes !

L'accueil barbare et stupide qui avait été fait au premier aérostat par les paysans de Gonesse, fit assez de bruit pour que le gouvernement crût nécessaire de publier un *Avis au peuple* touchant le passage et la chute des machines aérostatiques. Dans les derniers mois de 1783, cette instruction fut répandue dans toute la France.

Voici le texte de cette pièce naïve, où l'on fait allusion à la naïve terreur des habitants de Gonesse, qui avaient pris l'aérostat pour la lune.

« *Avertissement au peuple sur l'enlèvement des ballons ou globes en l'air.* — On a fait une découverte dont le gouvernement a jugé convenable de donner connaissance, afin de prévenir les terreurs qu'elle pourrait occasionner parmi le peuple. En calculant la différence de pesanteur entre l'air appelé inflammable et l'air de notre atmosphère, on a trouvé qu'un ballon rempli de cet air inflammable devait s'élever de lui-même dans le ciel jusqu'au moment où les deux airs seraient en équilibre, ce qui ne peut être qu'à une très-grande hauteur. La première expérience a été faite à Annonay, en Vivarais, par les sieurs Montgolfier, inventeurs. Un globe de toile et de papier de cent cinq pieds de circonférence, rempli d'air inflammable, s'éleva de lui-même à une hauteur qu'on n'a pu calculer. La même expérience vient d'être renouvelée à Paris le 27 août, à cinq heures du soir, en présence d'un nombre infini de personnes. Un globe de taffetas enduit de gomme élastique, de trente pieds de tour, s'est élevé au Champ-de-Mars jusque dans les nues, où on l'a perdu de vue. On se propose de répéter cette expérience avec des globes beaucoup plus gros. Chacun de ceux qui découvriront dans le ciel de pareils globes, qui présentent l'aspect de la lune obscurcie, doit donc être prévenu que loin d'être un phénomène effrayant, ce n'est qu'une machine toujours composée de taffetas ou de toile légère recouverte de papier, qui ne peut causer aucun mal, et dont il est à présumer qu'on fera quelque jour des applications utiles aux besoins de la société.

« Lu et approuvé, ce 3 septembre 1783.

« DE SAUVIGNY. »

CHAPITRE II

EXPÉRIENCE FAITE À VERSAILLES LE 19 SEPTEMBRE 1783, EN PRÉSENCE DE LOUIS XVI.

Cependant Etienne Montgolfier était arrivé à Paris ; il avait assisté à l'ascension du Champ-de-Mars, et il prenait les dispositions nécessaires pour répéter, conformément au désir de l'Académie des sciences, l'expérience du *ballon à feu* telle qu'il l'avait exécutée à Annonay.

Il s'établit dans les immenses jardins de son ami Réveillon, ce fabricant du faubourg Saint-Antoine dont la ruine devait, quelques années après, marquer si tristement les premiers jours de la révolution française.

L'aérostat que fit construire Etienne Montgolfier avait des dimensions considérables ; sa forme était assez bizarre : la partie moyenne représentait un prisme haut de huit mètres, le sommet une pyramide de la même hauteur, la partie inférieure un cône tronqué de six mètres ; de telle sorte que la machine entière, de la base au sommet, comptait vingt-deux mètres de hauteur, sur quinze environ de diamètre. Elle était faite de toile d'emballage doublée d'un fort papier au dedans et au dehors, et pouvait enlever un poids de douze cent cinquante livres.

Le 11 septembre 1783, on fit le premier essai de cette belle machine. On la vit se dresser sur elle-même, se gonfler et prendre en dix minutes une belle forme. Huit hommes qui la retenaient perdirent terre et furent soulevés à plusieurs pieds. Elle serait montée à une grande hauteur si on ne lui eût opposé de nouvelles forces.

L'expérience fut répétée le lendemain, devant les commissaires de l'Académie des sciences, et en présence d'un nombre considérable de personnes. Les commissaires de l'Académie, Leroy, Lavoisier, Cadet, Brisson, l'abbé Bossut et Desmarets, étant arrivés, on se disposa à gonfler le ballon. Mais on vit avec inquiétude que l'horizon se couvrait de nuages épais, et que l'on était menacé d'un orage. Néanmoins le mauvais temps n'était pas décidé, et il était possible que tout se passât sans pluie. D'ailleurs les préparatifs étaient faits, une assemblée nombreuse brûlait du désir d'être témoin de l'expérience ; il aurait fallu beaucoup de temps pour démonter l'appareil : on se décida donc à remplir le ballon.

On fit brûler au-dessous de l'orifice cinquante livres de paille, en y ajoutant à diverses reprises une dizaine de livres de laine hachée. La machine se gonfla, perdit terre et se souleva, entraînant une charge de cinq cents livres. Si l'on eût alors coupé les cordes qui le retenaient, l'aérostat se serait élevé à une hauteur considérable ; mais on ne voulut pas le laisser partir. Montgolfier venait, en effet, de recevoir du roi l'ordre d'exécuter son expérience à Versailles, devant la Cour. Par malheur, dans ce moment, la pluie redoubla de violence, le vent devint furieux, les efforts que l'on fit pour ramener à terre la machine la déchirèrent en plusieurs points. Le meilleur moyen de la sauver était, comme le conseillait Argand, de la laisser partir. On ne voulut pas s'y résoudre. Il arriva dès lors ce que l'on avait prévu. L'orage ayant redoublé, le tissu du ballon fut détrempé par la pluie qui l'inondait, et les coups multipliés du vent le déchirèrent en plusieurs endroits. Comme la pluie se soutint fort longtemps, il devint tout à fait impossible de manœuvrer la machine, qui demeura pendant vingt-quatre heures exposée au mauvais temps ; les papiers se décollèrent et tombèrent en lambeaux, le canevas fut mis à découvert, et finalement elle fut mise tout à fait hors de service.

Il fallait cependant une expérience pour le 19 septembre, à Versailles. Aidé de quelques amis, Montgolfier se remit à l'œuvre. On travailla avec tant d'empressement et d'ardeur, que cinq jours suffirent pour construire un autre aérostat : il avait fallu un mois pour achever le premier. Ce nouveau ballon, de forme entièrement sphérique, était construit avec beaucoup plus de solidité ; il était d'une bonne et forte toile de coton ; on l'avait même peint en détrempe. Il était bleu avec des ornements d'or, et présentait l'image d'une tente richement décorée. Le 19, au matin, il fut transporté à Versailles, où tout était disposé pour le recevoir.

Dans la grande cour du château, on avait élevé une vaste estrade percée en son milieu d'une ouverture circulaire de cinq mètres de diamètre destinée à loger le ballon ; on circulait autour de cette estrade pour le service de la machine. La partie supérieure, ou le dôme du ballon, était déprimée et reposait sur la grande ouverture de l'échafaud, à laquelle elle servait de voûte ; le reste des toiles était abattu et se repliait circulairement autour de l'estrade, de telle sorte qu'en cet état la machine ne présentait aucune apparence, et ne ressemblait qu'à un amas de toiles entassées et disposées sans ordre. Le réchaud de fil de fer qui devait servir à placer les combustibles reposait sur le sol. On enferma dans une cage d'osier, suspendue à la partie inférieure de l'aérostat, un mouton, un coq et un canard, qui étaient ainsi destinés à devenir les premiers navigateurs aériens.

À 10 heures du matin, la route de Paris à Versailles était couverte de voitures ; on arrivait en foule de tous les côtés. À midi, la cour du château, la Place d'armes et les avenues environnantes étaient inondées de spectateurs. Le roi descendit sur l'estrade avec sa famille ; il fit le tour du ballon, et se fit rendre compte par Montgolfier des dispositions et des préparatifs de l'expérience. À 1 heure, une décharge de mousqueterie annonça que la machine allait se remplir. On brûla quatre-vingts livres de paille et cinq livres de laine. La machine déploya ses replis, se gonfla rapidement, et développa sa forme imposante. Une seconde décharge annonça qu'on était prêt à partir. À la troisième, les cordes furent coupées, et l'aérostat s'éleva pompeusement au milieu des acclamations de la foule.

Il atteignit rapidement à une grande hauteur, en décrivant une ligne inclinée à l'horizon, que le vent du sud le força de prendre, et demeura ensuite immobile. Cependant il ne resta que peu de temps en l'air. Une déchirure de sept pieds, amenée par un coup de vent subit, au moment du départ, l'empêcha de se soutenir longtemps.

Fig. 259. — Montgolfière lancée à Versailles, en présence du roi,
le 19 septembre 1783.

Il tomba, dix minutes après son ascension, à une lieue de
Versailles, dans le bois de Vaucresson. Deux gardes-chasse, qui se
trouvaient dans le bois, virent la machine descendre avec lenteur
et ployer les hautes branches des arbres sur lesquels elle se reposa.
La corde qui retenait la cage d'osier l'embarrassa dans les rameaux,
la cage tomba, les animaux en sortirent sans accident.

Le premier qui accourut pour dégager le ballon et pour reconnaître comment les animaux avaient supporté le voyage fut Pilâtre de Rozier. Il suivait avec une passion ardente les débuts de cet art, qui devait faire un jour son martyre et sa gloire.

CHAPITRE III

PREMIER VOYAGE AÉRIEN EXÉCUTÉ PAR PILÂTRE DE ROZIER ET LE MARQUIS D'ARLANDES.

On croyait désormais pouvoir, avec quelque confiance, transformer les ballons en appareils de navigation aérienne. Étienne Montgolfier se mit donc à construire, dans les jardins du faubourg Saint-Antoine, un ballon disposé de manière à recevoir des voyageurs. Les dimensions de cette nouvelle machine étaient considérables ; elle n'avait pas moins de 20 mètres de hauteur sur 16 de diamètre, et pouvait contenir 20 000 mètres cubes d'air. On disposa autour de la partie extérieure de l'orifice du ballon, une galerie circulaire d'osier, recouverte de toile, destinée à recevoir les aéronautes. Cette galerie avait un mètre de large ; une balustrade la protégeait et permettait d'y circuler commodément : on pouvait ainsi faire le tour de l'orifice extérieur de l'aérostat. L'ouverture de la machine était donc parfaitement libre ; et c'est au milieu de cette ouverture que se trouvait, suspendu par des chaînes, le réchaud de fil de fer, avec les matières inflammables, dont la combustion devait entraîner l'appareil. On avait emmagasiné dans une partie de la galerie, une provision de paille, pour donner aux aéronautes la faculté de s'élever à volonté en activant le feu.

Le ballon construit, on commença, le 15 octobre, à essayer de s'en servir comme d'un navire aérien. On le retenait captif au moyen de longues cordes qui ne lui permettaient de monter que jusqu'à une certaine hauteur. Pilâtre de Rozier en fit l'essai le premier ; il s'éleva à diverses reprises de toute la longueur des cordes. Les jours suivants, quelques autres personnes, enhardies par son exemple, l'accompagnèrent dans ces essais préliminaires, qui donnaient beaucoup d'espoir pour le succès de l'expérience définitive. Tout le monde remarquait l'adresse de Pilâtre et l'intrépide ardeur avec laquelle il se livrait à ces difficiles manœuvres. Dans l'une de ces expériences, le ballon, chassé par le vent, vint tomber sur la cime des arbres ; les assistants jetèrent un cri d'effroi, car la machine s'engageait dans les branches et menaçait de verser les voyageurs ; mais Pilâtre, sans s'émouvoir, prit avec sa longue fourche de fer une énorme botte de paille qu'il jeta dans le feu : le ballon se dégagea aussitôt, et remonta aux applaudissements des spectateurs.

On se pressait en foule à la porte du jardin de Réveillon pour contempler de loin ces intéressantes manœuvres. Pendant les journées du 15, du 17 et du 19 octobre, l'affluence était si considérable dans le faubourg Saint-Antoine, sur les boulevards et jusqu'à la porte Saint-Martin, que, sur tous ces points, la circulation était devenue impossible. Comme on craignait avec raison que l'encombrement excessif des curieux dans les rues de la ville n'amenât des embarras ou des dangers, on se décida à faire l'ascension hors de Paris. Le dauphin offrit à Montgolfier les jardins de son château de la Muette, au bois de Boulogne.

Cependant, à mesure qu'approchait le moment décisif, Montgolfier hésitait. Il concevait des craintes sur le sort réservé au courageux aéronaute qui ambitionnait l'honneur de tenter les hasards de la navigation aérienne. Il demandait, il exigeait des essais nouveaux. Il faut reconnaître, en effet, que le projet de Pilâtre avait de quoi effrayer les cœurs les plus intrépides. Quatre mois s'étaient à peine écoulés depuis la découverte des aérostats, et le temps n'avait pu permettre encore d'étudier toutes les conditions, d'apprécier tous les écueils d'une ascension à ballon perdu. On ne s'était pas encore avisé de munir les aérostats de cette soupape salutaire qui, en ouvrant issue au gaz intérieur, donne les moyens d'effectuer la descente sans difficulté ni embarras ; d'ailleurs, avec les ballons à feu, ce moyen perd, comme on le sait, toute sa valeur. On n'avait pas encore imaginé ce *lest*, le *palladium* des aéronautes, qui permet de s'élever à volonté, et donne ainsi les moyens de choisir le lieu du débarquement. En outre, la présence d'un foyer incandescent au milieu d'une masse aussi inflammable que l'enveloppe d'un ballon, ouvrait évidemment le champ à tous les dangers. Ce tissu de toile et de papier pouvait s'embraser au milieu des airs, et précipiter les imprudents aéronautes, ou bien, le feu venant à manquer, l'appareil était entraîné vers la terre par une chute terrible. Le combustible entassé dans la galerie offrait encore à l'incendie un aliment redoutable : la flamme du réchaud pouvait se communiquer à la réserve de paille, et propager ainsi la combustion jusqu'à l'enveloppe même du ballon. Enfin, des flammèches tombées du foyer pouvaient au milieu des campagnes, descendre sur les granges ou les édifices et semer l'incendie sur la route de l'aérostat.

Aussi Montgolfier temporisait-il et demandait-il des essais nouveaux. À l'exemple de toutes les commissions académiques, la commission de l'Académie des sciences ne se prononçait pas. Le roi eut connaissance de ces difficultés. Après mûr examen, il s'opposa à l'expérience, et donna au lieutenant de police l'ordre d'empêcher le départ. Il permettait seulement que l'expérience fût tentée avec deux condamnés, que l'on embarquerait dans la machine.

Fig. 260. — Première montgolfière destinée à porter des voyageurs, exécutée pour Pilâtre de Rozier.

Pilâtre de Rozier s'indigne à cette proposition. « Eh quoi ! de vils criminels auraient les premiers la gloire de s'élever dans les airs ! Non, non, cela ne sera point ! » Il conjure, il supplie ; il s'agite de cent manières, il remue la ville et la cour. Il s'adresse aux personnes le plus en faveur à Versailles, Il s'empare de la duchesse de Polignac, gouvernante des enfants de France et toute-puissante sur l'esprit de Louis XVI. Celle-ci plaide chaleureusement sa cause auprès du roi. Le marquis d'Arlandes, gentilhomme du Languedoc, major dans un régiment d'infanterie, avait fait, avec lui, une ascension en ballon captif ; Pilâtre le dépêche au roi. Le marquis d'Arlandes proteste que l'ascension ne présente aucun danger, et comme preuve de son affirmation, il offre d'accompagner Pilâtre dans son voyage aérien. Sollicité de tous les côtés, vaincu par tant d'instances, LouisXVI se rendit enfin.

Le 21 novembre 1783, à une heure de l'après-midi, en présence du dauphin et de sa suite, pressés dans les beaux jardins de la Muette, Pilâtre de Rozier et le marquis d'Arlandes exécutèrent ensemble le premier voyage aérien.

Fig. 261. — Premier voyage aérien exécuté dans une

montgolfière, par Pilâtre de Rozier et le marquis d'Arlandes, le 21 novembre 1783.

Malgré un vent violent et un ciel orageux, la machine s'éleva avec rapidité. Arrivés à la hauteur de 100 mètres, les voyageurs ôtèrent leurs chapeaux pour saluer la multitude qui s'agitait au-dessous d'eux, partagée entre l'admiration et la crainte. La machine continua de s'élever majestueusement, et bientôt il ne fut plus possible de distinguer les nouveaux Argonautes. On vit l'aérostat longer l'île des Cygnes et filer au-dessus de la Seine, jusqu'à la barrière de la Conférence, où il traversa la rivière. Il se maintenait toujours à une très-grande hauteur, de telle manière que les habitants de Paris, qui accouraient en foule de toutes parts, pouvaient l'apercevoir Au fond des rues les plus étroites. Les tours de Notre-Dame étaient couvertes de curieux, et la machine, en passant entre le soleil et le point qui correspondait à l'une des tours, y produisit une éclipse d'un nouveau genre. Enfin l'aérostat, s'élevant ou s'abaissant plus ou moins en raison de la manœuvre des voyageurs aériens, passa entre l'hôtel des Invalides et l'École militaire, et, après avoir plané sur les Missions étrangères, s'approcha de Saint-Sulpice. Alors les navigateurs ayant forcé le feu pour quitter Paris, s'élevèrent et trouvèrent un courant d'air qui, les dirigeant vers le sud, leur fit dépasser le boulevard, et les porta dans la plaine, au delà du mur d'enceinte, entre la barrière d'Enfer et la barrière d'Italie.

Le marquis d'Arlandes, trouvant que l'expérience était complète, et pensant qu'il était inutile d'aller plus loin dans un premier essai, cria à son compagnon : « Pied à terre ! »

Ils cessèrent le feu, la machine s'abattit lentement, et se reposa sur la *Butte aux Cailles*, entre le Moulin vieux et le Moulin des merveilles.

En touchant la terre, le ballon s'affaissa presque entièrement sur lui-même. Le marquis d'Arlandes sauta hors de la galerie ; mais Pilâtre de Rozier s'embarrassa dans les toiles, et demeura quelque temps comme enseveli sous les plis de la machine qui s'était abattue de son côté. Était-ce là un présage et comme un avertissement de la fin sinistre qui l'attendait plus tard ?

Louis Figuier

La machine fut repliée, mise dans une voiture et ramenée dans les ateliers du faubourg Saint-Antoine. Les voyageurs n'avaient ressenti durant le trajet aérien aucune impression pénible ; ils étaient tout entiers à l'orgueil et à la joie de leur triomphe. Le marquis d'Arlandes monta aussitôt à cheval et vint rejoindre ses amis au château de la Muette. On l'accueillit avec des pleurs de joie et d'ivresse.

Parmi les personnes qui avaient assisté aux préparatifs du voyage, on remarquait Benjamin Franklin : on aurait dit que le Nouveau-Monde avait envoyé le grand homme pour assister à cet événement mémorable. C'est à cette occasion que Franklin prononça un mot souvent répété. On disait devant lui : « À quoi peuvent servir les ballons ? — À quoi peut servir l'enfant qui vient de naître ? » répliqua le philosophe américain.

Le publiciste Linguet, avant de raconter dans les *Annales politiques du XVIII*ᵉ *siècle*, l'ascension de Pilâtre de Rozier et du marquis d'Arlandes, disait :

« S'il existait du premier voyage de Christophe Colomb un journal de la main de cet intrépide navigateur, avec quel respect il serait conservé ! avec quelle confiance il serait cité ! Comme on aimerait le suivre dans le compte ingénu qu'il rendrait de ses pensées, de ses espérances, de ses craintes, des murmures de ses équipages, de ses tentatives pour les calmer, et enfin, de sa joie au moment qui, dégageant sa parole et justifiant son audace, le déclara le créateur, en quelque sorte, d'un nouveau monde ! Tous ces détails nous ont été transmis, mais par des mains étrangères : quelque intéressants qu'ils soient encore, on ne peut se dissimuler que cette circonstance leur fait perdre quelque chose de leur prix. »

La navigation aérienne n'aura pas ce désavantage. Le marquis d'Arlandes a écrit un récit de ce premier voyage aérien, et on ne lira pas sans intérêt ces pages familières où revit si bien l'esprit enjoué et aventureux qui caractérisait le gentilhomme français de la fin du siècle dernier.

« M. LE MARQUIS D'ARLANDES A M. FAUJAS DE SAINT-FOND.

Paris, le 28 novembre 1783.

Vous le voulez, mon cher Faujas, et je me rends d'autant plus volontiers à vos désirs que par les questions que l'on m'adresse, par les propos invraisemblables que l'on fait tenir à M. Pilâtre et à moi, je sens qu'il est essentiel de fixer l'opinion publique sur les détails de notre voyage aérien.

Je vais décrire le mieux que je pourrai *le premier voyage que des hommes aient tenté* à travers un élément qui, jusqu'à la découverte de MM. Montgolfier, semblait si imparfait pour les supporter.

Nous sommes partis du jardin de la Muette à une heure cinquante-quatre minutes. La situation de la machine était telle, que M. Pilâtre de Rozier était à l'ouest et moi à l'est ; l'aire du vent était à peu près nord-ouest. La machine, dit le public, s'est élevée avec majesté ; mais il me semble que peu de personnes se sont aperçues qu'au moment où elle a dépassé les charmilles, elle a fait un demi-tour sur elle-même ; par ce changement, M. Pilâtre s'est trouvé en avant de notre direction, et moi, par conséquent, en arrière.

Je crois qu'il est à remarquer, que dès ce moment jusqu'à celui où nous sommes arrivés, nous avons conservé la même position par rapport à la ligne que nous avons parcourue. J'étais surpris du silence et du peu de mouvement que notre départ avait occasionnés parmi les spectateurs ; je crus qu'étonnés, et peut-être effrayés de ce nouveau spectacle, ils avaient besoin d'être rassurés. Je saluai du bras avec assez peu de succès ; mais ayant tiré mon mouchoir, je l'agitai, et je m'aperçus alors d'un grand mouvement dans le jardin de la Muette. Il m'a semblé que les spectateurs qui étaient épars dans cette enceinte, se réunissaient en une seule masse, et que, par un mouvement involontaire, elle se portait pour nous suivre, vers le mur, qu'elle semblait regarder comme le seul obstacle qui nous séparait. C'est dans ce moment que M. Pilâtre me dit :

— Vous ne faites rien, et nous ne montons guère.

— Pardon, lui répondis-je.

Je mis une botte de paille ; je remuai un peu le feu, et je me retournai bien vite, mais je ne pus retrouver la Muette. Etonné, je jetai un regard sur le cours de la rivière : je la suis de l'œil ; enfin, j'aperçois le confluent de l'Oise. Voilà donc Conflâns ; et nommant les autres principaux coudes de la rivière par le nom des lieux les plus voisins, je dis Poissy, Saint-Germain, Saint-Denis, Sèvres ; donc je suis encore à Passy ou à Chaillot ; en effet, je regardai par l'inférieur de la machine, et j'aperçus sous moi la Visitation de Chaillot. M. Pilâtre me dit en ce moment :

— Voilà la rivière, et nous baissons.

— Eh bien ! mon cher ami, du feu.

Et nous travaillâmes. Mais au lieu de traverser la rivière, comme semblait l'indiquer notre direction, qui nous portait sur les Invalides, nous longeâmes l'île des Cygnes ; nous rentrâmes sur le principal lit de la rivière, et nous la remontâmes jusqu'au-dessus de la barrière de la Conférence. Je dis à mon brave compagnon :

— Voilà une rivière qui est bien difficile à traverser.

— Je le crois bien, me répondit-il, vous ne faites rien.

— C'est que je ne suis pas aussi fort que vous, et que nous sommes bien.

Je remuai le réchaud, je saisis avec une fourche une botte de paille, qui, sans doute trop serrée, prenait difficilement ; je la levai, la secouai au milieu de la flamme. L'instant d'après, je me sentis enlever comme par-dessous les aisselles, et je dis à mon cher compagnon :

— Pour cette fois, nous montons.

— Oui, nous montons, me répondit-il, sorti de l'intérieur, sans doute pour faire quelques observations.

Dans cet instant, j'entendis, vers le haut de la machine, un bruit qui me fit craindre qu'elle n'eût crevé. Je regardai, et je ne vis rien. Comme j'avais les yeux fixés au haut de la machine, j'éprouvai une secousse, et c'était alors la seule que j'eusse ressentie.

La direction du mouvement était de haut en bas. Je dis alors :

— Que faites-vous ? Est-ce que vous dansez ?

— Je ne bouge pas.

— Tant mieux, dis-je ; c'est enfin un nouveau courant qui, j'espère, nous sortira de la rivière.

En effet, je me tourne pour voir où nous étions, et je me trouvai entre l'École militaire et les Invalides, que nous avions déjà dépassés d'environ quatre cents toises. M. Pilâtre me dit en même temps :

— Nous sommes en plaine.

— Oui, lui dis-je, nous cheminons.

— Travaillons, me dit-il, travaillons.

J'entendis un nouveau bruit dans la machine, que je crus produit par la rupture d'une corde. Ce nouvel avertissement me fit examiner avec attention l'intérieur de notre habitation. Je vis que la partie qui était tournée vers le sud était remplie de trous ronds, dont plusieurs étaient considérables. Je dis alors :

— Il faut descendre.

— Pourquoi ?

— Regardez, dis-je.

En même temps je pris mon éponge ; j'éteignis aisément le peu de feu qui minait quelques-uns des trous que je pus atteindre ; mais m'étant aperçu qu'en appuyant pour essayer si le bas de la toile tenait bien au cercle qui l'entourait, elle s'en détachait très-facilement, je répétai à mon compagnon : — Il faut descendre.

Il regarda sous lui, et me dit :

— Nous sommes sur Paris.

— N'importe, lui dis-je.

— Mais voyons, n'y a-t-il aucun danger pour vous ? êtes-vous bien tenu ?

— Oui.

J'examinai de mon côté, et j'aperçus qu'il n'y avait rien à craindre. Je fis plus, je frappai de mon éponge les cordes principales qui étaient à ma portée ; toutes résistèrent, il n'y eut que deux ficelles qui partirent. Je dis alors : — Nous pouvons traverser Paris.

Pendant cette opération, nous nous étions sensiblement approchés des toits ; nous faisons du feu, et nous nous relevons avec la plus grande facilité. Je regarde sous moi, et je découvre parfaitement les Missions étrangères. Il me semblait que nous nous dirigions vers les tours de Saint-Sulpice, que je pouvais apercevoir par l'étendue du diamètre de notre ouverture. En nous relevant, un courant d'air nous fit quitter cette direction pour nous porter vers le sud. Je vis, sur ma gauche, une espèce de bois que je crus être le Luxembourg.

Nous traversâmes le boulevard, et je m'écrie :

— Pour le coup, pied à terre.

Nous cessons le feu ; l'intrépide Pilâtre, qui ne perd point la tête, et qui était en avant de notre direction, jugeant que nous donnions dans les moulins qui sont entre le petit Gentilly et le boulevard, m'avertit. Je jette une botte de paille en la secouant pour l'enflammer plus vivement ; nous nous relevons, et un nouveau courant nous porte un peu sur la gauche. Le brave de Rozier me crie encore :

— Gare les moulins !

Mais mon coup d'œil fixé par le diamètre de l'ouverture me faisait juger plus sûrement de notredirection, je vis que nous ne pouvions pas les rencontrer, et je lui dis :

— Arrivons.

L'instant d'après, je m'aperçus que je passais sur l'eau. Je crus que c'était encore la rivière ; mais arrivé à terre, j'ai reconnu que c'était l'étang qui fait aller les machines de la manufacture de toiles peintes de MM. Brenier et compagnie.

Fig. 262. — Le marquis d'Arlandes.

Nous nous sommes posés sur la Butte aux cailles, entre le Moulin des merveilles et le Moulin vieux, environ à cinquante toises de l'un et de l'autre. Au moment où nous étions près de terre, je me soulevai sur la galerie en y appuyant mes deux mains. Je sentis le haut de la machine presser facilement ma tête ; je la repoussai et sautai hors de la galerie. En me retournant vers la machine, je crus la trouver pleine. Mais quel fut mon étonnement, elle était parfaitement vide et totalement aplatie. Je ne vois point M. Pilâtre, je cours de son côté pour l'aider à se débarrasser de l'amas de toile qui le couvrait ; mais avant d'avoir tourné la machine je l'aperçus sortant de dessous en chemise, attendu qu'avant de descendre il avait quitté sa redingote et l'avait mise dans son panier.

Nous étions seuls, et pas assez forts pour renverser la galerie et retirer la paille qui était enflammée. Il s'agissait d'empêcher qu'elle ne mît le feu à la machine. Nous crûmes alors que le seul moyen d'éviter cet inconvénient était de déchirer la toile. M. Pilâtre prit un côté, moi l'autre, et en tirant violemment, nous découvrîmes le foyer. Du moment qu'elle fut délivrée de la toile qui empêchait la communication de l'air, la paille s'enflamma avec force. En se-couant un des paniers, nous jetons le feu sur celui qui avait trans-porté mon compagnon, la paille qui y restait prend feu ; le peuple accourt, se saisit de la redingote de M. Pilâtre et se la partage. La garde survient : avec son aide, en dix minutes, notre machine fut en sûreté, et une heure après, elle était chez M. Réveillon, où M. Montgolfier l'avait fait construire.

La première personne de marque que j'aie vue à notre arrivée est M. le comte de Laval. Bientôt après, les courriers de M. le duc et de madame la duchesse de Polignac vinrent pour s'informer de nos nouvelles. Je souffrais de voir M, de Rozier en chemise, et, craignant que sa santé n'en fût altérée, car nous nous étions très-échauffés en pliant la machine, j'exigeai de lui qu'il se retirât dans la première maison ; le sergent de garde l'y escorta pour lui donner la facilité de percer la foule. Il rencontra sur son chemin monseigneur le duc de Chartres, qui nous avait suivis, comme l'on voit, de très-près ; car j'avais eu l'honneur de causer avec lui, un moment avant notre départ. Enfin il nous arriva des voitures.

Il se faisait tard, M. Pilâtre n'avait qu'une mauvaise redingote qu'on lui avait prêtée. Il ne voulut pas revenir à la Muette.

Je partis seul, quoique avec le plus grand regret de quitter mon brave compagnon. »

CHAPITRE IV

LE PHYSICIEN CHARLES CRÉE L'ART DE L'AÉROSTATION. —
ASCENSION DE CHARLES ET ROBERT AUX TUILERIES.

Le but que Pilâtre de Rosier s'était proposé dans cette périlleuse entreprise était avant tout scientifique. Il fallait, sans plus tarder, s'efforcer de tirer parti, pour l'avancement de la physique et de la météorologie, de ce moyen nouveau d'expérimentation. Mais on reconnut bien vite que l'appareil dont Pilâtre s'était servi, c'est-à-dire le ballon à feu ou la *montgolfière*, comme on l'appelait déjà, ne pouvait rendre à ce point de vue, que de médiocres services. En effet, le poids de la quantité considérable de combustible que l'on devait emporter, joint à la faible différence qui existe entre la densité de l'air échauffé et la densité de l'air ordinaire, ne permettait pas d'atteindre à de grandes hauteurs. En outre, la nécessité constante d'alimenter le feu absorbait tous les moments des aéronautes, et leur ôtait les moyens de se livrer aux expériences et à l'observation des instruments. On comprit dès lors que les ballons à gaz hydrogène pourraient seuls offrir la sécurité et la commodité indispensables à l'exécution des voyages aériens. Aussi, quelques jours après, deux hardis expérimentateurs, Charles et Robert, annonçaient par la voie des journaux le programme d'une ascension dans un aérostat à gaz inflammable. Ils ouvrirent une souscription de dix mille francs pour *un globe de soie devant porter deux voyageurs, lesquels s'enlèveraient à ballon perdu, et tenteraient en l'air des observations et des expériences de physique.* La souscription fut remplie en quelques jours.

Le voyage aérien de Pilâtre de Rozier et du marquis d'Ariandes avait été surtout un trait d'audace. Sur la foi de leur courage et sans aucune précaution, ils avaient accompli l'une des entreprises les plus extraordinaires que l'homme ait jamais exécutées ; l'ascension de Charles et Robert présenta des conditions toutes différentes. Préparée avec maturité, calculée avec une rare intelligence, elle révéla tous les services que peut rendre, dans un cas pareil, le secours des connaissances scientifiques.

On peut dire qu'à propos de cette ascension, Charles créa tout d'un coup et tout d'une pièce l'art de l'aérostation. En effet, c'est à ce sujet qu'il imagina la soupape qui donne issue au gaz hydrogène et détermine ainsi la descente lente et graduelle de l'aérostat, — la nacelle où s'embarquent les voyageurs, — le filet qui supporte et soutient la nacelle, — le lest qui règle l'ascension et modère la chute, — l'enduit de caoutchouc appliqué sur le tissu du ballon, qui rend l'enveloppe imperméable et prévient la déperdition du gaz, — enfin l'usage du baromètre, qui sert à mesurer à chaque instant, par l'élévation ou la dépression du mercure, les hauteurs que l'aéronaute occupe dans l'atmosphère. Pour cette première ascension, Charles créa donc tous les moyens, tous les artifices, toutes les précautions ingénieuses qui composent l'art de l'aérostation. On n'a rien changé et l'on n'a presque rien ajouté depuis cette époque aux dispositions imaginées par ce physicien.

C'est au talent dont il fit preuve dans cette circonstance que Charles a dû de préserver sa mémoire de l'oubli. Quoique physicien très-habile et très-exercé, Charles n'a laissé presque aucun travail dans la science et n'a rien publié sur la physique. Seulement il avait acquis, comme professeur, une réputation considérable. On accourait en foule à ses leçons. Les découvertes de Franklin avaient mis à la mode les expériences sur l'électricité ; Charles avait formé un magnifique cabinet de physique, et il faisait, dans une des salles du Louvre, des cours publics que Paris venait entendre. Son enseignement a laissé des souvenirs qui ne sont pas encore effacés. Il avait surtout l'art de donner à ses expériences une sorte de grandeur théâtrale qui étonnait toujours et frappait très-vivement les esprits. S'il étudiait la chaleur rayonnante, il incendiait des corps à des distances extraordinaires ; dans ses démonstrations du microscope, il amplifiait les objets de manière à obtenir des grossissements énormes ; dans ses leçons sur l'électricité, il foudroyait les animaux ; et s'il voulait montrer l'existence de l'électricité libre dans l'atmosphère, il faisait descendre le fluide des nuages, et tirait de ses conducteurs des étincelles de dix pieds de long qui éclataient avec le bruit d'une arme à feu. La clarté de ses démonstrations, l'élégance de sa parole, sa stature élevée, la beauté de ses traits, la sonorité de sa voix, et jusqu'à son costume étrange, composé d'une robe à la Franklin, tout ajoutait à l'effet de ses discours.

C'est ainsi que le professeur Charles était parvenu à obtenir dans Paris une renommée immense. Aussi, lorsqu'au 10 août le peuple envahit les Tuileries et le Louvre où il s'était logé, on respecta sa demeure et l'on passa en silence devant le savant illustre dont tout Paris avait écouté et applaudi les leçons.

Un mois avait suffi au zèle et à l'heureuse intelligence de Charles, pour disposer tous les moyens ingénieux et nouveaux dont il enrichissait l'art naissant de l'aérostation. Le 26 novembre 1783, un ballon de 9 mètres de diamètre, muni de son filet et de sa nacelle, était suspendu au milieu de la grande allée des Tuileries, en face du château.

Le grand bassin situé devant le pavillon de l'Horloge reçut l'appareil pour la production de l'hydrogène. Cet appareil se composait de vingt-cinq tonneaux munis de tuyaux de plomb, aboutissant à une cuve remplie d'eau destinée à laver le gaz : un tube d'un plus grand diamètre dirigeait l'hydrogène dans l'intérieur du ballon. L'opération fut lente et présenta quelques difficultés ; elle ne fut même pas sans dangers. Dans la nuit, un lampion ayant été placé trop près de l'un des tonneaux, le gaz s'enflamma, et il y eut une explosion terrible. Heureusement un robinet fermé à temps empêcha que la combustion ne se propageât jusqu'à l'aérostat. Tout fut réparé, et quelques jours après le ballon était rempli.

Le 1ᵉʳ décembre 1783, la moitié de Paris se pressait aux environs du château des Tuileries. À midi, les corps académiques et les souscripteurs qui avaient payé leur place quatre louis, furent introduits dans une enceinte particulière, construite autour du bassin. Les simples souscripteurs à trois francs le billet se répandirent dans le reste du jardin. À l'extérieur, les fenêtres, les combles et les toits, les quais qui longent les Tuileries, le Pont-Royal et la place Louis XV, étaient couverts d'une foule immense. Le ballon, gonflé de gaz, se balançait et ondulait mollement dans l'air : c'était un globe de soie à bandes alternativement jaunes et rouges ; le char placé au-dessous était bleu et or.

Cependant le bruit se répand dans la foule que Charles et Robert ont reçu un ordre du roi, qui, en raison du danger de l'expérience, leur défend de monter dans la nacelle. On ne savait pas précisément ce qui avait pu inspirer au roi une telle sollicitude, mais le fait était certain. Charles, indigné, se rend aussitôt chez le ministre, le baron de Breteuil, qui donnait en ce moment son audience. Il lui représente avec force, que le roi est maître de sa vie, mais non de son honneur ; qu'il a pris avec le public des engagements sacrés qu'il ne peut trahir, et qu'il se brûlera la cervelle plutôt que d'y manquer ; qu'au surplus c'est une pitié fausse et cruelle que l'on a inspirée au roi. Le baron de Breteuil comprit tout le fondement de ces reproches ; et n'ayant pas le temps d'instruire le roi des difficultés que son ordre avait provoquées, il prit sur lui d'en autoriser la transgression.

On continuait néanmoins à affirmer, parmi, les spectateurs réunis aux Tuileries, que l'ascension n'aurait pas lieu. Les partisans de Montgolfier et ceux du professeur Charles étaient divisés en deux camps ennemis, qui cherchaient tous les moyens de se combattre. On prétendait que l'ordre du roi avait été secrètement sollicité par Charles et Robert pour se dispenser de monter dans la nacelle. Ces discours calomnieux étaient soutenus par l'épigramme suivante, que l'on distribuait à profusion dans la foule :

Profitez bien, messieurs, de la commune erreur :
La recette est considérable.
C'est un tour de Robert le Diable,
Mais non pas de Richard sans Peur.

Ces propos méchants ne tardèrent pas à être démentis. À une heure et demie, le bruit du canon annonce que l'ascension va s'exécuter. La nacelle est lestée, on la charge des approvisionnements et des instruments nécessaires. Pour connaître la direction du vent, on commence par lancer un petit ballon de soie verte de deux mètres de diamètre. Charles s'avance vers Etienne Montgolfier, tenant ce petit ballon à l'aide d'une corde, et il le prie de vouloir bien le lancer lui-même : « C'est à vous, monsieur, lui dît-il, qu'il appartient de nous ouvrir la route des cieux. » Le public comprit le bon goût et la délicatesse de cette pensée, il applaudit ; le petit aérostat s'envola vers le nord-est, faisant reluire au soleil sa brillante couleur d'émeraude.

Le canon retentit une seconde fois ; les voyageurs prennent place dans la nacelle, les cordes sont coupées, et le ballon s'élève avec une majestueuse lenteur.

Louis Figuier

Fig. 263. — Premier voyage aérien exécuté dans un aérostat
à gaz hydrogène, par Charles et Robert, le 1er décembre 1783.
Départ des Tuileries.

L'admiration et l'enthousiasme éclatent alors de toutes parts. Des
applaudissements immenses ébranlent les airs. Les soldats rangés
autour de l'enceinte présentent les armes ; les officiers saluent de
leur épée, et la machine continue de s'élever doucement au milieu

des acclamations de trois cent mille spectateurs.

Le ballon, arrivé à la hauteur de Monceaux, resta un moment stationnaire ; il vira ensuite de bord et suivit la direction du vent. Il traversa une première fois la Seine, entre Saint-Ouen et Asnières, la passa une seconde fois non loin d'Argenteuil, et plana successivement sur Sannois, Franconville, Eau-Bonne, Saint-Leu-Taverny, Villiers et l'Ile-Adam.

Après un trajet d'environ neuf lieues, en s'abaissant et s'élevant à volonté au moyen du lest qu'ils jetaient, les voyageurs descendirent à 4 heures moins un quart dans la prairie de Nesles, à neuf lieues de Paris. Robert descendit du char ; mais Charles voulut recommencer le voyage afin de procéder à quelques observations de physique. Pour atteindre à une plus grande hauteur, il repartit seul. En moins de dix minutes, il parvint à une élévation de près de 4 000 mètres. Là il se livra à de rapides observations de physique.

Une demi-heure après, le ballon redescendait doucement à deux lieues de son second point de départ. Charles fut reçu à sa descente par M. Farrer, gentilhomme anglais, qui le conduisit à son château, où il passa la nuit. Charles a écrit une relation très-détaillée de cette ascension célèbre. Nous croyons devoir en mettre le texte sous les yeux de nos lecteurs.

« Nous avons fait précéder notre ascension de l'enlèvement d'un globe de cinq pieds huit pouces, destiné à nous faire connaître la première direction du vent et à nous frayer à peu près la route que nous allions prendre. Nous l'avons fait présenter à M. de Monfgolfier, que nos amis avaient eu soin de placer dans l'enceinte autour de nous ; M. de Montgolfier coupa la corde, et le globe s'élança. Le public a compris cette allégorie simple : j'ai voulu faire entendre qu'il avait eu le bonheur de tracer la route.

Le globe échappé des mains de M. de Montgolfier s'élança dans les airs, et sembla y porter le témoignage de notre réunion ; les acclamations l'y suivaient. Pendant ce temps, nous préparions à la hâte notre fuite ; les circonstances orageuses, qui nous pressaient, nous empêchèrent de mettre à nos dispositions toute la précision que nous nous étions proposée la veille. Il nous tardait de n'être plus sur la terre. Le globe et le char en équilibre touchaient encore au sol qui nous portait ; il était une heure trois quarts. Nous jetons dix-neuf livres de lest, et nous nous élevons au milieu du silence concentré par l'émotion et la surprise de l'un et de l'autre parti.

Jamais rien n'égalera ce moment d'hilarité qui s'empara de mon existence, lorsque je sentis que je fuyais de terre ; ce n'était pas du plaisir, c'était du bonheur. Echappé aux tourments affreux de la persécution et de la calomnie, je sentis que je répondais à tout en m'élevant au-dessus de tout.

À ce sentiment moral succéda bientôt une sensation plus vive encore : l'admiration du majestueux spectacle qui s'offrait à nous. De quelque côté que nous abaissassions nos regards, tout était têtes ; au-dessus de nous, un ciel sans nuage ; dans le lointain l'aspect le plus délicieux. « Oh ! mon ami, disais-je à M. Robert, quel est notre bonheur ! J'ignore dans quelle disposition nous laissons la terre ; mais comme le ciel est pour nous ! quelle sérénité ! quelle scène ravissante ! Que ne puis-je tenir ici le dernier de nos détracteurs, et lui dire : Regarde, malheureux, tout ce qu'on perd à arrêter le progrès des sciences ! »

Tandis que nous nous élevions progressivement par un mouvement accéléré, nous nous mîmes à agiter dans l'air nos banderoles en signe d'allégresse, et afin de rendre la sécurité à ceux qui prenaient intérêt à notre sort ; pendant ce temps, j'observais toujours le baromètre. M. Robert faisait l'inventaire de nos richesses : nos amis avaient lesté notre char, comme pour un voyage de long cours : vins de Champagne, etc., couvertures et fourrures, etc. Bon, lui dis-je, voilà de quoi jeter par la fenêtre. Il commença par lancer une couverture de laine à travers les airs ; elle s'y déploya majestueusement, et vint tomber auprès du dôme de l'Assomption.

Alors le baromètre descendit environ à vingt-six pouces ; nous avions cessé de monter, c'est-à-dire, que nous étions élevés environ à trois cents toises. C'était la hauteur à laquelle j'avais promis de nous contenir ; et, en effet, depuis ce moment jusqu'à celui où nous avons disparu aux yeux des observateurs en station, nous avons toujours composé notre marche horizontale entre vingt-six pouces de mercure et vingt-six pouces huit lignes ; ce qui s'est trouvé d'accord avec les observations de Paris.

Nous avions soin de perdre du lest à mesure que nous descendions, par la perte insensible de l'air inflammable, et nous nous élevions sensiblement à la même hauteur. Si les circonstances nous avaient permis de mettre plus de précision à ce lest, notre marche eût été presque absolument horizontale et à volonté.

Arrivés à la hauteur de Monceaux, que nous laissions un peu à gauche, nous restâmes un instant stationnaires. Notre char se retourna, et enfin nous filâmes au gré du vent. Bientôt nous passons la Seine, entre Saint-Ouen et Asnières, et telle fut à peu près notre marche aréographique, laissant Colombes sur la gauche, passant presque au-dessus de Gennevilliers. Nous avons traversé une seconde fois la rivière, en laissant Argenteuil sur la gauche ; nous avons passé à Sannois, Franconville, Eau-Bonne, Saint-Leu-Taverny, Villiers, traversé l'Île-Adam, et enfin Nesles, où nous avons descendu. Tels sont à peu près les endroits sur lesquels nous avons dû passer perpendiculairement. Ce trajet fait environ neuf lieues de Paris, et nous l'avons parcouru en deux heures, quoiqu'il n'y eût dans l'air presque pas d'agitation sensible.

Durant tout le cours de ce délicieux voyage, il ne nous est pas venu en pensée d'avoir la plus légère inquiétude sur notre sort et sur celui de notre machine. Le globe n'a souffert d'autre altération que les modifications successives de dilatation et décompression dont nous profitions pour monter et descendre à volonté d'une quantité quelconque. Le thermomètre a été pendant plus d'une heure entre 10° et 12° au-dessus de zéro, ce qui vient de ce que l'intérieur de notre char était réchauffé par les rayons du soleil.

Sa chaleur se fit bientôt sentir à notre globe, et contribua par la dilatation de l'air inflammable intérieur, à nous tenir à la même hauteur sans être obligés de perdre notre lest ; mais nous faisions une perte plus précieuse : l'air inflammable, dilaté par la chaleur solaire, s'échappait par l'appendice du globe que nous tenions à la main, et que nous lâchions, suivant les circonstances, pour donner issue au gaz trop dilaté.

C'est par ce moyen, simple que nous avons évité ces expansions et ces explosions que les personnes peu instruites redoutaient pour nous. L'air inflammable ne pouvait pas briser sa prison, puisque la porte lui en était toujours ouverte, et l'air atmosphérique ne pouvait entrer dans le globe, puisque la pression même faisait de l'appendice une véritable soupape qui s'opposait à sa rentrée.

Louis Figuier

Au bout de cinquante-six minutes de marche, nous entendîmes le coup de canon qui était le signal de notre disparition aux yeux des observateurs de Paris. Nous nous réjouîmes de leur avoir échappé. N'étant plus obligés de composer strictement notre course horizontale, ainsi que nous avions fait jusqu'alors, nous nous sommes abandonnés plus entièrement aux spectacles variés que nous présentait l'immensité des campagnes au-dessus desquelles nous planions ; dès ce moment, nous n'avons plus cessé de converser avec leurs habitants, que nous voyions accourir vers nous de toutes parts ; nous entendions leurs cris d'allégresse, leurs vœux, leur sollicitude, en un mot, l'alarme de l'admiration.

Nous criions *Vive le roi !* et toutes les campagnes répondaient à nos cris. Nous entendions très-distinctement : *Mes bons amis, n'avez-vous point peur ? n'êtes-vous point malades ? Dieu, que c'est beau ! Nous prions Dieu qu'il vous conserve. Adieu, mes amis !* J'étais touché jusqu'aux larmes de cet intérêt tendre et vrai qu'inspirait un spectacle aussi nouveau.

Nous agitions sans cesse nos pavillons, et nous nous apercevions que ces signaux redoublaient l'allégresse et la sécurité. Plusieurs fois nous descendîmes assez bas pour mieux nous faire entendre : on nous demandait d'où nous étions partis et à quelle heure, et nous montions plus haut en leur disant adieu.

Fig. 264. — Le physicien Charles.

Nous jetions successivement, et suivant les circonstances, redingotes, manchons, habits. Planant au-dessus de l'Île-Adam, après avoir admiré cette délicieuse campagne, nous fîmes encore le salut des pavillons, nous demandâmes des nouvelles de monseigneur le prince de Conti. On nous cria avec un porte-voix qu'il était à Paris, et qu'il en serait bien fâché. Nous regrettions de perdre une si belle occasion de lui faire notre cour, et nous serions en effet descendus au milieu de ses jardins, si nous avions voulu ; mais nous prîmes le parti de prolonger encore notre course, et nous remontâmes ; enfin nous arrivâmes près des plaines de Nesles.

Il était 3 heures et demie passées ; j'avais le dessein de faire un second voyage, et de profiter de nos avantages ainsi que du jour. Je proposai à M. Robert de descendre. Nous voyions de loin des groupes de paysans qui se précipitaient devant nous à travers les champs. « Laissons-nous aller, » lui dis-je. Alors nous descendîmes dans une vaste prairie.

Des arbustes, quelques arbres bordaient son enceinte. Notre char s'avançait majestueusement sur un plan incliné très-prolongé. Arrivé près de ces arbres, je craignis que leurs branches ne vinssent heurter le char. Je jetai deux livres de lest, et le char s'éleva par-dessus, en bondissant à peu près comme un coursier qui franchit une haie. Nous parcourûmes plus de vingt toises à un ou deux pieds de terre : nous avions l'air de voyager en traîneau. Les paysans couraient après nous, sans pouvoir nous atteindre, comme des enfants qui poursuivent des papillons dans une prairie.

Enfin nous prenons terre. On nous environne. Rien n'égale la naïveté rustique et tendre, l'effusion de l'admiration et de l'allégresse de tous ces villageois.

Je demandai sur-le-champ les curés, les syndics : ils accouraient de tous côtés ; il était fête sur le lieu. Je dressai aussitôt un court procès-verbal, qu'ils signèrent. Arrive un groupe de cavaliers au grand galop : c'était monseigneur le duc de Chartres, M. le duc de Fitz-James et M. Farrer, gentilhomme anglais, qui nous suivaient depuis Paris. Par un hasard très-singulier, nous étions descendus auprès de la maison de chasse de ce dernier. Il saute de dessus son cheval, s'élance sur notre char, et dit en m'embrassant :

— Monsieur Charles, moi premier !

Nous fûmes comblés des caresses du prince, qui nous embras-

Louis Figuier

sa tous deux dans notre char et eut la bonté de signer notre procès-verbal. M. le duc de Fitz-James en fit autant ; M. Farrer le signa trois fois de suite. On a omis sa signature dans le journal parce qu'on n'a pu la lire ; il était si agité de plaisir qu'il ne pouvait écrire. De plus de cent cavaliers qui couraient après nous depuis Paris, et que nous apercevions à peine du haut de notre char, c'étaient les seuls qui eussent pu nous joindre. Les autres avaient crevé leurs chevaux ou y avaient renoncé. Je racontai brièvement à monseigneur le duc de Chartres quelques circonstances de notre voyage.

— Ce n'est pas tout, monseigneur, ajoutai-je en souriant, je m'en vais repartir.

— Comment, repartir ?

— Monseigneur, vous allez voir. Il y a mieux : quand voulez-vous que je redescende ?

— Dans une demi-heure.

— Eh bien ! soit, monseigneur, dans une demi-heure je suis à vous.

M. Robert descendit du char, ainsi que nous étions convenus en voyageant. Trente paysans serrés autour et appuyés dessus, et le corps presque plongé dedans, l'empêchaient de s'envoler. Je demandai de la terre pour me faire un lest ; il ne me restait plus que trois ou quatre livres. On va chercher une bêche qui n'arrive point. Je demande des pierres, il s'y en avait pas dans la prairie. Je voyais le temps s'écouler, le soleil se cacher. Je calculai rapidement la hauteur possible où pouvait m'élever la légèreté spécifique de cent trente livres que je venais d'acquérir par la descente de M. Robert, et je dis à monseigneur le duc de Chartres :

— Monseigneur, je pars. Je dis aux paysans : Mes amis, retirez-vous tous en même temps des bords du char au premier signal que je vais faire, et je vais m'envoler.

Je frappe de la main, ils se retirent, je m'élance comme l'oiseau ; en dix minutes, j'étais à plus de quinze cents toises, je n'apercevais plus les objets terrestres, je ne voyais plus que les grandes masses de la nature.

Dès en partant j'avais pris mes précautions pour échapper au danger de l'explosion du globe, et je me disposai à faire les observations que je m'étais promises. D'abord, afin d'observer le baromètre et le thermomètre placés à l'extrémité du char, sans rien changer au centre de gravité, je m'agenouillai au milieu, la jambe et le corps tendus en avant, ma montre et un papier dans la main gauche, ma plume et le cordon de ma soupape dans ma droite.

Je m'attendais à ce qui allait arriver. Le globe, qui était assez flasque à mon départ, s'enfla insensiblement. Bientôt l'air inflammable s'échappa à grands flots par l'appendice. Alors je tirai de temps en temps la soupape pour lui donner à la fois deux issues, et je continuai ainsi à monter en perdant de l'air. Il sortait en sifflant et devenait visible, ainsi qu'une vapeur chaude qui passe dans une atmosphère beaucoup plus froide.

La raison de ce phénomène est simple. À terre, le thermomètre était à 7° au-dessus de la glace ; au bout de dix minutes d'ascension, j'avais 5° au-dessous. On sent que l'air inflammable contenu n'avait pas eu le temps de se mettre en équilibre de température ; son équilibre élastique étant beaucoup plus prompt que celui de la chaleur, il en devait sortir une plus grande quantité que celle de la dilatation extérieure que l'air pouvait déterminer par sa moindre pression.

Quant à moi, exposé à l'air libre, je passai en dix minutes de la température du printemps à celle de l'hiver. Le froid était vif et sec, mais point insupportable. J'interrogeai alors paisiblement toutes mes sensations, je m'*écoutai vivre* pour ainsi dire, et je puis assurer que, dans le premier moment, je n'éprouvai rien de désagréable dans ce passage subit de dilatation et de température.

Lorsque le baromètre cessa de monter, je notai très-exactement dix-huit pouces dix lignes. Cette observation est de la plus grande rigidité. Le mercure ne souffrait aucune oscillation sensible. J'ai déduit de cette observation une hauteur de 1 524 toises environ, en attendant que je puisse intégrer ce calcul et y mettre plus de précision. Au bout de quelques minutes, le froid me saisit les doigts : je ne pouvais presque plus tenir ma plume. Mais je n'en avais plus besoin, j'étais stationnaire, et je n'avais plus qu'un mouvement horizontal.

Je me relevai au milieu du char et m'abandonnai au spectacle que m'offrait l'immensité de l'horizon. À mon départ de la prairie, le soleil était couché pour les habitants des vallons : bientôt, il se leva pour moi seul, et vint encore une fois dorer de ses rayons le globe et le char. J'étais le seul corps éclairé dans l'horizon, et je voyais tout le reste de la nature plongé dans l'ombre.

Bientôt le soleil disparut lui-même, et j'eus le plaisir de le voir se coucher deux fois dans le même jour. Je contemplai quelques instants le vague de l'air et les vapeurs terrestres qui s'élevaient du sein des vallées et des rivières. Les nuages semblaient sortir de la terre et s'amonceler les uns sur les autres en conservant leur forme ordinaire. Leur couleur seulement était grisâtre et monotone, effet naturel du peu de lumière divaguée dans l'atmosphère. La lune seule éclairait.

Elle me fit observer que je revirai de bord deux fois, et je remarquai de véritables courants qui me ramenèrent sur moi-même. J'eus plusieurs déviations très-sensibles. Je sentis avec surprise l'effet du vent et je vis pointer les banderoles de mon pavillon ; nous n'avions pu observer ce phénomène dans notre premier voyage. Je remarquai les circonstances de ce phénomène, et ce n'était point le résultat de l'ascension ou de la descente ; je marchais alors dans une direction sensiblement horizontale. Dès ce moment, je conçus, peut-être un peu trop vite, l'espérance de se diriger. Au surplus, ce ne sera que le fruit du tâtonnement, des observations et des expériences les plus réitérées.

Au milieu du ravissement inexprimable et de cette extase contemplative, je fus rappelé à moi-même par une douleur très-extraordinaire que je ressentis dans l'intérieur de l'oreille droite et dans les glandes maxillaires. Je l'attribuai à la dilatation de l'air contenu dans le tissu cellulaire de l'organisme, autant qu'au froid de l'air environnant. J'étais en veste et la tête nue. Je me couvris d'un bonnet de laine qui était à mes pieds ; mais la douleur ne se dissipa qu'à mesure que j'arrivai à terre.

Il y avait environ sept ou huit minutes que je ne montais plus ; je commençais même à descendre par la condensation de l'air inflammable intérieur. Je me rappelai la promesse que j'avais faite à monseigneur le duc de Chartres de revenir à terre au bout d'une demi-heure. J'accélérai ma descente, en tirant de temps en temps la soupape supérieure. Bientôt le globe vide presque à moitié ne me présentait plus qu'un hémisphère.

J'aperçus une très-belle plage en friche auprès du bois de la Tour-du-Lay. Alors je précipitai ma descente. Arrivé à vingt ou trente toises de terre, je jetai subitement deux à trois livres de lest qui me restaient et que j'avais gardées précieusement ; je restai un instant comme stationnaire et vins descendre moi-même sur la friche même que j'avais pour ainsi dire choisie.

J'étais à plus d'une lieue du point de départ. Les déviations fréquentes que j'essuyai, les retours sur moi-même, me font présumer que le trajet aérien a été de plus de trois lieues. Il y avait trente-cinq minutes que j'étais parti ; et telle est la sûreté des combinaisons de notre machine aérostatique, que je pus consommer, et à volonté, cent trente livres de légèreté spécifique, dont la conservation également volontaire eût pu me maintenir en l'air au moins vingt-quatre heures de plus. »

Quand les détails de cette belle excursion aérienne furent connus dans Paris, ils y causèrent une sensation extraordinaire. Le lendemain, une foule considérable se rassemblait devant la demeure de Charles pour le féliciter. Il n'était pas encore de retour, et à son arrivée, il reçut du peuple une véritable ovation. Lorsqu'il se rendit au Palais-Royal, pour remercier le duc de Chartres, au sortir du palais, on le prit sur le perron et on le porta en triomphe jusqu'à sa voiture.

Les récompenses académiques ne manquèrent pas non plus aux courageux voyageurs. Dans sa séance du 9 décembre 1783, l'Académie des sciences de Paris, présidée par M. de Saron, décerna le titre d'associés surnuméraires à Charles et à Robert, ainsi qu'à Pilâtre de Rozier et au marquis d'Arlandes. Enfin, le roi accorda au premier une pension de deux mille livres. Il voulut même que l'Académie des sciences ajoutât le nom de Charles à celui de Montgolfier sur la médaille que l'on se proposait de consacrer à l'invention des aérostats.

Charles aurait dû avoir la modestie ou le bon goût de refuser cet honneur. Il avait, sans nul doute, perfectionné les aérostats et indiqué les moyens de rendre praticables les voyages aériens ; mais le mérite tout entier de l'invention réside dans le principe que les Montgolfier avaient pour la première fois mis en pratique : la gloire de la découverte devait leur revenir sans partage.

Louis Figuier

Après cette ascension mémorable, qui porta si loin la renommée de Charles, on est étonné d'apprendre que ce physicien ne recommença jamais l'expérience, et que le cours de sa carrière aérostatique ne s'étendit pas davantage. Comment le désir de féconder sa découverte ne l'entraîna-t-il pas cent fois au sein des nuages ? On l'ignore[5]. C'est sans doute le cas de répéter le mot du grand Condé : « Il eut du courage ce jour-là. »

C'est le physicien Charles qui a été le héros de l'aventure, assez connue d'ailleurs, où Marat joua un rôle si bien en rapport avec ses habitudes et son caractère.

Tout le monde sait que Marat était médecin, et que dans sa jeunesse il s'était occupé de travaux relatifs à la physique. Il a écrit un ouvrage sur l'électricité, dont nous avons parlé dans le premier volume de ce recueil[6], et un autre sur l'optique, dans lequel il combat les vues de Newton. Marat se présente un jour chez le professeur Charles, pour lui exposer ses idées touchant les théories de Newton, et pour lui proposer quelques objections relatives aux phénomènes électriques, qui faisaient grand bruit à cette époque. Charles ne partageait aucune des opinions de son interlocuteur, et il ne se fit pas scrupule de les combattre. Marat oppose l'emportement à la raison ; chaque argument nouveau ajoute à sa fureur, il se contient avec peine ; enfin, à un dernier trait, sa colère déborde. Il tire une petite épée qu'il portait toujours, et se précipite sur son adversaire. Charles était sans armes ; mais sa vigueur et son adresse ont bientôt triomphé de l'aveugle fureur de Marat. Il lui arrache son épée, la brise sur son genou, et en jette à terre les débris. Succombant à la honte et à la colère, Marat perdit connaissance : on le porta chez lui évanoui.

Quelques années après, aux jours de la sinistre puissance de Marat, le souvenir de cette scène troublait singulièrement le repos du professeur Charles. Heureusement l'*ami du peuple* avait oublié la victoire du savant.

Il est impossible de se faire l'idée de l'impression que produisit en France, l'annonce de ce premier voyage aérien. Des transports d'admiration et d'enthousiasme, saluèrent partout les succès de cette entreprise. La poésie, sévère ou légère, avait, à cette époque de notre histoire, le privilège de traduire les sentiments qui dominaient la société. C'est dire que les pièces de vers, odes, épîtres, chansons, abondèrent, pour célébrer un événement qui ouvrait au génie de l'homme une carrière jusque-là inaccessible à son activité.

Parmi les nombreuses pièces de vers qui parurent, pour célébrer, en style pindarique, les succès des nouveaux Argonautes, la suivante fut la plus remarquée. Elle est de Gudin de la Brenellerie et a pour titre le *Globe de Charles et Robert* :

Non, ce n'est point Icare osant quitter la terre,
Ce n'est point d'Archimède un enfant téméraire,
Dont l'audace effrayante et l'inutile effort
Franchit un court espace à l'aide d'un ressort.
C'est la nature même à l'étude asservie,
Et qui prête aujourd'hui ses ailes au génie.
Je ne la brave point, j'obéis à sa voix,
Et je suis dans les airs ses immuables lois.
Ce globe qui s'élève, et qui perce la nue,
De l'empire des airs nous ouvre l'étendue.
L'homme, de qui l'instinct est de tout hasarder,
Dont le sort est de vaincre, et de tout posséder,
Lui qui dompta les mers, qui, méprisant l'orage,
Mit un frein à la foudre et dirigea sa rage,
Que peut-il craindre encor ? Ce roi des éléments
Dans son vol à son char attellera les vents,
Et des monts aplanis l'impuissante barrière
Ne l'arrêtera plus dans sa noble carrière.
D'un nouvel océan, Argonautes nouveaux,
De Colomb et de Coox[7] surpassez les travaux,
Suivez ce Montgolfier, qui, d'une main certaine,
A de la pesanteur enfin brisé la chaîne.

Partez, volez, cherchez, dans les plaines d'azur,
Un air moins variable, un horizon plus pur ;
Glissez d'un vol léger sur les terres australes,
Jouez-vous au milieu des flammes boréales ;
Ces champs de l'atmosphère autrefois interdits,
Ouverts par vos efforts, vont nous être soumis ;
Agrandissez l'enceinte à nos aïeux prescrite,
Et du globe atteignez la dernière limite.
Les peuples éperdus vous prendront pour des dieux :

Louis Figuier

Imitez-les en tout, soyez justes comme eux.
Par la rapidité rapprochez les distances ;
Répandez les bienfaits plus que les connaissances ;
Des sauvages humains adoucissez les mœurs :
Vous les avez instruits, vous les rendrez meilleurs
C'est l'espoir qui me luit : c'est votre destinée
Que j'annonce, en ce jour, à l'Europe étonnée.
J'anticipe les temps, je lis dans l'avenir,
Je prédis les succès dont vous allez jouir.
Vous, timides esprits, pour qui tout est prodige,
Vous, détracteurs jaloux, que tout succès afflige,
Frémissez, mais voyez ce que l'art peut tenter,
Concevez ce qu'un jour il peut exécuter.
N'allez pas à mes vœux alléguer l'impossible ;
Au travail qui s'obstine, il n'est rien d'invincible.
Coox marche au fond des mers, Montgolfier vole aux cieux :
Ouvrez-moi les enfers, j'en éteindrai les feux.
Vous, Charles, vous, Robert, de qui les mains habiles
Trouvent les éléments et les métaux dociles,
Pour un plus grand objet déployez vos talents.
A ce navire heureux, plus léger que les vents,
Hâtez-vous d'ajouter ou la rame, ou la voile.

  Que d'un art tout nouveau le secret se dévoile ;
Craignez que quelque Anglais, hardi navigateur,
De cette invention ne nous vole l'honneur.
Plus d'un nous a ravi, par sa longue constance,
Des secrets découverts et négligés en France.
Ce peuple, qui s'est dit le souverain des mers,
Va bientôt tout tester pour être roi des airs.
N'allez pas dans votre art lui céder la victoire.
Servez votre patrie, et sauvez votre gloire.

  Après la poésie grave, venait la chanson, genre essentiellement français, et qui trouva d'amples occasions de s'exercer à propos de ces révolutions de l'empire de l'air, qui occupaient alors tous les esprits. Voici une chanson qui fut composée pour célébrer l'ascension de Charles et de Robert aux Tuileries. Elle raconte cet événement avec des accents tout à la fois enthousiastes et grotesques.

LE VOYAGE AÉROSTATIQUE.

Air : *Le curé de Dôle.*

Écoute, ma mie :
Dans les Tuileries,
On a vu Charles et Robert,
S'allant promener en l'air.
Ça faisait envie !

Les cœurs s'attendrissent,
Pendant qu'ils se hissent.
En saluant du drapeau,
Un d'eux lâche son chapeau,
Sur un cent de Suisses.

Chacun se remue,
On se presse, on se tue.
Chacun arrache un morceau
De ce bienheureux chapeau
Qui tombe des nues.

On rend de la place
L'salut avec grâce ;
Les Suisses, sabre à la main,
Espadonnent le chemin
Que le globe trace.

Les voilà qui partent,
Au loin, ils s'écartent.
A neuf lieues, près l'île Adam,
Dans un joli petit champ,
C'est là qu'ils débarquent.

Sur une montagne,
Pierre et sa compagne,
S'effrayant en les voyant,
Quittent leurs travaux, criant :
V'là l'diable en campagne.

Louis Figuier

Monsieur le duc de Chartre,
Courant comme quatre.
Le duc de Fitz-Jame aussi,
Sont arrivés, Dieu merci,
Pour les voir s'abattre.

Un curé de village
Accourt tout en nage.
Il apporte du papier,
Sa plume et son encrier,
Et son personnage.

On remplit la page
Des faits du voyage.
Robert était descendu,
Et le globe était tenu
Par gens du village.

Toute chose écrite,
Charles tout de suite
Donne des coups sur les doigts ;
Chacun lâche son endroit,
Zest ! il prend la fuite !

Le beau de l'histoire,
Y t'nait l'écritoire,
Le curé crie au voleur ;
Qu'on l'arrête il n'a pas peur,
Vous pouvez m'en croire.

Il fit dans sa fuite
Près de deux lieues de suite,
Mais le froid et la nuit
Sont cause qu'il descendît
Pour chercher un gîte.

Que pareille histoire
Est digne de gloire !

CHAPITRE IV

Et bien vite à la santé
De leur intrépidité,
Ma mie, allons boire !

CHAPITRE V

TROISIÈME VOYAGE AÉRIEN EXÉCUTÉ À LYON : ASCENSION DE LA
MONTGOLFIERE LE FLESSELLES. — QUATRIÈME VOYAGE AÉRIEN
EFFECTUÉ À MILAN, PAR LE CHEVALIER ANDREANI. — AÉROSTATS
ET MONTGOLFIÈRES LANCÉS EN DIVERSES VILLES DE L'EUROPE. —
PREMIÈRE ASCENSION DE BLANCHARD AU CHAMP-DE-MARS DE
PARIS. — VOYAGE AÉRIEN DE PROUST ET PILÂTRE DE ROZIER.

L'intrépidité et la science des premiers navigateurs aériens avaient
ouvert dans les cieux une route nouvelle ; elle fut suivie avec une
incomparable ardeur. En France et dans les autres parties de l'Europe, on vit bientôt s'accomplir un grand nombre de voyages aérostatiques. Cependant, pour ne pas étendre hors de toute proportion les bornes de cette notice, nous nous contenterons de rappeler
les ascensions les plus remarquables de cette époque.

Lyon n'avait encore été témoin d'aucune expérience aérostatique ;
c'est dans cette ville que s'exécuta le troisième voyage aérien.

Au mois d'octobre 1783, quelques personnes distinguées de Lyon
voulurent répéter l'expérience exécutée à Versailles, par Etienne
Montgolfier. M. de Flesselles, intendant de la province, ouvrit une
souscription, qui fut promptement remplie, et sur ces entrefaites,
Joseph Montgolfier étant arrivé à Lyon, on le pria de vouloir bien
diriger lui-même la construction de la machine. On se proposait
de fabriquer un aérostat d'un très-grand volume, qui enlèverait un
cheval ou quelques autres animaux. Montgolfier fit construire un
immense globe à feu ; il avait quarante-trois mètres de hauteur et
trente-cinq de diamètre. C'était la plus vaste machine qui eût encore été construite pour s'élever dans les airs. Seulement on avait
visé à l'économie, et l'on n'avait obtenu qu'un appareil de construction assez grossière, formé d'une double enveloppe de toile d'emballage recouvrant trois feuilles d'un fort papier.

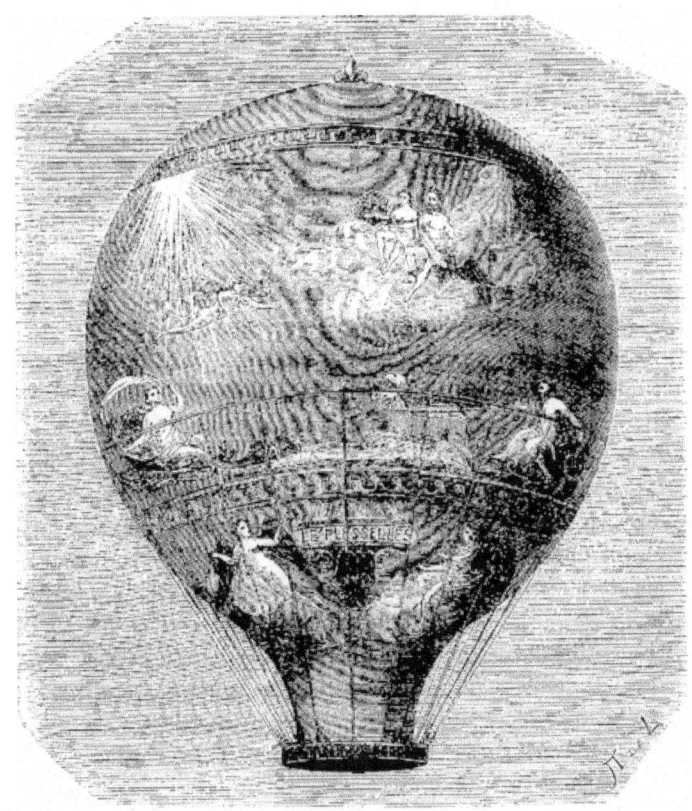

Fig. 266. — Montgolfière *le Flesselles.*

Les travaux étaient fort avancés, lorsqu'on reçut la nouvelle de l'ascension de Charles aux Tuileries, événement qui produisit en France une sensation extraordinaire. Aussitôt, le comte de Laurencin, associé de l'Académie de Lyon, demanda que la destination du ballon fût changée, et qu'on le consacrât à entreprendre un voyage aérien. Trente personnes se firent inscrire à la suite de Montgolfier et du comte de Laurencin, pour prendre part au voyage : Pilâtre de Rozier arriva de Paris, avec le même projet ; il était accompagné du comte de Dampierre, du comte de Laporte et du prince Charles, fils aîné du prince de Ligne. On ne se proposait rien moins que de se rendre par la voie de l'air à Marseille, à Avignon ou à Paris, selon la direction du vent.

Pilâtre de Rozier reconnut pourtant, avec chagrin, que cette immense machine, conçue dans un autre but, était tout à fait impropre à porter des voyageurs. Il proposa et fit exécuter, avec l'assentiment de Montgolfier, différentes modifications, pour l'approprier à sa destination nouvelle. Elles ne se firent qu'avec beaucoup de difficultés et en surmontant mille obstacles. En outre, le mauvais temps, qui ne cessa de régner pendant trois mois, endommagea beaucoup la gigantesque machine. On ne put la transporter aux Brotteaux, sans des peines infinies. Les préparatifs et les essais préliminaires occasionnèrent de très-longs retards ; on fut obligé de retarder plusieurs fois l'ascension, et lorsque vint enfin le jour fixé pour le départ, la neige, qui tomba en grande quantité, nécessita un nouvel ajournement. Les habitants de Lyon, qui n'avaient encore assisté à aucune expérience aérostatique, doutaient fort du succès et n'épargnaient pas les épigrammes. Le comte de Laurencin, un des futurs matelots de ce vaste équipage, reçut le quatrain suivant :

Fiers assiégeants du tonnerre,

Calmez votre colère.

Eh ! ne voyez-vous pas que Jupiter tremblant

Vous demande la paix par son pavillon blanc ?

Le trait était vif. M. de Laurencin, qui n'était pas poète, mais qui ne manquait pas pour cela de cœur ni d'esprit, répondit, en prose, qu'il se chargeait d'aller chercher lui-même les clauses de l'armistice.

Cependant les aéronautes, piqués au jeu, accélérèrent leurs préparatifs, et quelques jours après, tout fut disposé pour l'ascension. Elle se fit aux Brotteaux, le 5 janvier 1784. En dix-sept minutes, le ballon fut gonflé et prêt à partir. Six voyageurs montèrent dans la galerie : c'était Joseph Montgolfier, à qui l'on avait décerné le commandement de l'équipage, Pilâtre de Rozier, le prince de Ligne, le comte de Laurencin, le comte de Dampierre et le comte Laporte d'Anglefort.

La machine avait considérablement souffert par la neige et la gelée, elle était criblée de trous ; le filet, qu'un accident avait détruit la veille, était remplacé par seize cordes qui ne pesaient pas également sur toutes les parties du globe et contrariaient son équilibre. Pilâtre de Rozier reconnut bien vite que l'expérience tournerait mal, si l'on persistait à prendre six voyageurs ; trois personnes étaient la seule charge que l'aérostat pût supporter sans danger. Mais toutes ses observations furent inutiles : personne ne voulut consentir à descendre ; quelques-uns de ces gentilshommes intraitables allèrent même jusqu'à porter la main à la garde de leur épée, pour défendre leurs droits. C'est en vain que l'on offrit de tirer les noms au sort : il fallut donner le signal du départ.

Tout n'était pas fini cependant. Les cordes qui retenaient l'aérostat étaient à peine coupées, et la machine commençait seulement à perdre terre, lorsque l'on vit un jeune négociant de la ville, nommé Fontaine, qui avait pris quelque part à la construction de la machine, s'élancer, d'une enjambée, dans la galerie, et au risque de faire chavirer l'équipage, s'installer de force au milieu des voyageurs. On renforça le feu, et malgré cette nouvelle surcharge, le ballon commença à s'élever.

Fig. 265. — Troisième voyage aérien exécuté à Lyon, le 5 janvier

1784, avec la montgolfière *le Fleselles*.

On comprend aisément l'admiration que dut faire naître dans la foule l'ascension de cet énorme aérostat, dont la voûte offrait les dimensions de la coupole de la Halle aux blés de Paris. Il avait la forme d'une sphère terminée à sa partie inférieure par un cône tronqué autour duquel régnait une large galerie où se tenaient les sept voyageurs. La calotte supérieure était blanche, le reste grisâtre, et le cône composé de bandes de laine de différentes couleurs. Aux deux côtés du globe étaient attachés deux médaillons, dont l'un représentait l'Histoire, et l'autre la Renommée. Enfin il portait un pavillon aux armes de l'intendant de la province, avec ces mots : *le Flesselles*.

Le ballon n'était pas depuis un quart d'heure dans les airs, quand il se fit dans l'enveloppe une déchirure de 15 mètres de long. Le volume énorme de la machine, le nombre des voyageurs, le poids excessif du lest, le mauvais état des toiles, fatiguées pas de trop longues manœuvres, avaient rendu inévitable cet accident, qui faillit avoir des suites funestes. Parvenu en ce moment à 800 mètres de hauteur, l'aérostat s'abattit avec une rapidité effrayante. On vit aussitôt, à en croire les relations de l'époque, soixante mille personnes courir vers l'endroit où la machine allait tomber. Heureusement, et grâce à l'adresse de Pilâtre, cette descente rapide n'entraîna pas des suites graves, et les voyageurs en furent quittes pour un choc un peu rude. On aida les aéronautes à se dégager des toiles qui les enveloppaient : Joseph Montgolfier avait été le plus maltraité.

Cette ascension fit beaucoup de bruit et fut jugée très-diversement. Les journaux en donnèrent les appréciations les plus opposées. En définitive, l'entreprise parut avoir échoué ; mais ses courageux auteurs reçurent les hommages qui leur étaient dus. M. Mathon de Lacour, directeur de l'Académie de Lyon, raconte ainsi l'accueil qu'ils reçurent dans la soirée :

« Le même jour, dit M. Mathon de Lacour, on devait donner l'opéra d'*Iphigénie en Aulide*. Le public s'y porta en foule dans l'espérance d'y voir les voyageurs aériens. Le spectacle était commencé, lorsque M. et madame de Flesselles entrèrent dans leur loge, accompagnés de MM. de Montgolfier et Pilâtre de Rozier, Les applaudissements et les cris se firent entendre dans toute la salle ; les autres voyageurs furent reçus avec le même transport. Le parterre cria de recommencer le spectacle, et l'on baissa la toile. Quelques minutes après, la toile fut levée, et l'acteur qui remplissait le rôle d'Agamemnon s'avança avec des couronnes que madame l'intendante distribua elle-même aux illustres voyageurs. M. Pilâtre de Rozier posa celle qu'il avait reçue sur la tête de M. de Montgolfier, et le prince Charles posa aussi celle qu'on lui avait offerte sur la tête de madame de Montgolfier. L'acteur, qui était rentré dans sa tente, en sortit pour chanter un couplet qui fut vivement applaudi. Quelqu'un ayant indiqué à M. l'intendant l'un des voyageurs (M. Fontaine), qui se trouvait au parterre, M. l'intendant et M. de Fay, commandant, descendirent pendant l'entr'acte et lui apportèrent la couronne. Quand l'actrice qui jouait le rôle de Clytemnestre chanta le morceau :

Que j'aime à voir ces hommages flatteurs !

le public en fit aussitôt l'application et fit recommencer le morceau, que l'actrice répéta en se tournant vers les loges où étaient les voyageurs. Après le spectacle, ils furent reconduits avec les mêmes applaudissements ; ils soupèrent chez M. le commandant, et l'on ne cessa pendant toute la nuit de leur donner des sérénades.

« Deux jours après, M. Pilâtre de Rozier, ayant paru au bal, y reçut de nouveaux témoignages de la plus vive admiration ; et le jeudi 22, lorsqu'il partit pour Dijon, pour se rendre de là à Paris, il fut accompagné comme en triomphe par une cavalcade nombreuse des jeunes gens les plus distingués de la ville. »

Cependant l'opinion générale était pour les mécontents. On chansonna les voyageurs, on chansonna l'aérostat lui-même ; on fut injuste envers les hardis matelots du *Flesselles*. C'est ainsi que le *Journal de Paris*, qui raconte avec tant de complaisance les ascensions aérostatiques de cette époque, ne consacre que quelques lignes au récit de ce voyage, qu'il avait annoncé trois mois auparavant avec beaucoup de pompe. Enfin on fit courir, à Paris, le quatrain suivant :

Vous venez de Lyon, parlez-nous sans mystère :
Le globe est-il parti ? Le fait est-il certain ?
— Je l'ai vu. — Dites-nous, allait-il bien grand train ?

— S'il allait… Oh ! monsieur, il allait ventre à terre.

L'épigramme et l'esprit étaient l'arme innocente de ces temps heureux.

Le quatrième voyage aérien se fit en Italie. Le chevalier Paul Andreani fit construire à ses frais, par les frères Gerli, architectes, une montgolfière destinée à recevoir des voyageurs. Cet esquif aérien était de grande dimension. Composé de toile revêtue à l'intérieur d'un papier mince, il n'avait pas moins de 20 mètres de diamètre, et sa forme était exactement sphérique. Le fourneau, destiné à recevoir les matières combustibles, était placé près de l'ouverture inférieure, sur un cercle de cuivre, porté par quelques traverses de bois fixées sur l'encadrement de l'ouverture circulaire du ballon.

On a vu par le dessin du ballon du marquis d'Arlandes, et par celui du *Flesselles*, que dans ces montgolfières les voyageurs étaient placés sur une galerie entourant l'extérieur de l'ouverture du ballon. Paul Andreani remplaça cette galerie circulaire par une nacelle d'osier semblable à celle dont Charles avait fait usage. Elle était suspendue par des cordes, au cercle qui formait l'encadrement de l'orifice du ballon, et elle était placée à une distance telle de l'ouverture du ballon que l'on pût alimenter le feu avec la main ou avec une fourche, sans être incommodé par la chaleur du foyer.

La montgolfière, ainsi disposée, fut portée à la maison de campagne du chevalier Andreani, où l'on s'occupa, avant de procéder au départ, de chercher les meilleures dispositions, tant pour la distance respective où il fallait placer le réchaud et la nacelle, que pour la nature des substances combustibles à employer. On trouva que le meilleur combustible était le bois de bouleau bien sec, et ensuite, une pâte faite de matières bitumineuses.

L'ascension eut lieu à Milan, le 25 février 1784. Le feu ayant été allumé, la montgolfière se gonfla entièrement en moins de quatre minutes. On coupa les cordes, et la machine emporta avec lenteur Andreani et les frères Gerli.

Elle s'éleva à une si grande hauteur, que les spectateurs la perdirent entièrement de vue. Comme le vent les portait vers des collines voisines, sur lesquelles la descente aurait été difficile, et que la provision de combustible était sur le point de s'épuiser, nos voyageurs jugèrent à propos de descendre, après deux heures de promenade dans les airs.

Fig. 267. — Montgolfière lancée à Milan, le 25 février 1784,
montée par le chevalier Andreani et les frères Gerli (quatrième
voyage aérien).

La machine s'abattit lentement, à la lisière d'un bois voisin de
Milan. Les voyageurs aériens appelèrent, au moyen d'un porte-
voix, les paysans, qui leur donnèrent un concours intelligent, les
aidèrent à descendre, et ramenèrent la montgolfière, encore à demi
gonflée, au moyen des cordes qui en pendaient, jusqu'à l'endroit
même d'où elle était partie. La disposition du fourneau avait étési
bien calculée que la toile qui composait la montgolfière n'avait été
ni brûlée ni endommagée dans aucune de ses parties.

Cette ascension de voyageurs avait été précédée, en Italie, par
quelques expériences aérostatiques. C'est ainsi que le 11 décembre
1783, on avait lancé, à Turin, un petit ballon, fabriqué avec de la
baudruche.

En France, la fièvre aérostatique ne s'était pas calmée. Le 13 janvier 1784, une société d'amateurs, sous la direction de l'abbé Mably, lançait un aérostat de 6 mètres de diamètre, du château de Pisançon, près Romans, dans le Dauphiné ; et le même jour, à Grenoble, M. de Barin en lançait un autre, devant toute la population de la ville.

Le 16 janvier 1784, le comte d'Albon faisait partir, de sa maison de campagne de Franconville, aux environs de Paris, un aérostat à gaz hydrogène, de 5 mètres de diamètre, formé de soie gommée. On avait suspendu au-dessous, une cage d'osier contenant deux cochons d'Inde et un lapin, avec quelques provisions de voyage.

L'aérostat s'éleva en peu d'instants à une hauteur telle qu'on le perdit entièrement de vue. On le trouva cinq jours après, à six lieues de son point de départ. Les animaux étaient en parfait état de santé.

Le marquis de Bullion, à Paris, lança, le 3 février 1784, de son hôtel, qui devint célèbre, plus tard, sous le nom d'*Hôtel des ventes*, une montgolfière de papier, de 5 mètres de diamètre, qui avait, pour tout appareil destiné à la raréfaction de l'air, une large éponge imbibée d'un litre d'esprit de vin, et placée dans une assiette de fer-blanc. Ce ballon resta en l'air un quart d'heure, et ce temps lui suffit pour franchir une distance de neuf lieues : il tomba dans une vigne, près de Basville.

Une simple éponge imbibée d'huile, de graisse et d'esprit de vin, fut aussi tout l'appareil qui servit à faire partir, le 15 février 1784, une montgolfière à Mâcon. Elle était en papier, et l'auteur de cette machine, Cellard du Chastelais, s'était amusé à y suspendre un chat, enfermé dans une cage. En une demi-heure, la montgolfière n'était plus visible dans le ciel. Elle tomba, au bout de deux heures, à sept ou huit lieues de Mâcon. Le chat fut la malheureuse victime de cette expérience : il avait été sans doute asphyxié par le manque d'air dans les hautes régions.

Le 22 février 1784, on lança d'Angleterre, un aérostat à gaz hydrogène, qui traversa la Manche : c'était un petit ballon, d'un mètre et demi de diamètre seulement. Il partit de Sandwich, dans le comté de Kent. Poussé par un vent du nord-ouest, il traversa rapidement la mer, et fut trouvé dans la campagne, à environ trois lieues de Lille. À ce ballon était attachée une lettre, où l'on priait de faire connaître à William Boys, à Sandwich, le lieu et le moment où il aurait été trouvé.

Trois jours auparavant, on avait lancé à Oxford, du *Collège de la reine*, un aérostat tout semblable.

Argand, de Genève, l'inventeur de la lampe à double courant d'air, dont nous aurons à parler dans la notice sur l'*éclairage*, rendait, à la même époque, le roi, la reine et la famille royale d'Angleterre, témoins d'une expérience aérostatique, en lançant à Windsor un aérostat à gaz hydrogène, d'un mètre seulement de diamètre.

On voit qu'à cette époque, toute l'Europe était passionnée pour ce genre de spectacle. Depuis les princes jusqu'aux simples particuliers, chacun avait la tête tournée vers les cieux, sans que la piété y fût pour rien. Il ne se passait pas de jour, il ne se passait pas de soirée, où l'on ne vît une montgolfière s'élever dans les airs. Peu de personnes tentaient la périlleuse aventure d'une ascension, mais partout on se donnait le plaisir de lancer d'inoffensives montgolfières ou des aérostats à gaz hydrogène.

Le caprice de la mode ne manqua pas de s'emparer de cet attrait nouveau. En 1784 tout se faisait au *ballon*. Les chapeaux, les rubans, les robes, les carrosses, tout était à la *Montgolfier*, au *ballon*, à la *Charles et Robert*, etc.

Nous n'avons pas besoin d'ajouter que la poésie légère s'exerçait plus que jamais sur cet attrayant sujet. Voici l'une des chansons que toute la France répétait alors.

AIR du *Premier jour de janvier.*

L'autre jour, quittant mon manoir,
Je fis rencontre sur le soir
D'un globiste de haut parage ;
Il s'en allait tout bonnement
Chercher un lit au firmament,
Et moi, je lui dis bon voyage !

Dans sa poche un bonnet de nuit,
Pour la lune un mot de crédit,
C'était, hélas ! tout son bagage ;
Mais avec l'électricité
Dont on l'avait très-bien lesté,

Il pouvait dissoudre un orage.

Le vent devint son postillon,
Un nuage son pavillon,
Chacun le comblait de louanges ;
D'après ce secret merveilleux
On s'en va dîner chez les Dieux,
Prendre son café chez les Anges.

Ah ! maman, que je suis content,
Disait un fils presque expirant,
À sa bonne mère attendrie,
Nous pourrons renvoyer la mort ;
Avec un globe, sans effort,
Dans le ciel j'irai tout en vie.

Sœur Colette, dans son couvent,
À l'aspect d'un globe mouvant
S'écriait : « Oh ! chose effroyable !
Il va pleuvoir dans nos jardins
Des étourdis qui, par essaims,
Répandront un air inflammable. »

De tous les voyages divers,
Celui qui se fait dans les airs
Est la plus plaisante aventure.
Conduit par les simples hasards,
De Saturne on passe dans Mars,
De Vénus enfin, dans Mercure.

Que les globes auraient de prix,
S'ils pouvaient de nos beaux esprits
Emporter la troupe légère !
Pour loger leurs jolis talents,
Il leur faut des palais roulants
Qui les éloignent du vulgaire.

Mais j'abjure ici les chansons ;

Louis Figuier

Et dans nos transports nous disons ;
Montgolfier, ta gloire est complète,
Non de maîtriser les hasards,
Mais d'avoir fixé les regards,
Et de Louis et d'Antoinette.

C'est à cette époque, c'est-à-dire en 1784, que Blanchard, dont le nom était destiné à devenir célèbre dans les fastes de l'aérostation, fit à Paris sa première ascension.

Avant la découverte des ballons, Blanchard, qui possédait le génie, ou tout au moins, le goût des arts mécaniques, s'était appliqué à trouver un mécanisme propre à naviguer dans les airs. Il avait construit un *bateau volant*, machine atmosphérique, armée de rames et d'agrès, sur laquelle nous aurons à revenir en parlant du parachute, et avec laquelle il se soutenait quelque temps dans l'air, jusqu'à quatre-vingts pieds de hauteur. En 1782, il avait exposé sa machine dans les jardins du grand hôtel de la rue Taranne, où se trouve aujourd'hui un établissement de bains. La découverte des aérostats, qui survint sur ces entrefaites, le détermina à abandonner les recherches de ce genre, et il se fit aéronaute.

Sa première ascension au Champ de Mars, présenta une circonstance digne d'être notée au point de vue scientifique ; c'est le 2 mars 1784 qu'elle fut exécutée, en présence de tout Paris, que le brillant succès des expériences précédentes avait rendu singulièrement avide de ce genre de spectacle.

Blanchard avait jugé utile d'adapter à son ballon les rames et le mécanisme de son bateau volant ; il espérait en tirer parti pour se diriger, ou pour résister à l'impulsion de l'air. Il monta dans la nacelle, ayant à ses côtés un moine bénédictin, le physicien dom Pech, enthousiaste des ballons. On coupa les cordes ; mais le ballon ne s'éleva pas au delà de cinq mètres : il s'était troué pendant les manœuvres, et le poids qu'il devait entraîner était trop lourd pour son volume. Il tomba rudement à terre, et la nacelle éprouva un choc des plus violents. Le bon père jugea prudent de quitter la place.

Fig. 268. — Ascension de Blanchard au Champ-de-Mars, à
Paris, le 2 mars 1784.

Blanchard répara promptement le dommage, et il s'apprêtait à
repartir seul, lorsqu'un jeune homme perce la foule, se jette dans
la nacelle, et veut absolument s'élancer avec lui. Toutes les remon-
trances, toutes les prières de Blanchard furent inutiles. « Le roi me
l'a permis ! » criait l'obstiné. Blanchard, ennuyé du contre-temps,
le saisit au corps pour le précipiter de la nacelle ; mais le jeune
homme tire son épée, fond sur lui et le blesse au poignet. On se
saisit enfin de ce dangereux amateur, et Blanchard put s'envoler.

On a prétendu que ce jeune homme n'était rien moins que
Bonaparte, élève à l'École militaire. Dans ses *Mémoires*, Napoléon

a pris la peine de démentir ce fait : le jeune homme dont il s'agit était un de ses camarades, nommé Dupont de Chambon, élève, comme lui, de l'École militaire, et qui avait fait avec ses camarades le pari de monter dans le ballon.

Blanchard s'éleva au-dessus de Passy, et vint descendre dans la plaine de Billancourt, près de la manufacture de Sèvres ; il ne resta que cinq quarts d'heure dans l'air. Cette ascension si courte fut marquée néanmoins par une circonstance curieuse.

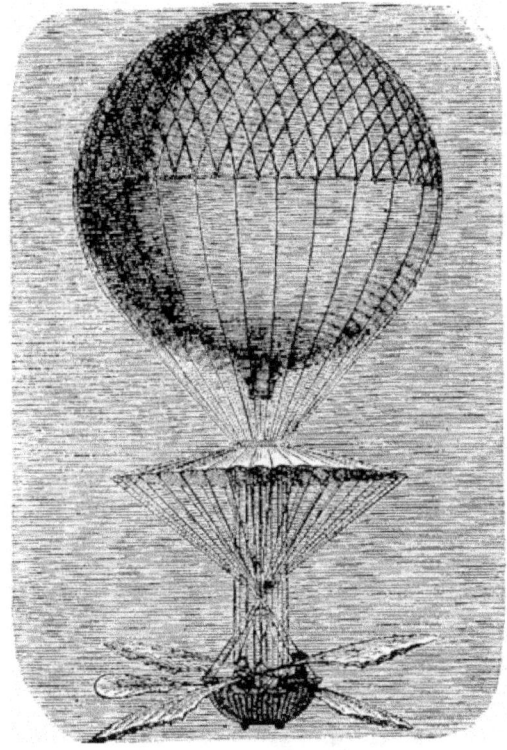

Fig. 270. — Descente de Blanchard à Billancourt.

Tout le monde sait aujourd'hui qu'un aérostat ne doit jamais être entièrement gonflé au moment du départ ; on le remplit seulement aux trois quarts environ. Il serait dangereux, en quittant la terre, de l'enfler complètement ; car, à mesure que l'on s'élève, les couches atmosphériques diminuant de densité, le gaz hydrogène renfermé dans l'aérostat acquiert plus d'expansion, en raison de la diminution de résistance de l'air extérieur. Les parois du ballon céderaient donc à l'effort du gaz, si on ne lui ouvrait pas une issue. Aussi l'aéronaute observe-t-il avec beaucoup d'attention l'état de l'aérostat, et lorsque ses parois très-distendues indiquent une grande expansion du gaz intérieur, il ouvre la soupape et laisse échapper un peu d'hydrogène. Blanchard, tout à fait dépourvu de connaissances en physique, ignorait cette particularité. Son ballon s'éleva, gonflé outre mesure, et l'imprudent aéronaute, ne comprenant nullement le péril qui le menaçait, s'applaudissait de son adresse, et admirait ce qui pouvait causer sa perte. Les parois du ballon font bientôt effort de toutes parts ; elles vont éclater. Blanchard, arrivé à une hauteur considérable, cède moins à la conscience du danger qui le menace, qu'à l'impression d'épouvante causée sur lui par l'immensité des mornes et silencieuses régions au milieu desquelles l'aérostat l'a brusquement transporté ; il ouvre la soupape, il redescend, et cette terreur salutaire l'arrache au péril où son ignorance l'entraînait.

Blanchard se vanta de s'être élevé à quatre mille mètres plus haut qu'aucun des aéronautes qui l'avaient précédé, et il assura avoir dirigé son ballon contre le vent, à l'aide de son gouvernail et de ses rames. Mais les physiciens, qui avaient observé l'aérostat d'un lieu élevé, démentirent son assertion, et publièrent que les variations de sa marche devaient être uniquement attribuées aux courants d'air qu'il avait rencontrés. Et comme il avait écrit sur les banderoles de son ballon et sur les cartes d'entrée au Champ de Mars cette devise fastueuse : *Sic itur ad astra*, on lança contre lui cette épigramme :

Au Champ de Mars il s'envola,
Au champ voisin il resta là ;
Beaucoup d'argent il ramassa.
Messieurs, *sic itur ad astra*.

Quant au bénédictin dom Pech, c'était contre la défense de ses supérieurs qu'il avait voulu s'embarquer avec Blanchard. Un exempt de police, envoyé sur le lieu de la scène, l'avait arrêté et ramené à son couvent, d'où il avait réussi à s'échapper une seconde fois, pour revenir tenter au Champ de Mars, une épreuve qui, comme on l'a vu, ne fut pas poussée bien loin.

Ce zèle outré fut puni de l'exil. Dom Pech fut condamné par le conseil du couvent, à un an et un jour de prison dans la maison la plus reculée de son ordre. Cependant quelques personnes s'intéressèrent à lui, et par l'intervention du cardinal de La Rochefoucauld, le pauvre enthousiaste fut gracié.

Comme tout finissait alors par des chansons, ainsi que nous l'apprend le *Figaro* de Beaumarchais, le voyage de Blanchard ne pouvait autrement finir. Voici une des chansons faites à cette époque, et que l'on trouve imprimée sur un éventail, dans la belle collection des gravures relatives à l'aérostation, qui existe à la Bibliothèque impériale de Paris. On y rappelle l'incartade de Dupont de Chambon, ce trop fougueux officier qui voulait percer Blanchard de son épée, pour le décider à l'accepter comme compagnon de voyage :

Blanchard allait, contre le vent,
Voler aux étoiles ;
Mais un militaire imprudent
Accourt en ce beau moment
Et casse les ailes
Au bateau volant.

L'épée en main, ce turbulent
Devenait rebelle.
Quoique Blanchard, toujours vaillant,
Arrêtât son bras menaçant,
L'arme trop cruelle
Fit couler son Sang.

Il est monté adroitement
Dans cette nacelle,
Et, pour aller au firmament,
Il en sortît en se battant
Avec tout le zèle
Du fameux Roland.

Laisse gronder tes envieux ;
Ils ont beau crier en tous lieux
Que tu veux tromper le vulgaire,
Pour lui attraper son argent,
Si tu savais un peu moins plaire,
Tu ne leur déplairais pas tant.

CHAPITRE V

Le 4 juin 1784, la ville de Lyon vit une nouvelle ascension aérostatique, dans laquelle, pour la première fois, une femme, madame Thible, brava, dans un ballon à feu, les périls d'un voyage aérien. Cette belle ascension fut exécutée en l'honneur du roi de Suède, qui se trouvait alors de passage à Lyon.

Pilâtre de Rozier et le chimiste Proust exécutèrent bientôt après, à Versailles, en présence de Louis XVI et du roi de Suède, un des voyages aérostatiques les plus remarquables que l'on eût encore faits.

L'appareil était dressé dans la grande cour du château. À un signal qui fut donné par une décharge de mousqueterie, une tente de quatre-vingt-dix pieds de hauteur qui cachait l'appareil, s'abattit soudainement, et l'on aperçut une immense montgolfière, déjà gonflée par l'action du feu, maintenue par cent cinquante cordes, que retenaient quatre cents ouvriers. Dix minutes après, une seconde décharge annonça le départ du ballon, qui s'éleva avec une lenteur majestueuse, et alla descendre près de Chantilly, à treize lieues de son point de départ.

Proust et Pilâtre de Rozier parcoururent dans ce voyage, la plus grande distance que l'on ait jamais franchie avec une montgolfière ; ils atteignirent aussi la hauteur la plus grande à laquelle on puisse s'élever avec un appareil de ce genre. Ils demeurèrent assez longtemps plongés dans les nuages et enveloppés dans la neige qui se formait autour d'eux.

Pilâtre de Rozier a écrit de ce beau voyage aérien une relation, que nous allons rapporter.

« La montgolfière, dit Pilâtre de Rozier, s'élevait très-lentement et décrivait une diagonale, en offrant un spectacle tout à la fois agréable et majestueux ; comme un vaisseau qui s'est précipité du chantier dans les eaux, cette étonnante machine se balançait superbement dans l'air qui semblait l'arracher de la main des hommes. Ces mouvements irréguliers intimidèrent un instant une partie des spectateurs qui, craignant qu'une chute prochaine ne mit leur vie en danger, s'éloignèrent à grands, pas. Après avoir allumé mon fourneau, je saluai les spectateurs, qui me répondirent de la manière la plus flatteuse ; j'eus le temps d'observer, sur quelques visages un mélange d'intérêt, d'inquiétude et de joie.

Louis Figuier

« En continuant ainsi notre marche ascensionnelle ; je m'aperçus qu'un courant d'air supérieur opposé au nôtre faisait pencher la Montgolfière ; voulant éviter le feu, j'engageai M. Proust à marcher huit à dix minutes horizontalement ; puis, augmentant la chaleur, nous nous élevâmes ; le volume des objets diminuait sensiblement et nous mettait en état d'apprécier assez exactement notre éloignement ; alors la montgolfière fut distinguée de la capitale et des environs. L'élévation à laquelle nous étions déjà parvenus, faisait croire au plus grand nombre que nous planions sur leur tête.

« Arrivés dans les nuages, la terre disparut entièrement à nos yeux ; un brouillard épais semblait nous envelopper, puis un espace plus clair nous rendait la lumière ; de nouveaux nuages, ou plutôt des amas de neige, s'amoncelaient rapidement sous nos pieds, nous en étions environnés de toutes parts ; une partie tombait perpendiculairement sur les bords extérieurs de notre galerie qui en retenait une assez grande quantité ; une autre se fondait en pluie sur Versailles et sur Paris ; le baromètre était descendu de neuf degrés, et le thermomètre de seize. Curieux de connaître la plus grande élévation à laquelle notre machine pouvait atteindre, nous résolûmes de porter au plus haut degré la violence des flammes, en soulevant notre brasier, et soutenant nos fagots sur la pointe de nos fourches.

« Parvenus aux plus hautes de ces montagnes glacées, et ne pouvant plus rien entreprendre, nous errâmes quelque temps sur ce théâtre plus que sauvage ; théâtre que des hommes voyaient pour la première fois. Isolés, et séparés de la nature entière, nous n'apercevions sous nos pas que ces énormes masses de neige qui, réfléchissant la lumière du soleil, éclairaient infiniment l'espace que nous occupions ; nous restâmes huit minutes sur ces monts escarpés, à onze mille sept cent trente deux pieds de terre, dans une température de cinq degrés au-dessus de la glace, ne pouvant plus juger de la vitesse de notre marche, puisque nous avions perdu tout objet de comparaison.

Fig. 269. — Proust.

« Cette situation, agréable sans doute pour un peintre habile, promettait peu de connaissances à acquérir au physicien, ce qui nous détermina, dix-huit minutes après notre départ, à redescendre au-dessous des nuages pour retrouver la terre. À peine étions-nous sortis de cette espèce d'abîme, que la scène la plus riante succéda à la plus ennuyeuse. Les campagnes nous parurent dans leur plus grande magnificence. Tout était si éclatant que nous crûmes que le soleil avait dissipé l'orage ; et, comme si on eût tiré le rideau qui cachait la nature, nous découvrîmes aussitôt mille objets divers répandus sur un espace dont notre œil pouvait à peine mesurer l'étendue. L'horizon seulement était chargé de quelques nuages qui paraissaient toucher la terre. Les uns étaient diaphanes, d'autres réfléchissaient la lumière sous mille formes différentes ; tous en général étaient privés de cette teinte brune qui porte à la mélancolie. Nous passâmes dans une minute de l'hiver au printemps ; nous vîmes ce terrain incommensurable couvert de villes et de villages, qui, en se confondant, ne ressemblaient plus qu'à de beaux châteaux isolés et entourés de jardins. Les rivières qui se multipliaient et serpentaient de toutes parts, n'étaient plus que de très-petits ruisseaux, destinés à l'ornement de ces palais ; les plus vastes forêts devenaient des charmilles ou de simples vergers ; en un mot, les prés et les champs n'avaient que l'ensemble des verdures et des gazons qui embellissent nos parterres. Ce merveilleux tableau, qu'aucun peintre ne peut rendre, nous rappelait ces métamorphoses miraculeuses de fées, avec cette différence que nous voyions en grand ce que l'imagination la plus féconde n'avait pu créer qu'en petit, et que nous jouissions de la réalité de ce qu'avait enfanté le mensonge ; c'est dans cette charmante position que l'âme s'élève, que les pensées s'exaltent et se succèdent avec la plus grande rapidité. Voyageant à cette hauteur, notre foyer n'exigeait plus de grands soins, et nous pouvions facilement nous promener dans la galerie. Mon ardent coopérateur changea plusieurs fois de poste ; nous étions aussi tranquilles sur notre balcon que sur la terrasse d'une maison, jouissant de tous les tableaux qui se renouvelaient continuellement, sans nous faire éprouver de ces étourdissements qui effrayent une infinité de personnes.

« L'action que j'avais portée dans mes travaux ayant cassé ma fourche, j'allai au magasin m'armer de nouveau. Nous nous rencontrâmes avec M. Proust ; mais la montgolfière, étant très-bien lestée, ne s'inclina que d'une manière presque insensible, d'où nous conclûmes qu'il fallait attribuer à la mauvaise construction, ou à la frayeur des voyageurs, les accidents annoncés avec tant de pompe dans quelques journaux. Les vents, quoique très-considérables, emportaient notre bâtiment sans nous faire éprouver le plus léger roulis, nous n'apercevions notre marche que par la vitesse avec laquelle les villages fuyaient sous nos pieds ; en sorte qu'il semblait, à la tranquillité avec laquelle nous voguions, que nous étions entraînés par le mouvement diurne ; plusieurs fois nous cherchâmes à nous approcher de la terre, jusqu'à distinguer les acclamations qu'on nous adressait et auxquelles il nous eût été facile de répondre à l'aide d'un porte-voix ; en un mot, tout nous amusait. La simplicité de nos manœuvres nous permettait de parcourir des lignes horizontales et obliques, de monter, descendre, remonter et redescendre encore et aussi souvent que nous le jugions nécessaire.

« Parvenus enfin à Luzarche, nous nous déterminâmes d'y mettre pied à terre : déjà le peuple témoignait la satisfaction la plus vive ;

CHAPITRE V

la foule augmentait ; une partie tendait les bras pour ralentir notre chute, tandis que les animaux de toute espèce s'enfuyaient épouvantés, comme s'ils, eussent pris notre montgolfière pour un animal vorace. Mais appréciant bientôt par la vitesse de notre marche que nous serions portés sur les maisons, nous ranimâmes notre foyer ; sautant alors avec la plus grande légèreté par-dessus les édifices, nous échappâmes à ces premiers hôtes, qui restèrent interdits. Poursuivant ensuite notre route, nous découvrîmes cette forêt immense qui conduit à Compiègne. Connaissant peu la topographie de ce canton, ne voyant dans l'éloignement aucune place favorable à notre descente, et craignant d'ailleurs que nos prévisions ne cessassent avant d'avoir traversé les bois, je crus qu'il serait plus sage de mettre pied à terre dans le dernier carrefour distant de treize lieues de Versailles, que de s'exposer à terminer cette expérience par l'embrasement de la forêt.

« Les vessies qui faisaient ressort sous notre galerie rendirent notre descente si douce, que mon compagnon me demanda si nous arrivions bientôt à terre. Je m'emparai de notre pavillon, puis je voulus servir d'écuyer à M. Proust ; nous débarrassâmes notre vaisseau des combustibles qui restaient ; nos habits, nos instruments, tout fut mis en sûreté.

« Vingt minutes après notre descente, le vent, ainsi que je l'avais annoncé à M. le contrôleur général, en présence de la reine et de M. le comte de Haga, souffla fortement sur le haut de la montgolfière, qui, dans son renversement, entraîna la galerie et le réchaud qui y adhérait ; la flamme, s'échappant alors par la grille de ce fourneau, se porta sur quelques cordages de la galerie ; les toiles en étaient très-éloignées, nous cherchâmes à les séparer par une section ; malheureusement nous restâmes seuls pendant plus d'une demi-heure, travaillant ardemment avec un très-mauvais couteau ; le temps était précieux, je craignais que le feu, en se propageant, n'occasionnât un embrasement général ; mon instrument ne satisfaisant point à mon impatience, je le rejetai ; déchirant alors la laine, je l'écartai des flammes ; mais, parvenu aux cordages qui retenaient notre galerie, l'usage du couteau me devint indispensable ; je le cherchai inutilement ; le temps s'écoulait, le feu avait gagné les cordages, et bientôt la galerie ; sa substance était très-combustible, il n'y avait plus un instant à perdre, il fallait sauver les pièces

Louis Figuier

essentielles, la calotte et le cylindre étaient neufs ; nous séparâmes aussitôt ces deux parties, la curiosité fit accourir deux hommes, dont j'animai l'ardeur par l'espoir d'une récompense ; résolu de sacrifier le cône de la montgolfière, qui avait beaucoup servi aux expériences de Versailles et de la Muette, nous transportâmes au loin les objets garantis.

« Les seigneurs des environs arrivaient de toutes parts ; le peuple s'approchait en foule, je distribuai la partie du cône pour arrêter le désordre et satisfaire les désirs. M. de Combemale, qui ne tarda pas à contenir la foule, s'empressa de me seconder ; à sa voix tout le monde obéit, et on conduisit la montgolfière dans un château voisin ; plusieurs personnes nous offrirent leur maison ; nous montâmes à cheval pour nous rendre chez M. de Bieuville, accompagné de M. le président Mole et de M. de Nantouillet. S. A. S. Mgr le prince de Condé, ayant jugé, d'après le vent, que nous serions portés dans ses domaines, avait ordonné de placer à midi un observateur sur les combles du château ; dès qu'il eut aperçu la montgolfière, il nous expédia quatre piqueurs, qui nous cherchèrent dans la forêt ; le prince voulut bien aussi monter en voiture, ainsi que Mgr le duc d'Enghien et mademoiselle de Condé. Le premier des piqueurs que nous rencontrâmes m'ayant fait part des dispositions favorables de S. A. S., je priai M. de Bieuville de nous permettre d'accepter cette marque de bienveillance ; ce jeune militaire se prêta à nos désirs avec toute l'honnêteté possible ; il porta même la complaisance jusqu'à nous accompagner au rendez-vous de chasse, appelé la Table. Le prince n'y étant point encore arrivé, j'osai me faire conduire au château de Chantilly. »

CHAPITRE VI

L'AÉROSTAT DE L'ACADÉMIE DE DIJON. — PREMIER ESSAI POUR LA DIRECTION DES AÉROSTATS. — ASCENSION DU DUC DE CHARTRES ET DES FRÈRES ROBERT À SAINT-CLOUD. — LA PREMIÈRE ASCENSION FAITE EN ANGLETERRE. — VINCENT LUNARDI. — BLANCHARD TRAVERSE EN BALLON LE PAS-DE-CALAIS. — HONNEURS PUBLICS RENDUS À CET AÉRONAUTE.

Le zèle des aéronautes et des savants ne se ralentissait pas ; chaque jour, pour ainsi dire, était marqué par une ascension, qui présenta souvent les circonstances les plus curieuses et les plus dignes d'intérêt.

Le 6 août, l'abbé Camus, professeur de philosophie, et Louchet, professeur de belles-lettres, firent, à Rodez, un voyage aérien dans une montgolfière. L'expérience, très-bien conduite, marcha régulièrement, mais n'enseigna rien de nouveau.

En même temps, sur tous les points de la France, se succédaient des ascensions, plus ou moins périlleuses. À Marseille, deux négociants, nommés Brémond et Maret, s'élevèrent dans une montgolfière de seize mètres de diamètre. À leur première ascension, ils ne restèrent en l'air que quelques minutes. Ils s'élevèrent très-haut à leur second voyage ; mais la machine s'embrasa au milieu des airs, et ils ne regagnèrent la terre qu'au prix des plus grands dangers.

Etienne Montgolfier lança, à Paris, un ballon captif, qui dépassa la hauteur des plus grands édifices. La marquise et la comtesse de Montalembert, la comtesse de Podenas et mademoiselle Lagarde, étaient les aéronautes de ce galant équipage, que commandait le marquis de Montalembert. Ce ballon, construit aux frais du roi, était parti du jardin de Réveillon, dans le faubourg Saint-Antoine.

À Aix, en Provence, un amateur, nommé Rambaud, s'enleva dans une montgolfière de 16 mètres de diamètre. Il resta dix-sept minutes en l'air et atteignit une hauteur considérable. Redescendu à terre, il sauta hors du ballon, sans songer à le retenir. Allégé de ce poids, le ballon partit comme une flèche, et on le vit bientôt prendre feu et se consumer dans l'atmosphère.

Vinrent ensuite, à Nantes, les ascensions du grand aérostat à gaz hydrogène, baptisé du glorieux nom de *Suffren*, monté d'abord par Coustard de Massy et le révérend père Mouchet, de l'Oratoire, puis par M. de Luynes.

À Bordeaux, d'Arbelet des Granges et Chalfour s'élevèrent, dans une montgolfière, jusqu'après de 1 000 mètres, et firent voir que l'on pouvait assez facilement descendre et monter à volonté en augmentant ou diminuant le feu. Ils descendirent sans accident à une lieue de leur point de départ.

Malgré tout ce qu'on en avait espéré, les nombreuses ascensions faites avec un magnifique aérostat à gaz hydrogène construit par les soins de l'Académie de Dijon, et monté, à diverses reprises, par Guyton de Morveau, l'abbé Bertrand et M. de Virly, n'apportèrent à la science naissante de l'aérostation que peu de résultats utiles.

Guyton de Morveau avait fait construire, pour essayer de se diriger dans les airs, une machine armée de quatre rames. Au moment du départ, un coup de vent endommagea l'appareil et mit deux rames hors de service. Cependant Guyton assure avoir produit, avec les deux rames qui lui restaient, un effet sensible sur les mouvements du ballon.

Ces expériences furent continuées très-longtemps, et l'Académie de Dijon fit à ce sujet de grandes dépenses de temps et d'argent. On finit cependant par reconnaître que l'on s'attaquait à un problème insoluble.

Les résultats de ces longs et inutiles essais sont consignés dans un volume in-octavo, publié en 1783, par Guyton de Morveau, sous ce titre : *Description de l'aérostat de l'Académie de Dijon.*

L'ouvrage de Guyton de Morveau est divisé en quatre parties. La première partie traite de l'enveloppe et de la matière du ballon ; la seconde a pour objet l'examen des gaz qui peuvent servir à provoquer son élévation ; la troisième traite de la possibilité de diriger les aérostats ; la quatrième renferme la description de l'*appareil dirigeable* que Guyton avait imaginé et qu'il expérimenta à différentes reprises.

L'aérostat de l'Académie de Dijon, que nous représentons à part (*fig.* 271) était de soie, recouverte d'un vernis gras et siccatif. Sa partie supérieure était coiffée, en partie, d'un fort filet en tresse de rubans, de seize lignes de largeur, venant s'attacher, vers la moitié du globe, à un cercle de bois, qui l'entourait comme une ceinture et supportait, au moyen de cordes, la nacelle. Ce cercle servait en même temps à supporter deux voiles placées aux deux extrémités opposées, et qui étaient destinées à fendre l'air dans la direction que l'on voulait suivre. Ces voiles étaient composées de toile tendue sur un cadre de bois. Sur l'une de ces voiles, de sept pieds de haut et de onze pieds de large, étaient peintes les armes de la famille de Condé. L'autre, qui était bariolée comme un pavillon et qui avait une dimension de soixante-six pieds carrés devait fonctionner comme une sorte de gouvernail. En outre, deux rames, placées entre la *proue* et le *gouvernail*, devaient battre l'air comme les ailes d'un oiseau. Ces dernières rames présentaient à l'air une surface de vingt-quatre pieds carrés. Les rames, la proue et le gouvernail, devaient être manœuvrés, à l'aide de cordes, par les aéronautes placés dans la nacelle.

À la nacelle étaient attachées d'autres rames plus petites.

C'est avec ces moyens d'action que Guyton de Morveau, de Virly et l'abbé Bertrand essayèrent de se diriger dans les airs. L'insuccès qu'ils éprouvèrent démontra qu'il était impossible de se servir, comme moyen de direction, d'engins aussi faibles, et surtout de se contenter, comme moteur, de la force de l'homme. Cependant les expériences des académiciens de Dijon sont les plus sérieuses que l'on ait faites, pour essayer d'imprimer une direction à un esquif aérien. C'est ce qui nous engage à reproduire le récit de l'une de leurs ascensions. Nous choisirons comme la plus intéressante, celle qui fut faite par Guyton de Morveau et M. de Virly, le 12 juin 1784.

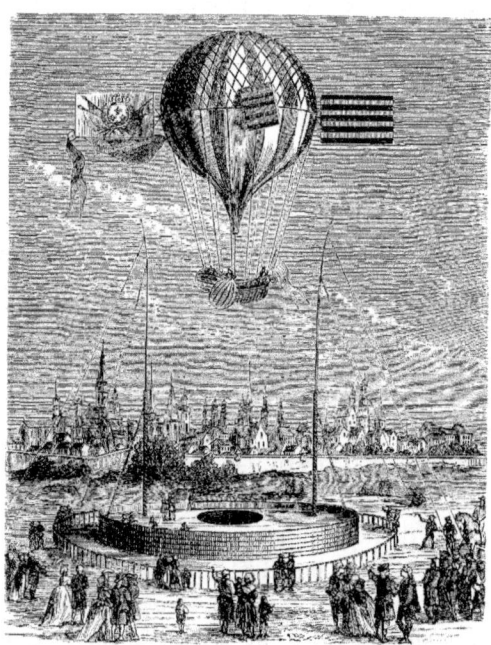

Fig. 271. — Ascension faite le 12 juin 1784 avec l'aérostat de

l'Académie de Dijon, par Guyton de Morveau et de Virly. — Premier essai de direction des aérostats, à l'aide de rames.

« L'objet principal de cette expérience, dit Guyton de Morveau, était l'essai des moyens de direction, dont une partie avait été brisée, au moment de l'ascension du 25 avril, par la violence du vent, et avant que l'on eût lâché les cordes : c'était dans cette vue que plusieurs amateurs s'étaient réunis pour ouvrir une nouvelle souscription.

Le départ avait été fixé pour la première fois au samedi 12 juin, et annoncé huit jours auparavant par une affiche. Le vendredi 11, on commença, vers les 7 heures du soir, à charger les appareils qui ont été décrits dans le procès-verbal de la première expérience.

Le ballon fut rempli à 4 heures du matin, et le canon annonça que l'on était occupé à appareiller.

Nous montâmes dans l'aérostat, M. de Virly et moi, à 7 heures ; nous nous fîmes apporter les quatre cercles attachés au cercle équatorial, qui servaient à retenir le ballon ; nous les attachâmes aux quatre coins de la gondole. Six personnes étaient appuyées sur la galerie pour la fixer à terre ; nous les invitâmes à s'écarter, et nous partîmes sur-le-champ en nous élevant presque perpendiculairement.

Il était alors 7 heures 7 minutes ; le baromètre était à 27 pouces 8 lignes, le thermomètre à 15 degrés ¼, l'hygromètre de M. de Saussure à 83 degrés ½, c'est-à-dire 33 degrés ½ d'humidité, en les comptant du terme moyen ;

Le vent, assez faible, soufflait nord-nord-ouest, et même approchant du nord-quart-nord-ouest, puisqu'au moment de l'ascension, plusieurs personnes jugèrent, à la vue d'une carte sur laquelle les rombs étaient tracés, qu'il devait nous porter sur Bourg-en-Bresse. Les deux flèches du plan joint à ce procès-verbal, indiquent sa direction nord-nord-ouest.

Nous étions chargés de cent livres de lest, trente à l'avant, soixante-dix à l'arrière de la gondole, de deux bouteilles pleines d'eau pour prendre de l'air, de provisions, d'habits pour nous défendre du froid, etc., le tout pesant environ vingt-cinq livres, non compris les instruments.

L'abaissement du mercure dans le baromètre était à peine sensible, que la dilatation était déjà considérable. Nous vîmes le ballon très-arrondi, et une légère vapeur autour de l'appendice nous annonçait que le gaz commençait à s'échapper par la soupape d'assurance placée à son extrémité ; nous l'aidâmes à s'ouvrir, en tirant la ficelle qui descendait jusqu'à la gondole ; le fluide en sortit avec tant de rapidité que nous nous déterminâmes à faire jouer la soupape supérieure ; le gaz en sortit avec un sifflement que nous prîmes d'abord pour le bruit d'une chute d'eau. C'est ainsi que nous en avons constamment usé, vidant d'abord la soupape du bas, pour juger de la nécessité d'ouvrir celle de dessus, et cela afin de ménager la force d'ascension, et de ne pas nous exposer à voir crever le ballon. La dilatation par la chaleur du soleil, et la continuité de l'écoulement du gaz par la soupape supérieure, fit juger que le ballon s'était ouvert en cette partie. Nous devons à la bonté de nos soupapes, et à l'attention continuelle que nous y portions, d'avoir évité ce danger ; mais on verra aussi que cette distraction fréquente a beaucoup nui à nos projets de direction en donnant le temps au vent, quelque faible qu'il fût, de gagner sur nous.

Pour faire connaître jusqu'à quel point nous avons réussi dans cette entreprise, nous n'avons pas trouvé d'autre moyen que de tracer sur la carte la ligne que nous avons suivie, en indiquant les villages, les bois, les chemins sur lesquels nous avons passé, qu'il nous était facile de reconnaître, n'étant pas fort élevés, que nous nous sommes même fait nommer quelquefois par les habitants, et distinguant avec soin les espaces dans lesquels nous avons manœuvré, et ceux où nous avons été gouvernés par le vent.

Ayant suffisamment fait jouer les soupapes pour nous tranquilliser sur l'effet de la dilatation, nous observâmes que le vent nous avait portés de A, point de départ, en I, du côté du parc B. Le baromètre n'était descendu qu'à 26 pouces 4 lignes. Nous résolûmes d'essayer les manœuvres à la vue de toute la ville, et de là tourner de l'est au nord ; nous reconnûmes avec plaisir qu'elles produisaient leur effet : *le gouvernail déplaçait l'arrière et portait le cap du côté que nous désirions, en changeant chaque fois la direction d'environ 3 à 4 degrés sur la boussole, ce qui fut estimé très-exactement par M. de Virly sur une boussole portant un second cercle divisé en heures et quarts d'heure.* Le déplacement se trouva de deux divisions ou d'un 96ᵉ.

Les rames, jouant d'un seul côté, appuyaient le gouvernail et hâ-
taient le déplacement ; jouant ensemble, elles faisaient aller en avant.
Nous parcourûmes ainsi l'espace de 1 à 2, laissant Crommoy à peu
de distance de notre gauche, le vent nous rejetant sensiblement
sur l'est. Nous restâmes là quelque temps stationnaires, ouvrant
de temps en temps la soupape, et les flammes pendant à l'avant
nous ayant fait connaître que l'air était plus calme, nous portâmes
sur Pouilly, et nous en fûmes si peu détournés que nous passâmes
entre le parc E et le hameau d'Espirey D. Il était 8 heures, le mercure se soutenait dans le baromètre à 25 pouces 1 ligne.

Après avoir parcouru la ligne 2-3, nous restâmes encore quelque
temps stationnaires, et quoiqu'il n'y eût aucun courant sensible,
noua vîmes très-bien que nous tournions sur nous-mêmes, lorsque
nous ne faisions aucun usage de nos manœuvres.

Nous nous en servîmes pour tâcher de revenir à l'ouest de Pouilly ;
et, tantôt plus tantôt moins contrariés par le vent, nous suivîmes
à peu près la courbe 3-4, coupant en travers le chemin de Dijon à
Langres, un peu au-dessus de la fourche du chemin d'Is-sur-Tille,
H. Lorsque ce chemin se trouva pour la première fois sous nos fils
à plomb, il était 8 heures et demie, le mercure était descendu à 24
pouces 8 lignes, ce qui annonçait que nous nous élevions insensiblement, soit par le progrès de la dilatation, soit par la légèreté
que nous acquérions, chaque fois que nous ouvrions nos soupapes.
L'hygromètre de M. de Saussure marquait 66 degrés.

Le ciel était toujours serein ; mais il s'élevait, d'une infinité de
points, des vapeurs formant de petits nuages isolés qui nous paraissaient comme des cônes irréguliers dont la base portait à terre,
ou du moins en était très-voisine. Un de ces nuages, et le plus
considérable, nous masqua quelque temps la ville, et plusieurs
personnes ont jugé que nous l'avions traversé, quoiqu'il fût bien
sûrement plus près d'elle que de nous.

Nous prîmes conseil pour savoir ce que nous devions entreprendre. M. de Virly aurait désiré terminer ce voyage aérostatique
par une longue route dans la ligne du vent, de manière qu'il n'y eût
plus à diriger que pour choisir le lieu de descente dans un arc de
cercle de quelques degrés ; mais le vent n'était pas assez fort pour

nous seconder dans ce projet. Nous essayâmes quelque temps la route de Langres ; nous manœuvrâmes en conséquence, et, malgré nos efforts, le vent nous fit dériver suivant la ligne 4-5.

Il commençait à se former quelques plis à la partie inférieure du ballon, et bientôt nous vîmes les objets se grossir à nos yeux ; nous descendîmes jusqu'à environ soixante ou soixante-dix pieds de terre, au point marqué 6. Nous demandâmes à quelques paysans, qui venaient à nous, comment se nommait le village qui était à notre droite, K. Ils nous répondirent que c'était Ruftay. Ils s'apprêtaient à empoigner nos cordes pour nous faire arriver ; mais nous nous trouvions sur un terrain couvert d'assez grands arbres ; nous avions perdu quelque temps à causer avec eux ; nous jetâmes précipitamment cinq ou six paquets de lest pesant huit ou dix livres ; nous remontâmes tout de suite, à leur grand étonnement, et à la plus grande hauteur que nous ayons tenue dans cette expérience. Il était 9 heures précises ; le baromètre descendit à 23 pouces et une demi-ligne, ce qui donne une élévation d'environ 942 toises. L'hygromètre de M. de Saussure marqua 65 degrés ½, celui de M. Retz, qui était joint à notre baromètre, était à 45 ; le thermomètre, à 17 degrés au-dessus de 0. Il faut remarquer que dans toute notre traversée, il n'a jamais été au-dessous de 15 degrés ½. M. de Virly profita de cette ascension pour présenter de l'amadou à une lentille de 18 lignes de diamètre et de 6 lignes de foyer : il s'alluma sur-le-champ.

Un fait assez important, et qui pourra étonner les physiciens, c'est qu'après avoir donné tant de fois issue au gaz dilaté au point de descendre jusqu'à terre, si nous n'eussions jeté du lest, le ballon se soit ensuite retrouvé assez plein pour courir risque d'éclater ; c'est néanmoins ce que nous avons éprouvé, et qui nous a obligés de veiller sans relâche au progrès de la dilatation, et d'ouvrir, de moment en moment, la soupape supérieure. Nous savions que les enveloppes de taffetas verni étaient susceptibles de prendre une chaleur considérable, et que la dilatation devait croître en proportion. Nous avions encore observé, le 3 juin, que notre ballon, rempli aux trois quarts d'air commun, et laissé la nuit à l'air, après qu'on eut mesuré, aussi exactement qu'il était possible, sa hauteur et la base sur laquelle il reposait, s'était trouvé le lendemain, à 8 heures du matin, plus élevé de 4 pouces 1/2, ce qui annonçait une augmentation de volume d'à peu près 180 pieds cubes. Mais ici, le soleil ne nous avait pas quittés un seul instant, et nous ne pouvions attribuer la condensation, qui nous avait fait descendre, qu'à la dispersion des vapeurs dont nous avons parlé plus haut, qui en effet avaient disparu subitement, et qui, s'élevant jusqu'à nous, avaient sans doute refroidi l'atmosphère, sans y laisser apercevoir aucune trace sensible. Ces alternatives presque subites de condensation et de raréfaction nous paraissent mériter la plus grande attention. M. Champy, notre confrère, avait placé dans la gondole, au moment de notre départ, un instrument destiné à nous en avertir : c'est un siphon à trois branches dont la première, presque capillaire, communique, par le moyen d'un robinet, à une vessie pleine d'air ; la seconde, bien plus grosse, contient une liqueur colorée qui s'élève et s'abaisse, à mesure que l'air de la vessie est raréfié ou condensé, et la planche, sur laquelle elle est fixée, porte des divisions en lignes et pouces cubes, ou parties aliquotes de la capacité connue de la vessie.

Cet instrument, très-sensible, peut devenir très-avantageux, mais nous croyons que, pour suivre exactement les variations du ballon, il faut le placer de manière qu'il soit dans la même position par rapport à l'impression des rayons du soleil, et surtout que l'air soit de même nature et renfermé dans la même matière.

L'inquiétude que nous causait cette prodigieuse dilatation me fit penser qu'on pourrait peut-être s'en garantir entièrement en employant l'enveloppe solide dont j'ai parlé dans la première partie du rapport fait à l'Académie de la première expérience. Il suffirait de l'exposer à une dilatation graduée ; on fermerait le robinet lorsque le gaz y serait suffisamment raréfié, et comme le volume ne changerait pas, on gagnerait encore de la légèreté.

On conçoit qu'il nous fut impossible de manœuvrer pendant tout le temps que dura cette nouvelle dilatation, et nous suivîmes la ligne 7-8 en passant sur le bois de Saint-Julien, M ; sur celui d'Arcelot, N, laissant le village à notre droite. Il est probable que le vent avait alors changé, quoiqu'il ne marquât aucune direction décidée sur les flammes de notre avant, puisqu'il dut nécessairement influer sur notre marche, non-seulement dans cette ligne, mais encore dans les lignes 9, 10, 11 et 12.

Arrivés sur les carrières de Dromont, R, qui se trouvaient perpendiculairement sous nos fils à plomb, étant pour lors rassurés sur la dilatation, nous prîmes la résolution de profiter du calme pour nous porter en droite ligne sur Dijon. M. de Virly manifesta cette intention par un billet attaché à une pelote qui pouvait peser deux onces, avec banderoles, qu'il laissa tomber tout près de ce hameau. Sa chute jusqu'à terre, où nous la revîmes après qu'elle fut arrêtée, fut de 37 secondes. À 9 heures 17 minutes, le baromètre était à 23 pouces 5 lignes, et le thermomètre à 18 degrés.

Ayant viré par le gouvernail, nous fîmes force de rames, et nous voguâmes en effet dans la direction 8-9, sur une longueur d'environ 200 toises. Nous aurions rempli probablement notre projet, si nous eussions pu suffire au travail qu'il exigeait ; mais la chaleur et la fatigue nous obligèrent à le suspendre. Le vent, toujours très-faible nous fit repasser une troisième fois le chemin de Mirebeau, et nous parcourûmes l'espace 9-1 0, tirant vers Binge.

Là, ayant aperçu à très-peu de distance sur notre gauche une petite ville (nous avons su depuis que c'était Mirebeau), nous reprîmes courage, espérant pouvoir arriver à quelque lieu déterminé, et *nous fîmes une route d'environ 500 toises sur la ligne 10-11.*

Nous reconnûmes bientôt que, malgré nos efforts, nous tournions sur Belleneuve ; nous passâmes sur ce village, T. Nous découvrîmes un bois, entre Trochère et Etevaux. Nous nous sentions déjà baisser ; nous nous disposions à jeter du lest pour nous relever ; mais, étant parvenus jusqu'à la pièce de terre U, nous préférâmes de nous laisser aller, pour prendre à loisir une connaissance plus entière de ce qui nous restait de lest, des choses dont nous pouvions nous débarrasser, et de ce que nous pourrions tenter en conséquence. Nous descendîmes donc assez doucement, quoique avec un mouvement accéléré, sur une pièce de blé entre ce bois et la prairie d'Etevaux.

Il était 9 heures 45 minutes ; nous avions encore 15 livres de lest et beaucoup d'effets que nous pouvions laisser. Nous vîmes accourir à nous un ecclésiastique et un grand nombre de paysans ; nous les attendîmes pour savoir précisément où nous étions, car la facilité avec laquelle nous avions d'abord distingué tous les objets à terre nous avait fait négliger la boussole, et les nuages nous avaient ensuite dérobé les points principaux qui auraient pu nous guider. Nous apprîmes bientôt que ce village se nommait Etevaux : c'était le vicaire de ce lieu, accompagné de ses paroissiens, qui venait à notre rencontre.

Nous étions tellement en équilibre que le moindre souffle nous aurait fait courir à terre, comme si nous eussions glissé. Pour nous fixer, M. de Virly pria un de ceux qui étaient accourus, et qui avait en bandoulière une grosse chaîne de fer, de nous la prêter pour charger quelques instants la gondole ; d'autres nous donnèrent leurs sabots, et nous commencions à gagner assez de poids pour rester immobiles » M. le vicaire d'Etévaux nous avait fait en arrivant les instances les plus honnêtes pour aller prendre chez lui quelques moments de repos ; il nous fit observer que la foule qui accourait de tous les villages voisins gâterait le blé, si nous y restions. Nous priâmes un de ses paroissiens de prendre le cordeau de notre ancre, et de marcher, devant nous jusqu'à la prairie. Nous avions retiré de la gondole ce que nous y avions mis, et même deux paquets de lest pour nous élever de terre de quelques pieds. Plusieurs habitants d'Etevaux s'empressèrent d'aider celui qui tirait le cordeau. M. le vicaire lui-même voulut être notre conducteur. Nous fûmes bientôt rendus à la prairie.

Arrivés à la prairie, nouvelles instances de nous laisser conduire de même jusqu'au village ; elles étaient accompagnées de tant de démonstrations de joie et d'amitié que nous ne pûmes nous y refuser.

Arrivés devant le presbytère, nous fîmes attacher les quatre grandes cordes du cercle équatorial, que nous avions ramenées à nous au moment de notre départ, et nous mîmes pied à terre, laissant notre aérostat assez élevé pour que l'on ne pût rien y toucher.

Nous n'étions pas encore entrés dans la maison, que nous eûmes la satisfaction de voir entrer successivement M. le président de Vesvrotte, M. Amelot de Chaillon, M. le marquis de Sassenay, et plusieurs de nos amis qui nous avaient suivis, à cheval, à travers les champs et les bois, et qui furent bien étonnés d'apprendre qu'ils n'étaient qu'à quatre lieues et demie de Dijon, en ayant fait neuf ou dix.

Notre expérience n'était pas finie ; et nos agrès étant tout entiers comme à l'instant de notre départ, nous nous proposions toujours d'essayer à quel degré près du vent nous pourrions nous diriger s'il devenait plus fort et plus réglé ; nous n'avions pas osé verser nos bouteilles d'eau pour prendre de l'air lors de notre plus grande ascension, dans la crainte de nous délester ; nous avions remis cette opération au moment où, le ballon ne pouvant porter qu'un de nous, le jeu des manœuvres serait beaucoup plus difficile. Nous avions cru devoir, pour notre sûreté, placer à l'extrémité de l'avant un conducteur formé par une tresse de galon faux, de 100 pieds de longueur, terminé en haut par une pointe de laiton, en bas par huit branches divergentes sur un cercle de baleine. Nous avions suspendu près de la pointe un électromètre, mais il s'était trouvé trop élevé pour qu'il nous fût possible d'en observer le jeu depuis la gondole ; il était intéressant de le replacer plus à portée de notre vue. Nous désirions enfin essayer l'effet des rames de l'équateur, pour déterminer la descente, ce qui ne nous avait pas été possible jusque-là, parce que les cordes frottaient trop rudement sur le taffetas, lorsque nous avions voulu le tenter, le ballon plein, et que cette manœuvre aurait pu nous faire illusion, lorsque la partie inférieure s'aplatissait naturellement.

Il nous vint en pensée que nous pourrions nous faire mener à la remorque jusqu'à Dijon. Comme nous étions venus à Etevaux, nous y avions laissé les appareils tout dressés, et des matières pour remettre en peu d'heures notre ballon au même état qu'il avait été le matin ; il nous était donc facile de compléter le lendemain notre expérience sous les yeux de MM. les souscripteurs.

Nous partîmes d'Etevaux à midi et demi, dans cette résolution ; nous prîmes la route de Dijon assis dans notre gondole, quatre habitants d'Etevaux tenant nos quatre cordes, et quatre autres marchant à côté de nous pour soutenir la gondole qui baissait, par la direction qu'on donnait aux grandes cordes pour tirer le ballon. Nous marchâmes ainsi jusqu'à la hauteur de Coulemon, Z, c'est-à-dire près de deux lieues et demie, accompagnés d'un nombreux cortège, qui se grossissait à mesure que nous avancions, et recevant, sur toute la route, et dans les villages où nous passions, des témoignages marqués de la satisfaction publique. Nous remarquâmes seulement quelques femmes et des enfants en petit nombre qui s'enfuyaient dans les champs à notre approche. Un seul cheval de tous ceux que nous rencontrâmes parut prendre l'effroi, et fit passer dans le fossé la voiture à laquelle il était attelé, mais sans aucun accident.

Lorsque nous passâmes sur les petits ponts vis-à-vis de Coutemon, il s'éleva de ce côté un vent très-vif qui porta le ballon au nord. Étant arrêté par les cordes, cette force tendait à le coucher ; le cercle équatorial cassa en plusieurs endroits ; les rames de la gondole portèrent à terre : tous les agrès couraient risque d'être brisés ; la soupape s'ouvrit plusieurs fois par la position que prenait le ballon, et qui tendait le cordon. Il fallut sur-le-champ désappareiller. Un voyageur nous offrit obligeamment de prendre sur le devant de sa voiture la gondole, ses rames, et tout ce qui pouvait se plier. Nous fîmes porter à la main les bois du gouvernail et les rames de l'équateur ; le ballon ainsi déchargé fut ramené à Dijon jusque dans l'enclos d'où il était parti et M. le prieur de Mirabeau nous ramena lui-même dans sa voiture à la ville, où nous arrivâmes vers les 4 heures du soir. Ainsi, nous n'eûmes à regretter de cet accident que la satisfaction de revenir au point de notre départ dans notre aérostat, conduits à la remorque, et plus encore la possibilité de répéter et de compléter l'expérience le lendemain, comme nous nous en étions flattés.

Après avoir décrit avec l'exactitude la plus scrupuleuse tout ce que nous avons fait et observé, nous croyons devoir ajouter ici quelques réflexions qui peuvent contribuer au progrès de l'art aérostatique et qui auraient interrompu le fil de la narration.

Lorsque le vent, était sensible, la résistance latérale de l'avant décidait peu à peu l'aérostat à prendre une position parallèle au courant, la proue fendant l'air.

Par un vent moins fort, le gouvernail restant dans le milieu de l'arc de sa révolution sans y être assujetti, s'est quelquefois présenté le premier et nous marchions par l'arrière. Quelquefois aussi l'avant et le gouvernail faisaient voile, et nous étions portés quelques instants par le travers. Il nous était facile d'observer toutes ces évolutions en regardant l'ombre très-prononcée de l'aérostat sur les champs que nous traversions ; mais cela ne durait qu'autant que nous ne faisions aucune manœuvre ; le gouvernail seul a toujours décidé la position ; le déplacement était plus prompt, quand on faisait travailler en même temps les rames de l'équateur et même de la gondole.

Pour s'assurer de l'effet du gouvernail, M. de Virhy m'avait proposé, dès que nous fûmes élevés, de manœuvrer, pour placer à l'avant un chemin qui faisait alignement à l'arrière ; je le laissai agir seul ; il y parvint en très-peu de temps. Cette expérience a été répétée plusieurs fois, avec le même succès, tournant à droite ou à gauche, à volonté.

Fig. 272. — Guyton de Morveau.

Enfin, nous avons observé qu'il serait utile de placer les rames de l'équateur à l'extrémité d'un axe prolongé d'environ 10 à 12 pouces, pour que, dans aucun cas, leur jeu ne fût gêné par le frottement des cordes sur le ballon, ce qui peut être exécuté tout aussi facilement et de la même manière que le point d'appui du centre de révolution de notre gouvernail, qui se trouve solidement établi à plus de 22 pouces de l'équateur. On y gagnera encore la liberté de donner à la surface des pales de ces rames toute l'amplitude dont elles sont susceptibles, et qui n'avait été bornée que dans la crainte qu'elles ne s'approchassent trop du ballon.

Fait à Dijon, le 15 juin 1784, en l'hôtel de l'intendance, où avaient été invités ceux qui s'étaient trouvés à notre descente, et qui ont bien voulu signer avec nous ce procès-verbal.

Signé : DE MORVEAU et DE VIRLY, et à la suite, DE VESVROTTE, DEMANGE, AMELOT, le marquis DE SASSENAY, DE MEIXMORON fils, BUVOINT, prêtre, vicaire d'Etevaux, LEFAY, D'OISILLY, ROGER, DUMAY, échevin perpétuel de Mirebeau, alcade des états de Bourgogne ; DUMAY, avocat, juge de Alirebeau ; LEFEUBRE, conseiller du roi, et RUDE. »

On voit que les rames et le gouvernail produisirent quelque effet, quand l'air était tranquille. Mais le vice de ce système, comme celui de tous les innombrables essais du même genre qui furent tentés depuis, c'était l'insuffisance de la force humaine employée comme moteur. Nous retrouverons plus d'une fois, dans l'histoire de l'aérostation, ce même fait, c'est-à-dire l'infinie faiblesse du moteur que l'on a essayé d'opposer, avec la seule force de l'homme, à la formidable puissance des vents. Nous avons rapporté dans tous ses détails la tentative de Guyton de Morveau, comme la plus sérieuse en ce genre et la plus digne d'être conservée à l'histoire.

Le 15 juillet 1784, le duc de Chartres, depuis Philippe-Égalité, exécuta à Saint-Cloud, avec les frères Robert, une ascension qui mit à de terribles épreuves le courage des aéronautes.

Les frères Robert avaient construit un aérostat à gaz hydrogène, de forme très-oblongue, de 18 mètres de hauteur et de 12 mètres de diamètre. On avait disposé dans l'intérieur de ce grand ballon, un autre globe beaucoup plus petit, rempli d'air ordinaire. Cette disposition, imaginée par Meunier, pour suppléer à l'emploi de la soupape, devait permettre de descendre ou de remonter dans l'atmosphère sans avoir besoin de perdre du gaz. Parvenu dans une région élevée, l'hydrogène, en se raréfiant par l'effet de la diminution de la pression extérieure, devait comprimer l'air contenu dans le petit globe intérieur, et en faire sortir une quantité d'air correspondant au degré de sa dilatation. Cette disposition avait été proposée par M. Meunier, plus tard général de la république, et qui a fait un grand nombre de travaux sur l'aérostation. On avait aussi adapté à la nacelle un large gouvernail et deux rames, dans l'espoir de se diriger.

À 8 heures, les deux frères Robert, Collin-Hullin et le duc de

Chartres, s'élevèrent du parc de Saint-Cloud, en présence d'un grand nombre de curieux, qui étaient arrivés, de grand matin, de Saint-Cloud et des lieux environnants. Les personnes éloignées firent connaître par leurs cris, qu'elles désiraient que celles qui étaient placées aux premiers rangs se missent à genoux pour laisser à tous la liberté du coup d'œil ; d'un mouvement unanime, chacun mit un genou à terre, et l'aérostat s'éleva au milieu de la multitude ainsi prosternée.

Fig. 273. — Ascension du duc de Chartres et des frères Robert, le 15 juillet 1784. Départ de Saint-Cloud.

Trois minutes après le départ, l'aérostat disparaissait dans les nues ; les voyageurs perdirent de vue la terre et se trouvèrent environnés d'épais nuages. La machine, obéissant alors aux vents impétueux et contraires qui régnaient à cette hauteur, tourbillonna et tourna plusieurs fois sur elle-même. Le vent agissant avec violence sur la surface étendue que présentait le gouvernail doublé de taffetas, le ballon éprouvait une agitation extraordinaire et recevait des coups violents et répétés. Rien ne peut rendre la scène effrayante qui suivit ces premières bourrasques. Les nuages se précipitaient les uns sur les autres, ils s'amoncelaient au-dessous des voyageurs et semblaient vouloir leur fermer le retour vers la terre. Dans une telle situation, il était impossible de songer à tirer parti de l'appareil de direction. Les aéronautes arrachèrent le gouvernail et jetèrent au loin les rames.

La machine continuant d'éprouver des oscillations de plus en plus violentes, ils résolurent, pour s'alléger, de se débarrasser du petit globe contenu dans l'intérieur de l'aérostat. On coupa les cordes qui le retenaient ; le petit globe tomba, mais il fut impossible de le tirer au dehors. Il était tombé si malheureusement, qu'il était venu s'appliquer juste sur l'orifice de l'aérostat, dont il fermait complètement l'ouverture.

Dans ce moment, un coup de vent parti de la terre les lança vers les régions supérieures, les nuages furent dépassés, et l'on aperçut le soleil ; mais la chaleur de ses rayons et la raréfaction considérable de l'air dans ces régions élevées ne tardèrent pas à occasionner une grande dilatation du gaz. Les parois du ballon étaient fortement tendues, et son ouverture inférieure, si malheureusement fermée par l'interposition du petit globe, empêchait le gaz dilaté de trouver, comme à l'ordinaire, une libre issue par l'orifice inférieur. Les parois étaient gonflées au point d'éclater sous la pression du gaz.

Les aéronautes, debout dans la nacelle, prirent de longs bâtons, et essayèrent de soulever le petit globe qui obstruait l'orifice de l'aérostat ; mais l'extrême dilatation du gaz le tenait si fortement appliqué., qu'aucune force ne put vaincre cette résistance. Pendant ce temps, ils continuaient de monter, et le baromètre indiquait que l'on était parvenu à la hauteur de 4 800 mètres.

Dans ce moment critique, le duc de Chartres prit un parti désespéré : il saisit un des drapeaux qui ornaient la nacelle, et avec le bois de la lance il troua en deux endroits l'étoffe du ballon ; il se fit une ouverture de 2 ou 3 mètres, le ballon descendit aussitôt avec une vitesse effrayante, et la terre reparut aux yeux des voyageurs.

Heureusement, quand on arriva dans une atmosphère plus dense, la rapidité de la chute se ralentit et finit par devenir très-modérée. Les aéronautes commençaient à se rassurer, lorsqu'ils reconnurent qu'ils étaient près de tomber dans un étang ; ils jetèrent à l'instant soixante livres de lest, et à l'aide de quelques manœuvres ils réussirent à aborder sur la terre, à quelque distance de l'étang de la Garenne, dans le parc de Meudon.

Toute cette expédition avait duré à peine quelques minutes. Le petit globe rempli d'air était sorti à travers l'ouverture de l'aérostat, il tomba dans l'étang ; il fallut le retirer avec des cordes.

Les ennemis du duc de Chartres ne manquèrent pas de mettre le dénoûment de cette aventure sur le compte de sa poltronnerie, Dans son *Histoire de la conjuration de Louis d'Orléans, surnommé Philippe-Égalité*, Montjoie, faisant allusion au combat d'Ouessant, dit que le duc de Chartres avait ainsi rendu « *les trois éléments témoins de la lâcheté qui lui était naturelle.* » On fit pleuvoir sur lui des sarcasmes et des quolibets sans fin. On répéta ce propos que madame de Vergennes avait tenu avant l'ascension, que « *apparemment M. le duc de Chartres voulait se mettre au-dessus de ses affaires.* » On le chansonna dans des vaudevilles, on le tourna en ridicule dans des vers satiriques.

Voici quelques-uns de ces vers méchants, qui sont aussi de méchants vers.

Chartres ne se voulait élever qu'un instant ;
Loin du prudent Genlis il espérait le faire.
Mais, par malheur pour lui, la grêle et le tonnerre
Retraçant à ses yeux le combat d'Ouessant,
Le prince effrayé dit : « Qu'on me remette à terre,
J'aime mieux n'être rien sur aucun élément. »

On disait encore du duc de Chartres :

Il peut aller dorénavant,
Tête levée et nez au vent ;
Il est, les preuves en sont claires,
Fort au-dessus de ses affaires.
Eh ! oui, ce grand prince, aujourd'hui,
Doit être bien content de lui.

Enfin, ce qui était plus violent :

Mais quel soudain revers, hélas !
Ne vois-je pas mon prince en bas !
Comme il est fait, comme il se pâme !
On dirait qu'il va rendre l'*âme.*
— *L'âme !...... Oh ! qu'il n'est pas dans ce cas,*
Peut-on rendre ce qu'on n'a pas ?

Tout cela était parfaitement injuste. En crevant son ballon au moment où il menaçait de l'emporter avec ses compagnons, dans des régions d'une hauteur incommensurable, le duc de Chartres fit preuve de courage et de sang-froid. Blanchard prit le même parti, le 19 novembre 1785, dans une ascension qu'il fit à Gand, et dans laquelle il se trouva porté à une si grande hauteur, qu'il ne pouvait résister au froid excessif qui se faisait sentir. Il creva son ballon, coupa les cordes de sa nacelle, et se laissa tomber en se tenant suspendu au filet.

L'Angleterre n'avait pas encore eu le spectacle d'un aérostat portant des voyageurs. Le 14 septembre 1784, un Italien, Vincent Lunardi, fit à Londres le premier voyage aérien qui ait eu lieu au delà de la Manche.

Déjà, c'est-à-dire le 25 novembre 1783, le comte Zambeccari, qui devait plus tard mourir victime de l'aérostation, avait lancé, à Londres, un ballon sphérique, à gaz hydrogène, du diamètre de 3 mètres. C'était la première fois que les Anglais avaient été témoins du gonflement et du départ d'un ballon. Mais personne, en Angleterre, n'avait osé se confier à un esquif aérien, et ce fut un étranger, le capitaine Vincent Lunardi, qui donnant l'exemple du courage, osa s'élancer dans les airs, devant la population de Londres.

Dans son *Histoire de l'aérostation*, qui s'arrête à l'année 1786, Tibère Cavallo, écrivain anglais, a décrit avec assez de détails l'ascension faite à Londres, par Lunardi, le 14 septembre 1784.

L'aérostat fut porté à une place nommée *Artillery Ground*, et on le gonfla avec du gaz hydrogène pur, obtenu par l'action de l'acide sulfurique sur le zinc. Il fallut un jour et une nuit pour le remplir. Ce ballon n'avait pas de soupape, il mesurait 10 mètres de diamètre, et présentait la forme d'une sphère.

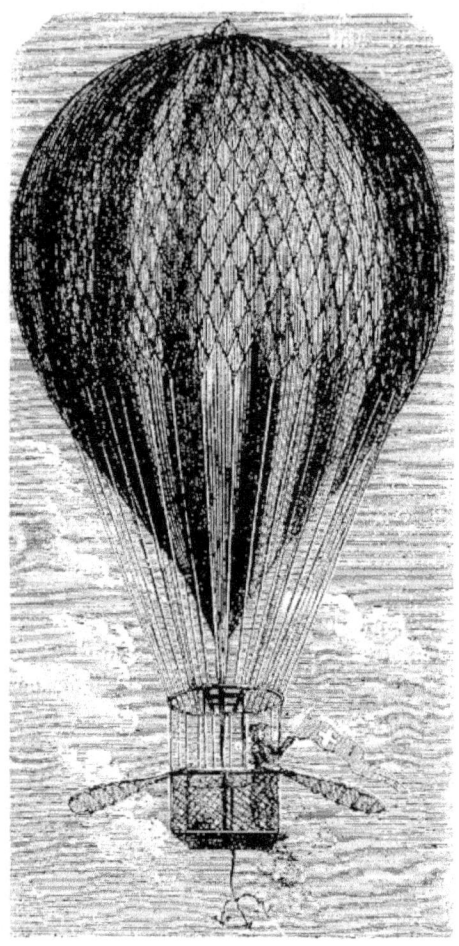

Fig. 274. — Aérostat de Lunardi (ascension faite à Londres le 14 septembre 1784).

Lunardi devait s'élever accompagné de deux personnes : le chevalier Biggin et une jeune Anglaise, Mme Sage. Ils se placèrent, en effet, tous les trois dans la nacelle, et c'est ainsi qu'on les voit représentés, dans une gravure anglaise d'un joli effet. Mais le gaz n'avait pas la force d'ascension suffisante pour enlever trois personnes, et Lunardi dut partir seul.

Louis Figuier

Il s'élança, au milieu des acclamations et des hourrahs de la multitude rassemblée sur la place, en agitant un drapeau qu'il tenait à la main, ayant pour tous compagnons de voyage, un pigeon, un chat et un chien. Il était muni d'une rame qui devait servir à le diriger, mais qui ne lui fut, comme on le devine, d'aucun secours. Il descendit au bout d'une heure et demie, et laissa à terre le chat à moitié mort de froid ; puis il remonta, pour aller descendre, une heure après, dans une prairie de la paroisse de Standon (comté d'Hertford). Il paraît qu'il eut à supporter, dans les hautes régions, un froid considérable[8].

Fig. 275. — Le capitaine Lunardi.

L'exemple donné à Londres, par un Italien, fut bientôt suivi, à Oxford, par un Anglais, M. Salder, devenu célèbre depuis, comme aéronaute. M. Sheldon, professeur d'anatomie, et membre distingué de la *Société royale de Londres*, fit de son côté une ascension, en compagnie de Blanchard. Il essaya, mais sans succès, de se diriger à l'aide d'un mécanisme moteur en forme d'hélice.

Enhardi par le succès de ses premiers voyages, Blanchard conçut alors un projet, dont l'audace, à cette époque où la science aérostatique en était encore aux tâtonnements, pouvait à bon droit être taxée de folie : il voulut franchir en ballon la distance qui sépare l'Angleterre de la France. Cette traversée miraculeuse, où l'aéronaute pouvait trouver mille fois la mort, ne réussit que par le plus grand des hasards, et par ce seul fait, que le vent resta pendant trois heures sans variations sensibles.

Blanchard accordait une confiance extrême à l'appareil de direction qu'il avait imaginé. Il voulut justifier par un trait éclatant, la vérité de ses assertions, et il annonça, par la voie des journaux anglais, qu'au premier vent favorable, il traverserait la Manche de Douvres à Calais. Le docteur Gefferies, ou Jefferies, comme l'écrit Cavallo, s'offrit pour l'accompagner. Le 7 janvier 1785, le ciel était serein ; le vent, très-faible, soufflait du nord-nord-ouest. Blanchard, accompagné du docteur Jefferies, sortit du château de Douvres et se dirigea vers la côte. Le ballon fut rempli de gaz, et on le plaça à quelques pieds du bord d'un rocher escarpé, d'où l'on aperçoit le précipice décrit par Shakespeare dans le *Roi Lear*. À une heure, le ballon fut abandonné à lui-même ; mais, son poids se trouvant un peu fort, on fut obligé de jeter une partie du lest et de ne conserver que trente livres de sable. Le ballon s'éleva lentement, et s'avança vers la mer, poussé par un vent léger[9].

Les voyageurs eurent alors sous les yeux un spectacle que l'un d'eux a décrit avec enthousiasme. D'un côté, les belles campagnes qui s'étendent derrière la ville de Douvres présentaient une vue magnifique ; l'œil embrassait un horizon si étendu, que l'on pouvait apercevoir et compter à la fois trente-sept villes ou villages ; de l'autre côté, les roches escarpées qui bordent le rivage, et contre lesquelles la mer vient se briser, offraient par leurs anfractuosités et leurs dentelures énormes, le plus curieux et le plus formidable aspect. Arrivés en pleine mer, ils passèrent au-dessus de plusieurs vaisseaux.

Cependant, à mesure qu'ils avançaient, le ballon se dégonflait un peu, et à une heure et demie il descendait visiblement. Pour se relever, ils jetèrent la moitié de leur lest ; ils étaient alors au tiers de la distance à parcourir, et ne distinguaient plus le château de Douvres. Le ballon continuant de descendre, ils furent contraints de jeter tout le reste de leur provision de sable, et cet allégement n'ayant pas suffi, ils se débarrassèrent de quelques autres objets qu'ils avaient emportés. Le ballon se releva et continua de cingler vers la France ; ils étaient alors à la moitié du terme de leur périlleux voyage.

Fig. 276. — Blanchard et le docteur Jefferies partent de la côte de Douvres, le 7 janvier 1785, pour traverser en ballon, le Pas-de-Calais.

À 2 heures et quart, l'ascension du mercure dans le baromètre leur annonça que le ballon recommençait à descendre : ils jetèrent quelques outils, une ancre et quelques autres objets, dont ils avaient cru devoir se munir. À 2 heures et demie, ils étaient parvenus aux trois quarts environ du chemin, et ils commençaient à apercevoir la perspective, si ardemment désirée, des côtes de la France.

En ce moment, le ballon se dégonflait par la perte du gaz, et les aéronautes reconnurent avec effroi qu'il descendait avec une certaine rapidité. Tremblant à la pensée de ne pouvoir atteindre la côte, ils se hâtèrent de se débarrasser de tout ce qui n'était pas indispensable à leur salut : ils jetèrent leurs provisions de bouche ; le gouvernail et les rames, surcharge inutile, furent lancés dans l'espace ; les cordages prirent le même chemin ; ils dépouillèrent leurs vêtements et les jetèrent à la mer.

En dépit de tout, le ballon descendait toujours.

On dit que, dans ce moment suprême, le docteur Jefferies offrit à son compagnon de se jeter à la mer. « Nous sommes perdus tous les deux, lui dit-il ; si vous croyez que ce moyen puisse vous sauver, je suis prêt à faire le sacrifice de ma vie. »

Néanmoins une dernière ressource leur restait encore : ils pouvaient se débarrasser de leur nacelle et se cramponner aux cordages du ballon. Ils se disposaient à essayer de cette dernière et terrible ressource ; ils se tenaient tous les deux suspendus aux cordages du filet, prêts à couper les liens qui retenaient la nacelle, lorsqu'ils crurent sentir dans la machine un mouvement d'ascension : le ballon remontait en effet. Il continua de s'élever, reprit sa route, et, le vent étant toujours favorable, ils furent poussés rapidement vers la côte.

Leurs terreurs furent vite oubliées, car ils apercevaient distinctement Calais et la ceinture de villages qui l'environnent. À 3 heures, ils passèrent par-dessus la ville et vinrent enfin s'abattre dans la forêt de Guines. Le ballon se reposa sur un grand chêne ; le docteur Jefferies saisit une branche, et la marche fut arrêtée : on ouvrit la soupape, le gaz s'échappa, et c'est ainsi que les heureux aéronautes sortirent sains et saufs de l'entreprise la plus extraordinaire, peut-être, que la témérité de l'homme ait jamais osé tenter.

Le lendemain, le succès de cet événement fut célébré à Calais par une fête publique. Le pavillon français fut hissé devant la maison où les voyageurs avaient couché. Le corps municipal et les officiers de la garnison, vinrent leur rendre visite. À la suite d'un dîner qu'on leur donna à l'hôtel-de-ville, le maire présenta à Blanchard, dans une boîte d'or, des lettres qui lui accordaient le titre de citoyen de la ville de Calais, titre qu'il a toujours conservé depuis. La municipalité lui acheta, moyennant trois mille francs et une pension de six cents francs, le ballon qui avait servi à ce voyage, et qui fut déposé dans la principale église de Calais, comme le fut autrefois, en Espagne, le vaisseau de Christophe Colomb. On décida enfin qu'une colonne de marbre serait élevée, à l'endroit même où les aéronautes étaient descendus.

Quelques jours après, Blanchard parut devant Louis XVI, qui lui accorda une gratification de douze cents livres, et une pension de la même somme. La reine, qui était au jeu, mit pour lui sur une carte, et lui fit compter une forte somme qu'elle gagna. En un mot, rien ne manqua au triomphe de Blanchard, pas même la jalousie des envieux, qui lui donnèrent à cette occasion le surnom de *Don Quichotte de la Manche*.

La colonne commémorative, que l'on avait décidé d'élever en l'honneur de Blanchard, fut, en effet, inaugurée un an après, dans le lieu de la forêt où l'aérostat était descendu. Elle portait cette inscription :

SOUS LE RÈGNE DE LOUIS XVI,

MDCCLXXXV,

JEAN-PIERRE BLANCHARD DES ANDELYS EN NORMANDIE

ACCOMPAGNÉ DE JEFFERIES, ANGLAIS,

PARTIT DU CHÂTEAU DE DOUVRES

DANS UN AÉROSTAT,

LE SEPT JANVIER À UNE HEURE UN QUART ;

TRAVERSA LE PREMIER LES AIRS

AU-DESSUS DU PAS-DE-CALAIS,

ET DESCENDIT À TROIS HEURES TROIS QUARTS

DANS LE LIEU MÊME OÙ LES HABITANTS DE GUINES

ONT ÉLEVÉ CETTE COLONNE

LA GLOIRE DES DEUX VOYAGEURS.

Blanchard se rendit à Guines, pour l'inauguration de cette colonne, et il s'écria, dit-on, en apercevant le monument élevé à son courage :

« Je ne crains plus le persifflage et la calomnie. Grâce à Dieu, Messieurs, il faudrait cinquante mille rames de libellés entassés pour masquer ce monument sur toutes ses faces. »

Fig. 277. — Le docteur Jefferies.

Fig. 278. — Blanchard.

Les magistrats de la ville de Guines, le maire et syndic de la noblesse, se rencontrèrent au pied de la colonne, avec Blanchard escorté de quelques officiers de l'armée du roi. De Launay, le procureur du roi du corps municipal, lui adressa ce discours :

« Il est bien flatteur pour nous, monsieur, de vous posséder ici, au même jour et à la même heure où vous descendîtes l'an passé ; mais la vue de cette colonne, l'inscription qui s'y trouve, donnée par l'Académie, nous interdisent tout compliment. Ce monument et l'acte de son inauguration, que nous allons signer avec vous, monsieur, vont y suppléer : l'un et l'autre passeront à la postérité la plus reculée, l'un et l'autre immortaliseront la mémoire du premier des aéronautes qui ait osé traverser la mer ; enfin l'un et l'autre attesteront notre juste admiration sur un événement qui formera la plus glorieuse époque dans l'histoire de ce siècle. »

Blanchard répondît :

« Messieurs, Cette colonne, précieux fruit de votre amour pour les arts, l'inscription qui s'y trouve, dont l'a honorée l'Académie, disent tout pour vous, et disent beaucoup plus que je n'ai mérité. Mais comment m'acquitter ? De quels termes me servir pour vous exprimer mon admiration et ma reconnaissance à des procédés aussi nobles que généreux ? Silence et respect. Voilà, messieurs, où se réduit ma réponse. »

Un repas était préparé à Guines. Il fut suivi d'un bal. Les seuls ornements de la salle de bal, étaient le portrait de Blanchard, avec l'image de la colonne monumentale de la forêt. Au-dessus du portrait, étaient ces vers :

Autant que le Français, l'Anglais fut intrépide ;
Tous les deux ont plané jusqu'au plus haut des airs ;
Tous les deux, sans navire, ont traversé les mers.
Mais la France a produit l'inventeur et le guide.

Les gravures du temps consacrèrent, à l'envi, le souvenir de cet événement mémorable dans l'histoire de l'aérostation. Au bas de l'une de ces estampes, qui représente le moment où l'aérostat de Blanchard descend sur le rivage, après avoir franchi la mer, on lit les vers Suivants :

Le pêcheur qui sur l'eau tenait son bras tendu,
Laisse tomber sa ligne et reste confondu.

Les yeux fixés au ciel ; courbé sur sa charrue,
Le laboureur les voit et les suit dans la nue ;
Le timide berger les croit des immortels,
Et dans son cœur troublé leur dresse des autels.

CHAPITRE VII

PILÂTRE DE ROZIER CONSTRUIT, AVEC LES FRÈRES ROMAIN, UNE
AÉRO-MONTGOLFIÈRE POUR TRAVERSER LA MANCHE. — MORT DE
PILÂTRE DE ROZIER ET DE ROMAIN SUR LA CÔTE DE BOULOGNE.

L'éclatant succès de l'entreprise de Blanchard, le retentissement immense qu'il eut en Angleterre et sur le continent, doivent compter parmi les causes d'un des plus tristes événements qui aient marqué l'histoire de l'aérostation. Bien avant le jour où Blanchard avait exécuté le passage de la Manche en ballon, Pilâtre de Rozier avait annoncé qu'il franchirait la mer, de Boulogne à Londres, traversée périlleuse en raison du peu de largeur des côtes d'Angleterre, qu'il était facile de dépasser.

On avait essayé inutilement de faire comprendre à Pilâtre les périls auxquels cette entreprise allait l'exposer. Il assurait avoir trouvé un nouveau système d'aérostats, qui réunissait toutes les conditions nécessaires de sécurité, et permettait de se maintenir dans les airs un temps considérable. Sur cette assurance, le gouvernement lui accorda une somme de quarante mille francs, pour construire sa machine.

On apprit alors quelle était la combinaison qu'il avait imaginée. Il réunissait en un système unique les deux moyens dont on avait fait usage jusque-là ; au-dessous d'un aérostat à gaz hydrogène il suspendait une montgolfière. Il est assez difficile de bien apprécier les motifs qui le portèrent à adopter cette disposition, car il faisait sur ce point un certain mystère de ses idées. Il est probable que, par l'addition d'une montgolfière, il voulait s'affranchir de la nécessité de jeter du lest pour s'élever et de perdre du gaz pour descendre : le feu, activé ou ralenti dans la montgolfière, devait fournir une force ascensionnelle supplémentaire.

Quoi qu'il en soit, ces deux systèmes qui, isolés, ont chacun ses avantages, formaient, réunis, la plus détestable combinaison. Il n'était que trop aisé de comprendre à quels dangers terribles l'existence d'un foyer dans le voisinage d'un gaz inflammable, comme l'hydrogène, exposait l'aéronaute. « Vous mettez un réchaud sous un baril de poudre, » disait Charles à Pilâtre de Rozier. Mais celui-ci n'écoutait rien : il n'écoutait que son intrépidité et l'incroyable exaltation scientifique dont il avait déjà donné tant de preuves, et qui étaient comme le caractère de son esprit.

L'existence de cet homme courageux peut être regardée comme un exemple de cette fièvre d'aventures, et d'expériences que le progrès des sciences physiques avait développée chez certains hommes à la fin du siècle dernier. Pilâtre de Rozier était né à Metz en 1756. On l'avait d'abord destiné à la chirurgie, mais cette profession lui inspira une grande répugnance ; il passa des salles de l'hôpital dans le laboratoire d'un pharmacien, où il reçut les premières notions des sciences physiques. Revenu dans sa famille, il ne put supporter la contrainte excessive dans laquelle son père le retenait, et il s'en alla un beau jour, en compagnie d'un de ses camarades, chercher fortune à Paris. Employé d'abord comme manipulateur dans une pharmacie, il s'attira bientôt l'affection d'un médecin qui le fit sortir de cette position inférieure. Grâce à son protecteur, il put suivre les leçons des professeurs les plus célèbres de la capitale, et bientôt il se trouva lui-même en état de faire des cours. Il démontra publiquement les faits découverts par Franklin, dans l'ordre des phénomènes électriques. Il acquit par là un certain relief dans le monde scientifique, et il put bientôt réunir assez de ressources pour monter un beau laboratoire de physique, dans lequel les savants trouvaient tous les appareils nécessaires à leurs travaux. Il obtint enfin la place d'intendant du cabinet d'histoire naturelle du comte de Provence.

Pilâtre de Rozier put alors donner carrière à son goût pour les expériences, et à cette passion singulière qui le caractérisait de faire sur lui-même les essais les plus dangereux. Rien ne pouvait l'arrêter ou l'effrayer. Dans ses expériences sur l'électricité atmosphérique, il s'est exposé cent fois à être foudroyé par le fluide électrique, qu'il soutirait presque sans précaution des nuages orageux. Il faillit souvent perdre la vie en respirant des gaz délétères. Un jour il remplit sa bouche de gaz hydrogène et il y mit le feu, ce qui lui fit sauter les deux joues. Il était dans toute l'exaltation de cette espèce de furie scientifique, lorsque survint la découverte des aérostats. On a vu avec quelle ardeur il se précipita dans cette carrière nouvelle, qui répondait si bien à tous les instincts de son esprit. Il eut, comme on le sait, la gloire de s'élever le premier dans les airs, et dans toute la série des expériences qui suivirent, c'est toujours lui que l'on voit au premier rang, fidèle à l'appel du danger.

Fig. 279. — Pilâtre de Rozier.

Comme il avait besoin d'aide pour construire son ballon, il s'adressa à un habitant de Boulogne, nommé Pierre Romain, ancien procureur au bailliage de Rouen, receveur des consignations, et commissaire aux saisies, poste dont il venait de se démettre, le 2 juillet 1784. Pierre-Ange Romain, ou *Romain l'aîné*, avait un frère plus jeune que lui, qui s'occupait de physique, et sur lequel il comptait, avec raison, pour toutes les questions scientifiques relatives au futur voyage aérien. À partir de ce moment, du reste, il s'occupa lui-même avec ardeur, de l'art de construire et de perfectionner les ballons. Il fabriqua à Paris, avec son frère, dans une salle du château des Tuileries, le ballon qui devait l'emporter, lui et Pilâtre.

Un traité d'association avait été conclu, le 17 septembre 1784, entre Pilâtre de Rozier et Romain. Nous trouvons le texte de ce traité dans un recueil publié à Boulogne en 1838, l'*Année historique de Boulogne-sur-Mer*. L'auteur du recueil, M. F. Morand, a rassemblé dans quelques pages, tous les renseignements qu'il a pu trouver à Boulogne sur l'événement qui, nous occupe[10]. Voici le texte de cet acte d'association.

« Je soussigné, déclare m'être associé avec M. Romain pour la construction d'une montgolfière à gaz inflammable, destinée à notre passage en Angleterre, et je m'engage à lui payer la somme de sept mille quatre cents livres, sous les conditions suivantes : 1° que nous ne serons que deux dans ce voyage ; 2° que la montgolfière sera construite d'après la forme et les dimensions dont je serai convenu par écrit ; 3° qu'elle sera remplie de gaz inflammable pendant plusieurs jours, afin que je puisse juger si la rupture d'équilibre et les enveloppes sont suffisantes pour conserver le gaz, de manière à tenter cette expérience sans danger ; 4° que le lieu de l'expérience sera déterminé à ma volonté ; 5° enfin je m'oblige de payer cette somme de sept mille quatre cents livres, avant notre départ qui sera fixé au plus tard à la fin d'octobre prochain ; ce qui se fera gratuitement pour le public. Fait double entre nous à Paris, ce 17 septembre 1784.

PILATRE DE ROZIER. »

C'est à Paris, ayons-nous dit, que fut construit le ballon de Pilâtre, par les frères Romain. Le public fut admis pendant quelques jours, à le visiter dans une des salles des Tuileries, moyennant rétribution. Au mois de décembre 1784, l'*aéro-montgolfière* fut envoyée à Boulogne, avec les substances propres à la fabrication du gaz hydrogène, c'est-à-dire l'acide sulfurique et les copeaux de fer. Pilâtre et Romain arrivèrent à Boulogne, le 21 décembre.

Leur arrivée ne fut pas accueillie dans cette ville, par des témoignages encourageants. Déjà la malignité s'exerçait contre l'aéronaute et contre son ballon. Une lettre écrite de Boulogne le 22, et insérée dans les *Mémoires secrets de Bachaumont*, montre les mauvaises dispositions du public bolonais, contre Pilâtre de Rozier, qui n'avait pas eu le bonheur de lui plaire. On trouvait que ce savant, venu de Paris, avait des allures trop doctorales envers la province. On lit dans cette lettre :

« Nos physiciens ont interrogé le sieur Pilâtre, qui n'est pas *foncé* et parle mal. Mais le défaut de savoir est compensé chez lui par une grande audace, par une activité prodigieuse et par un esprit d'intrigue inconcevable, qui lui a fait supplanter tous ses concurrents, bien plus dignes de la confiance du gouvernement, surtout M. Charles. »

Les faveurs accordées par le ministre Calonne, à Pilâtre de Rozier, faveurs qu'on exagérait beaucoup, avaient suscité ces mauvaises dispositions contre l'aéronaute. Son ballon n'était pas plus épargné que lui.

« Il est doré comme un bijou, écrit le correspondant ; on voit qu'il n'a pas été fabriqué aux dépens d'un particulier. C'est le plus joli colifichet du monde. Entre les peintures qui en décorent le pourtour, on lit ces deux mauvais vers en l'honneur de M. le contrôleur général, qui a fourni à la dépense :

« Calonne, des Français soutenant l'industrie, Inspire les talents, les arts et le génie ;

mais ce distique sera mieux payé que ne l'a été le poëme de Milton. »

On voit que c'étaient bien les subsides accordés par le gouvernement qui provoquaient la verve railleuse des critiques. Cette précoce diatribe, lancée avant même qu'aucun préparatif ne fût commencé, ressemble assez à un mot d'ordre, qui aurait été envoyé de Paris, par les rivaux de Pilâtre de Rozier, c'est-à-dire Blanchard, Charles et Robert.

Cependant Pilâtre et Romain se mirent à l'œuvre, et l'ascension fut annoncée pour le 1er janvier 1785. L'aérostat était déposé dans l'établissement de bains de mer qui porte aujourd'hui, à Boulogne, le nom d'*Hôtel des bains*. Mais l'ascension n'eut pas lieu à l'époque désignée. Bien plus, Pilâtre partit pour l'Angleterre, laissant Romain à Boulogne. Il se rendait à Douvres, où sans doute il voulait voir Blanchard, qui préparait en ce moment, sa traversée de la Manche en ballon. On ne s'expliquait pas beaucoup cette absence à Boulogne, et l'on écrivait à Romain, de Calais :

« Nous avons eu ici, pendant deux jours, des vents du sud-sud-est avec un temps très-fin et très-clair, qui vous auraient porté de Calais à Douvres, et au delà de Londres. »

Louis Figuier

Pilâtre était de retour à Boulogne, le 4 janvier, et il ne paraissait pas songer à exécuter encore le voyage promis. Nous avons dit que c'est le 7 janvier que Blanchard, partant de Douvres, dans son aérostat, exécuta heureusement la traversée de la Manche. Ainsi, Pilâtre de Rozier avait été devancé, et l'un de ses compatriotes avait exécuté à sa place, l'entreprise dont il s'était solennellement chargé.

Il partit aussitôt pour Paris, où il arriva en même temps que son heureux rival. Il venait confier ses craintes à M. de Calonne. Mais le ministre le reçut fort mal.

« Nous n'avons pas dépensé, lui dit-il, cent mille francs pour vous faire voyager avec l'aérostat sur la côte. Il faut utiliser la machine et passer le détroit. »

Pilâtre de Rozier repartit, la mort dans l'âme. Il revenait avec le cordon de Saint-Michel, et la promesse d'une pension de six mille livres ; mais il ne pouvait se défendre des plus tristes pressentiments.

Pendant son absence, on avait rempli le ballon de gaz hydrogène, dans la cour de l'établissement des bains. Toute la ville de Boulogne avait assisté à ce spectacle, et admiré les belles dispositions de l'*aéro-montgolfière*.

Pilâtre de Rozier, de retour à Boulogne le 21 janvier, fit apporter, le lendemain, l'aéro-montgolfière, qu'il installa sur l'esplanade. L'appareil chimique nécessaire à la préparation du gaz hydrogène, et le gazomètre destiné à recueillir l'hydrogène, étaient placés sous des tentes, le long des remparts, entre la rue des Dunes et la porte des *Pipots*.

Mais les jours et les mois se passaient sans rien amener. On attendait un vent favorable, et quand il s'élevait, le ballon n'était pas en état de partir. On rencontrait, à chaque instant, des difficultés nouvelles.

Un jour, la montgolfière fut en partie dévorée par une légion de rats ; et c'est à peine si l'on parvint à les chasser, avec une meute de chiens et de chats, soutenus par des hommes qui battaient du tambour toute la nuit. Un autre jour, au moment même où Pilâtre et Romain se disposaient à partir, un ouragan de vents et de tempêtes se déchaîna subitement. Pilâtre, en dépit des éléments furieux, voulait accomplir son voyage, et les magistrats de Boulogne furent forcés d'intervenir pour empêcher son départ.

Cet ouragan avait déchiré la moitié de l'appareil, c'est-à-dire la montgolfière, qu'il fallut refaire en entier. Dans une lettre adressée à un de ses amis de Paris, et qui est citée par l'auteur de l'*Année historique de Boulogne*, Romain consulte cet ami sur la figure à donner à la nouvelle montgolfière. Et le 13 février 1785, celui-ci lui répond :

« Tout bien examiné, je ne suis pas fort satisfait de la figure que prend la montgolfière sous les dimensions de 65 pieds d'axe et de 55 de diamètre, en la terminant surtout par une calotte sphérique. Si elle prenait la forme d'un œuf par la réunion de deux ellipsoïdes au petit axe, dont l'une serait fermée par le petit bout en l'embas de la figure, et l'autre plus ouverte, pour la partie d'en haut, il me semble que cela vaudrait mieux. Au reste, vois, considère, combine et fais-moi, si tu veux, dans une feuille de papier, le modèle de la figure que tu veux que prenne ta montgolfière, et je t'aurai bientôt tracé les fuseaux qui en feront les développements. »

Romain écrivait, le 18 février à son frère, pour le tenir au courant des progrès de la construction de la montgolfière :

« Nous sommes après à tracer la figure de la montgolfière, laquelle nous donne bien de la peine, parce que l'endroit dans lequel nous la traçons est trop petit et qu'il faut la tracer en trois parties… Elle sera finie aujourd'hui, quoi qu'on en dise. Je m'en vais toujours faire travailler à la toile bleue, c'est-à-dire tailler les fuseaux pour accélérer le tout. Les ouvrières sont arrivées. Je crois les pouvoir occuper après-demain. Je suis de ton avis quand tu me marques de faire un tiers de la machine en toile de coton : il nous faut de la légèreté, et il ne faut faire qu'une très-petite calotte en toile de coton, seulement pour la sûreté des voyageurs. Le ballon se comporte toujours bien. L'appareil est bientôt complet. »

Dans cette même lettre, Romain fait allusion aux embarras d'argent dans lesquels se trouvait Pilâtre de Rozier.

« Il me paraît, dit-il, qu'il ne payera pas la dépense que nous avons faite à l'hôtel d'Ambron. Je ne fais que le soupçonner, et je crains qu'il ne nous laisse dans l'embarras. »

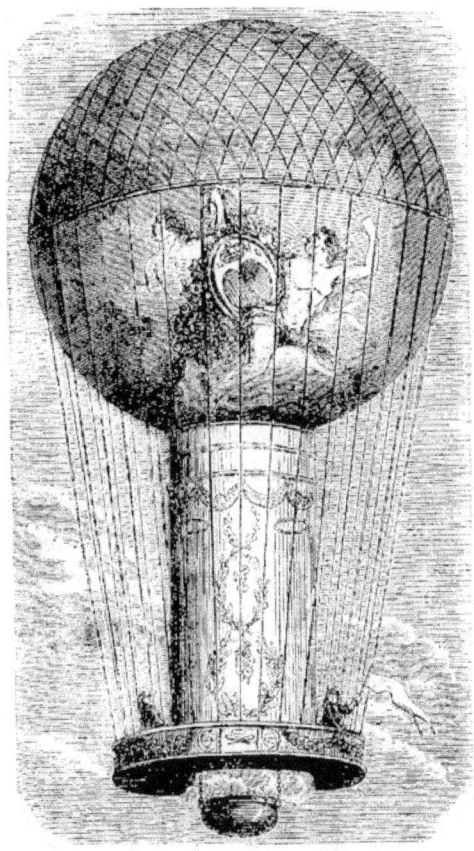

Fig. 280. — Aéro-montgolfière de Pilâtre de Rozier.

En effet, malgré les fonds envoyés par le ministre, Romain s'était endetté de plus de onze mille francs, pour la construction de l'aérostat à gaz, et il devait trois mille cinq cents francs pour la montgolfière. Ses créanciers l'inquiétaient, et allaient jusqu'à le menacer de saisir l'aérostat. Romain renvoyait à Pilâtre les fournisseurs, qui exigeaient leur payement ; Pilâtre les renvoyait au ministre, lequel faisait quelquefois la sourde oreille Les embarras de Romain allèrent au point qu'il fut au moment de quitter la ville, et de passer à l'étranger, sans doute pour se soustraire aux difficultés d'une position trop fâcheuse. C'est ainsi, du moins, qu'on peut expliquer le passe-port qu'il se fit délivrer, le 12 mai, pour la Hollande et l'Angleterre.

Cependant il se ravisa. Il s'adressa au ministre, pour lui faire connaître la part qu'il avait prise aux travaux de Pilâtre, et les droits qui résultaient pour lui de l'acte d'association, dont nous avons cité le texte. Voici cette lettre, qui donne d'assez curieux renseignements sur toute cette histoire :

« Lorsque la sublime découverte de M. Montgolfier me fut connue, je donnai tous mes soins et mon temps à chercher les moyens de perfectionner l'aérostation. L'imperméabilité des enveloppes fut le principal but que je me proposai. Un an de travaux et d'expériences multipliées confirmèrent ma théorie. Je construisis plusieurs ballons, entre autres un pour Mgr le duc d'Angoulême, qui restèrent pleins de gaz inflammable durant plusieurs mois. D'après ces essais en petit, je me déterminai, au mois de septembre dernier, à construire un grand aérostat pour faire de longs voyages. Je fis part de mon projet à M. Pilâtre de Rozier qui l'approuva et me proposa de faire avec moi le passage de France en Angleterre. J'acceptai ses propositions et je commençai les constructions presque aussitôt, au château des Tuileries. Lorsque mon ballon fut soufflé d'air atmosphérique, M. de Rozier me dit qu'il avait communiqué à votre Grandeur notre projet, que Mgr l'avait approuvé et lui avait promis que le gouvernement se chargerait des frais de construction. Ce fut pour moi un nouveau motif d'émulation. Je mis donc la dernière main à mon ballon, le fis décorer. Lorsqu'il fut entièrement fini, M. de Rozier fit imprimer des lettres pour distribuer aux amateurs curieux de voir cette machine. Elle a été, l'espace de trois mois, dans la salle des Tuileries, exposée aux regards du public qui montra le plus grand désir d'en voir faire l'expérience ; mais mon accord avec M. de Rozier lui laissait absolument le choix du lieu. Il se détermina pour Boulogne. En conséquence, je m'y rendis, le 20 décembre, avec mon frère qui m'avait aidé dans la construction de cet aérostat. Nous y sommes l'un et l'autre depuis cette époque.

Mais comme une infinité de circonstances me donnent lieu de penser que M. de Rozier vous a tu le rapport direct que j'ai à cette expérience, j'ai cru devoir, Monseigneur, vous adresser le détail succinct de ma position vis-à-vis de lui et d'y joindre même copie du traité passé entre nous. L'arrivée de madame de Saint-Hilaire dans cette ville[11], l'objet qui l'y a conduite, n'a pu que me confirmer dans cette opinion que vous n'aviez absolument aucune connaissance du travail, des soins, des dépenses et des mouvements que je me suis donnés pour le succès de cette expérience. Les longueurs et les délais qu'elle éprouve pourront au moins constater la bonté du procédé de mon enduit, ma machine étant depuis quatre mois exposée à l'intempérie de l'air dans la saison la plus mauvaise et la plus rigoureuse, sans avoir éprouvé d'altération sensible. Sans protection aucune, sans recommandation que celle que peut (*sic*) me donner mes faibles talents auprès d'un ministre protecteur, et soutien des arts, j'ai osé, Monseigneur, élever ma voix jusqu'à vous, vous montrer le désir que j'aurais de me rendre digne de la protection, de la bienveillance que vous accordez à ceux qui ont embrassé cette carrière. J'ai voulu vous témoigner moi-même, combien je me trouvais heureux de pouvoir, en faisant passer l'océan à madame de Saint-Hilaire, à laquelle vous vous intéressez et que vous recommandez à M. de Rozier, faire quelque chose qui puisse vous plaire et vous être agréable. Je ne fais aucun doute de l'empressement que M. de Rozier mettra à concourir à remplir à cet égard vos intentions dans toute leur teneur. »

Cette lettre est très-adroite et pleine de ménagements habiles pour le ministre à qui elle est adressée.

Cependant la pièce tant annoncée, ne se jouait pas ; depuis six mois on attendait en vain le lever du rideau. Aussi les vers satiriques et les brocards accablaient-ils, à Boulogne, le malheureux Pilâtre de Rozier. Tous les rimeurs se répandaient à l'envi contre lui, en épigrammes, en poèmes et en chansons sur tous les airs. On a conservé, parce qu'elle a été livrée à l'impression, avec la date du 10 avril, la plus longue de ces pièces, qui est tout un poëme, intitulé : *Le Ballon.*

Dans tous ces couplets et satires, on faisait toujours allusion à une cause secrète qui retenait Pilâtre de Rozier attaché au rivage. On le disait amoureux d'une jeune et riche Anglaise, qui ne voulait pas absolument le laisser partir. L'amour avait mis une quenouille aux mains de cet Hercule des airs.

Cependant Pilâtre ne pouvait plus reculer. Il avait pris auprès du gouvernement et du public, des engagements qu'il ne pouvait fouler aux pieds sans déshonneur : il devait compte à l'État de toutes les sommes que le ministre lui avait comptées. D'un autre côté, ses créanciers ne cessaient de le presser, et sous ce rapport, sa position n'était plus tenable. L'auteur de l'*Année historique de Boulogne*, affirme que lorsque Pilâtre et Romain partirent pour le voyage aérien ou ils devaient trouver la mort, ils étaient cités en justice, pour le lendemain, devant la sénéchaussée de Boulogne, en payement d'un mémoire de trois cent quatre-vingt-trois livres quatorze sous, qu'ils devaient depuis trois mois.

Le 15 juin 1785, à 7 heures du matin, Pilâtre de Rozier et Romain se rendirent sur la côte de Boulogne, pour effectuer leur départ dans l'aéro-montgolfière. Trois ballons d'essai ayant fait connaître la direction du vent, un coup de canon annonça à la ville le moment de leur départ.

Le marquis de Maisonfort, officier supérieur, voulait absolument être du voyage. Il jeta dans le chapeau de Pilâtre, un rouleau de 200 louis et mit le pied dans la nacelle. Mais l'aéronaute le repoussa, en disant :

« Je ne puis vous emmener, car nous ne sommes sûrs, ni du vent, ni de la machine ; et nous ne voulons exposer que nous-mêmes. »

M. de Maisonfort demeura donc, heureusement pour sa personne, simple spectateur du départ, et c'est à lui que l'on doit la relation la plus exacte du drame qui s'accomplit sous ses yeux.

Les causes de la catastrophe qui coûta la vie aux deux aéronautes, sont encore enveloppées d'un certain mystère. M. de Maisonfort en a donné l'explication suivante.

La double machine, c'est-à-dire la montgolfière, surmontée de l'aérostat à gaz hydrogène, s'éleva avec une assez grande rapidité, jusqu'à quatre cents mètres environ. Mais, à cette hauteur, on vit tout d'un coup l'aérostat à gaz hydrogène se dégonfler, et retomber presque aussitôt sur la montgolfière, Celle-ci tourna trois fois sur elle-même ; puis entraînée par ce poids, elle s'abattit, avec une vitesse effrayante.

Fig. 281. — Mort de Pilâtre de Rozier et de Romain, sur la côte de Boulogne, le 15 juin 1785.

Voici, selon M. de Maisonfort, ce qui était arrivé. Peu de minutes après leur départ, les voyageurs furent assaillis par un vent contraire, qui les rejetait vers la terre. Il est probable alors que, pour descendre et chercher un courant d'air plus favorable qui les ramenât à la mer, Pilâtre de Rozier tira la soupape de l'aérostat à gaz hydrogène. Mais la corde attachée à cette soupape, était très-longue : elle n'avait pas moins de cent pieds, car elle allait de la nacelle placée au-dessous de la montgolfière jusqu'au sommet de l'aérostat. Aussi jouait-elle difficilement, et le frottement très-rude qu'elle occasionna déchira la soupape. L'étoffe du ballon était fatiguée par le grand nombre d'essais préliminaires que l'on avait faits à Boulogne et par plusieurs tentatives de départ ; elle se déchira, après la soupape, sur une étendue de plusieurs mètres, la soupape retomba dans l'intérieur du ballon, et celui-ci se trouva vide en quelques instants. Il n'y eut donc pas, comme on l'a dit souvent, inflammation du gaz au milieu de l'atmosphère ; on reconnut, après la chute, que le réchaud de la montgolfière n'avait pas été allumé. L'aérostat, dégonflé par la perte du gaz, retomba sur la montgolfière, et le poids de cette masse l'entraîna vers la terre.

« L'infortuné de Rozier, écrit M. de Maisonfort au *Journal de Paris*, se décida à remplir son ballon dans la nuit du mardi 14, pour partir à la pointe du jour. Les apprêts furent longs. Il se trouva à la machine plusieurs trous qu'il fallut raccommoder ; on fut obligé de replacer la soupape, et l'aérostat ne fut aux deux tiers rempli qu'à 10 heures du matin.

Le vent changea, et nous restâmes toute la journée dans la crainte d'avoir fait une perte d'acide inutile et dans l'espoir incertain de recouvrer le vent si désiré.

Il reparut sur le minuit. Il faisait même vent frais, et les marins experts et nommés pour en décider nous annoncèrent qu'il ne pouvait être plus favorable. Nous nous remîmes à travailler avec ardeur, et, en trois heures de temps, le ballon se trouva plein jusqu'aux cinq sixièmes. L'appareil, de 64 tonneaux, joua avec tout le succès possible. Vers les 4 heures, le vent parut moins bon ; les nuages chassaient nord-est du côté du lever du soleil. On lança alors un petit ballon de baudruche qui marqua d'abord le vent de sud-est, puis, trouvant un courant contraire, vint s'abattre sur la côte.

Cet échec n'arrêta point les opérations, et bientôt la montgolfière fut placée sous l'aérostat. Vers les 6 heures, on lança un deuxième ballon qui fut en un instant perdu de vue. Il fallut avoir recours à un troisième, courrier, qui indiqua la bonne route : alors le départ fut décidé, et deux coups de canon l'annoncèrent à toute la ville. Il est inutile de détailler les raisons qui m'ont empêché de monter dans la machine, puisque depuis quelques jours j'y étais destiné ; c'est au manque de matières et aux mauvaises qualités de quelques-unes que je dois la vie.

À 7 heures 7 minutes, tout se trouva prêt, la galerie attachée, chargée de combustibles, de provisions et des deux infortunés aéronautes, M. Pilâtre de Rosier et M. Romain. La rupture d'équilibre fut de 30 livres, et l'aéro-montgolfière s'éleva majestueusement, faisant avec la terre un angle de 60 degrés. La joie et la sécurité étaient peintes sur le visage des voyageurs aériens, tandis qu'une inquiétude sombre paraissait agiter les spectateurs : tout le monde était étonné et personne n'était satisfait.

À deux cents pieds de hauteur, le vent de sud-est parut diriger la machine, et bientôt elle se trouva sur la mer. Différents courants, tels que le vent d'est, l'agitèrent alors pendant trois minutes, ce qui m'effraya beaucoup. Le vent de sud-ouest devint enfin dominant, et le globe, en s'éloignant de nous par une diagonale, regagna la côte de France.

Dans ce moment, sans doute, M. Pilâtre de Rozier, ainsi que nous en étions convenus ensemble, voulant descendre et chercher un courant plus favorable, se sera déterminé à tirer la soupape, qui, mal raccommodée et trop dure, aura exigé auparavant et des efforts et peut-être une secousse violente.

C'est alors que le taffetas a crevé, que la soupape est retombée dans l'intérieur du globe, et que l'air inflammable tendant à s'élever et voulant sortir par l'issue de dix pouces qui venait de se faire, l'enveloppe, pourrie par des essais inutiles et par un laps de temps considérable, a cédé, et s'est seulement déchirée sans éclater ; car un paysan, éloigné de cent pas, n'a entendu, m'a-t-il dit, qu'un bruit très-léger, tandis qu'une détonation totale en devait produire un très-fort.

J'ai vu, monsieur, l'enveloppe de l'aérostat retomber sur la montgolfière. La machine entière m'a paru alors éprouver deux ou trois secousses ; et la chute s'est déterminée de la manière la plus violente et la plus rapide. Les deux malheureux voyageurs sont tombés et ont été trouvés fracassés dans la galerie et aux mêmes places qu'ils occupaient à leur départ.

Pilâtre de Rozier a été tué sur le coup, mais son infortuné compagnon a encore survécu dix minutes à cette chute affreuse : il n'a pas pu parler et n'a donné que de très-légers signes de connaissance.

J'ai vu, j'ai examiné la montgolfière, qui n'avait rien éprouvé de fâcheux, n'étant ni brûlée ni même déchirée, le réchaud, encore au centre de la galerie, s'est trouvé fermé au moment de la chute. La machine pouvait être à environ mille sept cents pieds en l'air ; elle est tombée à cinq quarts de lieue de Boulogne et à trois cents pas des bords de la mer, vis-à-vis la tour de Crey. »

M. de Maisonfort courut vers l'endroit où l'aérostat venait de s'abattre. Les malheureux voyageurs n'avaient pas même dépassé le rivage, et étaient tombés près du bourg de Vimille. Par une triste ironie du hasard, ils vinrent expirer à l'endroit même où Blanchard était descendu, non loin de la colonne monumentale élevée à sa gloire. Aujourd'hui les voyageurs français qui se rendent en Angleterre en traversant Calais, ne manquent pas d'aller visiter, près de la forêt de Guines, le monument consacré à l'expédition de Blanchard. Ensuite on fait quelques pas, et à une certaine distance, le cicérone vous désigne du doigt, le point du rivage où ses émules ont expiré.

La mort fit de Pilâtre de Rozier un héros. Les traits de la satire et de l'envie s'émoussèrent devant ces deux victimes ; on ne trouva plus que des larmes pour les pleurer. L'élégie remplaça l'épigramme, et ceux qui avaient rimé des chansons contre les deux aéronautes, rimèrent des épitaphes en leur honneur. Citons deux de ces épitaphes :

Ci-gît un jeune téméraire
Qui, dans son généreux transport,
De l'Olympe étonné franchissant la carrière,
Y trouva le premier et la gloire et la mort.

Ci-gisent qui, des airs franchissant la barrière,
Et planant sur le monde abaissé devant eux,
Du trône le plus glorieux,
Précipités dans la poussière,
Offrent de l'homme, au même instant,
Et la grandeur et le néant.

Voici un quatrain placé au bas du portrait de Pilâtre de Rozier :

Sa gloire, hélas ! ne fut qu'un rêve
Dont la fin prouve avec éclat,
Que le moment qui nous élève
Touche à celui qui nous abat.

Deux monuments ont été élevés à Pilâtre et à Romain, l'un sur le lieu même de la chute, l'autre dans le cimetière de Vimille, au-dessus de leur sépulture, au bord du chemin de Boulogne à Calais. Plusieurs inscriptions se lisent sur le mausolée de Vimille. Voici la plus importante ; elle a été composée en latin pour les érudits, et la traduction en français se trouve du côté qui fait face au cimetière :

F. P. DE ROZIER ET P. A. ROMAIN,

E BOLONIA PROFECTI DIE JUINI 15, ANN. 1785,

PLUS 5 MIL. PEDIBUS ALTIORES PRÆCIPITI CASU

PROPE TURREM CROAICAM EXTINCTI SUNT,

ET HIC AMBO CONSEPULTI.

Une autre inscription, placée sur le mur de l'église de Vimille, fait connaître que des amis de Pilâtre et de Romain ont fondé à perpétuité une messe anniversaire dans cette église.

Cependant comme la gaieté française ne perd jamais ses droits, on trouva encore le moyen de faire de l'esprit sur la tombe de ces deux infortunés ; et l'on se plut à répéter la plaisanterie de M. de Bièvre, qui, en apprenant la mort de Romain, s'écria, dit-on, en parodiant deux vers de Corneille :

Je rends grâces aux dieux de n'être point Romain
Pour conserver encor quelque chose d'humain !

(*Horace.*)

CHAPITRE VIII

AUTRES ASCENSIONS AÉROSTATIQUES DE 1785 À 1794. — LE DOCTEUR POTAIN TRAVERSE LE CANAL SAINT-GEORGES. — LUNARDI. — HARPER. — ALBAN ET VALLET. — L'ABBÉ MIOLLAN ; SA DÉCONVENUE AU LUXEMBOURG.

Fig. 282. — Le docteur Potain.

La mort de ces premiers martyrs de la science aérostatique n'arrêta pas l'élan de leurs successeurs. En 1785, on vit, suivant l'expression d'un savant aéronaute qui a écrit le *Manuel* de son art, M. Dupuis-Delcourt, « le ciel se couvrir littéralement de ballons[12]. » Toutes ces ascensions, qui n'ont plus pour elles l'attrait de la nouveauté, et qui ne répondent à aucune intention scientifique, n'offrent, pour la plupart, qu'un faible intérêt. Cependant, avant de suivre les aérostats dans une nouvelle période plus sérieuse de leur histoire, celle des applications militaires et scientifiques, nous rappellerons quelques-uns des voyages aériens qui ont eu, de 1785 à 1794, le plus brillant succès de curiosité.

L'ascension du docteur Potain mérite d'être citée à ce titre. Il traversa en ballon le canal Saint-Georges, bras de mer qui sépare l'Angleterre de l'Irlande. Il avait perfectionné la machine hélicoïde de Blanchard, et s'en servit, dit-on, avec quelque avantage.

L'Italien Lunardi exécuta, à Edimbourg, différentes ascensions. Harper fit connaître, à Birmingham, les ballons à gaz hydrogène ; enfin Alban et Vallet construisirent, à Javelle, près de Paris, un aérostat, qui fut nommé le *Comte d'Artois*.

Alban et Vallet étaient directeurs de l'usine de produits chimiques de Javelle. Ils avaient tant de fois fabriqué et fourni du gaz hydrogène aux aéronautes, que l'envie leur prit d'effectuer eux-mêmes des ascensions. Ils construisirent un excellent aérostat (fig. 283), pourvu de rames en forme d'ailes de moulin à vent, et se livrèrent à quelques essais pour se diriger dans l'air au moyen de cet appareil. Leurs expériences eurent lieu au mois d'août 1785.

C'est à cette époque que l'abbé Miollan éprouva au Luxembourg, en compagnie du sieur Janinet, cet immense déboire, qui fut tant chansonné par la malignité parisienne.

L'abbé Miollan était un bon religieux qui était animé pour le progrès de l'aérostation, d'un zèle plus ardent qu'éclairé. Il s'associa à un certain Janinet, pour construire une montgolfière de cent pieds de haut, sur quatre-vingt-quatre de large.

Ce ballon, qui fut construit à l'Observatoire, par Janinet, était destiné à des expériences de physique. Le but des aéronautes était plus sérieux et plus désintéressé que ne le pensait le public. Le *Journal de Paris* va nous édifier sur ce point.

Fig. 283. — Le *Comte d'Artois*, aérostat construit par Alban et Vallet, au mois d'août 1785.

« Il n'est pas à présumer, dit ce journal, que l'entreprise de MM. l'abbé Miollan et Janinet ait été une spéculation pécuniaire ; il paraît qu'ils n'ont pu être conduits que par l'amour de la science et leur enthousiasme pour la superbe découverte de MM. Montgolfier. Le prospectus qu'ils donnèrent, au mois de mars dernier, annonçait du talent et de la modestie ; mais le public, déjà familiarisé avec le plus étonnant des phénomènes, ne s'empressa point de les seconder. Leur persévérance prouve assez sensiblement leur zèle pour les sciences en elles-mêmes ; la médiocrité de leur fortune ne fut point un obstacle pour eux ; et, s'ils n'ont point rempli plus tôt leurs engagements, c'est sans doute par le défaut d'encouragement de la part du public et la difficulté des avances.

Ils ont fait, du reste, à d'autres égards, plus qu'ils n'avaient promis ; leur prospectus annonçait une montgolfière de 70 pieds de diamètre ; ils en ont beaucoup augmenté les dimensions, et conséquemment les frais ; leur machine est la plus grande que l'on ait vue jusqu'à ce jour dans la capitale : il est entré dans sa construction plus de 3 700 aunes de toile ; sa hauteur, en y comprenant sa galerie, est de plus de 100 pieds, son diamètre de 84 et sa circonférence de 264. Toutes les expériences faites jusqu'à présent, sous les yeux de la capitale, n'ont présenté que deux voyageurs ; cette machine sera montée par quatre, savoir : MM. l'abbé Miollan et Janinet, auteurs de cet aérostat ; M. le marquis d'Arlandes et M. Bredin, mécanicien.

Nous avons remarqué que l'attention des auteurs s'est d'abord portée à simplifier l'appareil de la machine. Ils ont supprimé l'estrade où on la plaçait ordinairement, et les mâts extérieurs, et ils les ont suppléés par des mâts portatifs fixés à la galerie et destinés à voyager avec elle. Cette précaution a le triple avantage de permettre la suppression de l'estrade, de donner de la facilité pour remplir la machine dans le premier endroit venu et de la préserver du feu, en empêchant, au moment de la descente, le trop grand abaissement des toiles. Enfin, les voyageurs se pourvoient d'un étouffoir pour mettre sur le réchaud, d'une certaine quantité d'eau, de quelques éponges, de deux soupapes très-commodes, d'une ancre et d'une échelle de corde.

MM. l'abbé Miollan et Janinet ne s'étant pas proposé de donner au public un vain spectacle déjà connu, se destinent, dans leurs expériences, à l'essai de deux moyens physiques de direction, dont l'un a été imaginé par M. Joseph Montgolfier, qui ne l'a point exécuté ; il consiste dans une ouverture latérale pratiquée au ballon. L'air dilaté s'échappant par cette ouverture, frappe l'air extérieur, dont la réaction doit faire avancer la machine en sens contraire, avec une vitesse évaluée par l'auteur à six lieues par heure, en supposant l'ouverture d'un pied de diamètre. Un de nos plus célèbres physiciens, M. de Saussure, dans une lettre écrite au sujet de la grande montgolfière de Lyon, a dit qu'il était à souhaiter que quelqu'un fît l'essai de ce moyen.

Le même M. de Saussure, après avoir parlé des forces mécaniques appliquées aux aérostats, finit par dire que la connaissance des divers courants de l'atmosphère sera vraisemblablement, un jour, le moyen le plus efficace pour diriger les ballons. C'est pour parvenir à cette connaissance précieuse que MM. l'abbé Miollan et

Janinet ont adapté à leur machine deux petits ballons, dont l'un, rempli d'air inflammable, doit s'élever au-dessus de la machine à 150 pieds, et l'autre, plein d'air atmosphérique, est suspendu à la même distance au-dessous. En supposant que l'effet de ces deux espèces de moyens n'ait pas tout le succès que l'on doit en attendre, on ne doit pas moins savoir gré à ces deux physiciens de les avoir essayés les premiers.

L'aérostat, dans l'état que nous venons de dire, partira dimanche à midi précis. Il s'élèvera de l'enclos séparé du jardin du Luxembourg. On tirera quatre boîtes : la première une demi-heure avant de rien commencer, pour avertir les personnes rassemblées dans le jardin de passer dans l'enclos ; la deuxième pour annoncer qu'on allume le feu ; la troisième pour indiquer que le ballon est parfaitement plein ; et la quatrième pour marquer le moment du départ.

« La distribution des billets se fera demain, jour de l'expérience, seulement dans deux bureaux, dont l'un sera placé dans la rue du Théâtre-Français, chez M. Cicéry, et l'autre à la place Saint-Michel, près le corps de garde. On y trouvera des billets de 6 livres pour entrer dans la première enceinte, ainsi que des billets de 3 livres pour entrer dans l'enclos. »

Le dimanche, 12 juillet 1785, une foule immense se répandit dans les jardins du Luxembourg ; jamais aucun aéronaute n'avait réuni une telle affluence au spectacle de son ascension. Mais, par suite de la mauvaise construction de la machine, ou par l'effet de manœuvres maladroites, le feu prit au ballon. La populace, furieuse et se croyant jouée, renversa les barrières, mit en pièces le reste de la machine, et battit les pauvres aéronautes. On les accusa d'avoir mis volontairement le feu à la montgolfière, pour se dispenser de partir. On se vengea d'eux par des chansons.

Voici l'une de ces chansons, qui se chantait sur l'air : *Les capucins sont des gueux.*

Je me souviendrai du jour
Du globe du Luxembourg ;
Que de monde il y avait,
Monsieur Janinet,
Monsieur Janinet,
Que de monde il y avait.

Pour voir s'il s'envolerait !

Lassé d'avoir attendu,
Et de ne l'avoir point vu,
Chacun s'en allait disant :
L'abbé Miollan !
L'abbé Miollan !
Chacun s'en allait disant :
Qu'on nous rende notre argent.

C'est à qui veut un lambeau
De votre globe à fourneau ;
J'en ai vu dans tout Paris,
Même à Saint-Denis,
Même à Saint-Denis ;
J'en ai vu dans tout Paris,
Dont vous excitez les ris.

Vous n'aurez jamais beau jeu,
Par le système du feu ;
Le système est plus expert
De Charle et Robert,
De Charle et Robert ;
Le système est plus expert,
Et qui veut trop gagner perd.

En voici une autre, qui se chantait sur l'air : *Ou allez vous, monsieur l'abbé ?*

C'est au Luxembourg aujourd'hui,
Où tout Paris s'est réuni
Pour voir l'expérience,
Eh bien ?
D'un globe de conséquence,
Vous m'entendez bien.

Chacun avec empressement
Se bat pour donner son argent ;
Pour voir cette merveille,
Eh bien ?

Louis Figuier

Qui n'eut pas sa pareille,
Vous m'entendez bien.

On a vu dans cette assemblée,
Même une tête couronnée,
Désirant beaucoup voir,
Eh bien ?
Nos voyageurs en l'air,
Vous m'entendez bien.

On fut quatre heures à regarder
Si ce globe va s'enlever ;
Mais quelle chose étrange,
Eh bien ?
En fumée il se change,
Vous m'entendez bien.

Cet abbé qui fit tant de bruit,
En ce jour perd tout son crédit
En sortant de sa sphère,
Eh bien ?
Il maudit sur la terre,
Vous m'entendez bien.

Oui dà, mon très-cher Miollan,
Ce coup est très-déshonorant ;
Pour un homme de cœur,
Eh bien ?
C'est le plus grand malheur,
Vous m'entendez bien.

Hélas ! mon pauvre Janinet,
Comme associé de ce projet,
Que tu fis sans malice,
Eh bien ?
Tu suivras ton complice,
Vous m'entendez bien.

CHAPITRE VIII

Faites le tour de l'univers,
Plutôt à pied que dans les airs,
Avec votre cassette,
Eh bien ?
Qui contient la recette.
Vous m'entendez bien.

Monsieur d'Arlande, assurément,
En vain s'est donné du tourment,
On l'a vu tous les jours,
Eh bien ?
Leur prêter ses secours,
Vous m'entendez bien.

Si donc messieurs les physiciens
Veulent faire des voyages aériens,
Qu'ils imitent les Robert,
Eh bien ?
Qui sont les rois des airs,
Vous m'entendez bien.

On publia une foule de caricatures contre les deux aéronautes ; on joua quatre ou cinq vaudevilles sur les mésaventures des amateurs de ballons. Mais la satisfaction du public fut à son comble lorsqu'un faiseur d'anagrammes eut découvert que dans le nom de *l'abbé Miollan*, il y avait les mots *ballon abîmé*[13].

C'est vers cette époque que se répandit, à Paris, la mode des figures aérostatiques. Dans les jardins publics, on vit s'élever, à la grande joie des spectateurs, des aérostats offrant la figure de divers personnages, le *Vendangeur aérostatique*, une *Nymphe*, un *Pégase*, etc.

Blanchard parcourait tous les coins de la France, donnant le spectacle de ses innombrables ascensions. Après avoir épuisé la curiosité de son pays, il allait porter en Amérique ce genre de spectacle, encore inconnu des populations du Nouveau-Monde. Il s'éleva à Philadelphie, sous les yeux de Franklin.

Son rival Testu-Brissy marcha sur ses traces. Le ballon qu'il construisit (*fig.* 285) était muni de rames, en forme de roue de bateau.

Fig. 284. — Montgolfière de l'abbé Miollan et Janinet, construite en juillet 1785.

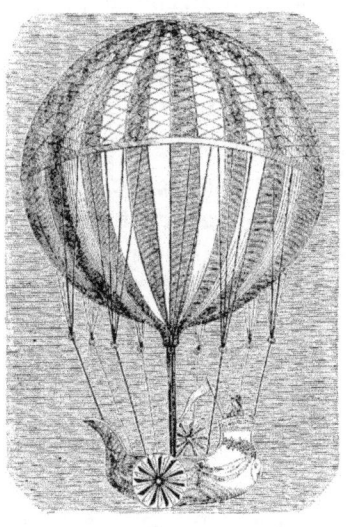

Fig. 285. — Aérostat de Testu-Brissy, construit en 1785.

CHAPITRE VIII

Sa première ascension, faite à Paris en 1785, présenta une circonstance assez curieuse. Il était descendu avec son ballon dans la plaine de Montmorency. Un grand nombre de curieux qui étaient accourus, l'empêchèrent de repartir et saisirent le ballon par les cordes qui descendaient à terre. Le propriétaire du champ où l'aérostat était tombé arriva avec d'autres paysans ; il voulut lui faire payer le dégât, et l'on traîna son ballon par les cordes de sa nacelle.

« Ne pouvant leur résister de force, je résolus alors, dit Testu-Brissy, de leur échapper par adresse. Je leur proposai de me conduire partout où ils voudraient, en me remorquant, avec une corde. L'abandon que je fis de mes ailes brisées et devenues inutiles, persuada que je ne pouvais plus m'envoler ; vingt personnes se lièrent à cette corde en la passant autour de leur corps ; le ballon s'éleva d'une vingtaine de pieds, et je fus ainsi traîné vers le village. Ce fut alors que je pesai mon lest, et, après avoir reconnu que j'avais encore beaucoup de légèreté spécifique, je coupai la corde et je pris congé de mes villageois, dont les exclamations d'étonnement me divertirent beaucoup, lorsque la corde par laquelle ils croyaient me retenir leur tomba sur le nez. »

C'est le même Testu-Brissy qui exécuta plus tard, une ascension équestre. Il s'éleva monté sur un cheval qu'aucun lien ne retenait au plateau de la nacelle. Dans cette curieuse ascension, Testu-Brissy put se convaincre que le sang des grands animaux s'extravase par leurs artères, et coule par les narines et les oreilles, à une hauteur à laquelle l'homme n'est nullement incommodé.

M. Poitevin a souvent exécuté ce tour de force à Paris en 1850. Seulement le cheval était attaché au filet par un appareil de suspension, ce qui ôtait tout le danger et tout l'émouvant intérêt de l'expérience. Un cheval de bois eût tout aussi bien fait, l'affaire.

CHAPITRE IX

EMPLOI DES AÉROSTATS AUX ARMÉES. — LE COMITÉ DE SALUT PUBLIC DÉCRÈTE L'INSTITUTION DES AÉROSTIERS MILITAIRES. — LE CAPITAINE COUTELLE. — ARRIVÉE DES AÉROSTIERS À MAUBEUGE. — MANŒUVRE DES AÉROSTATS CAPTIFS EMPLOYÉS AUX OBSERVATIONS MILITAIRES. — LES AÉROSTATS MILITAIRES AU SIÈGE DE MAUBEUGE. — LES AÉROSTATS À CHARLEROI. — BATAILLE

DE FLEURUS.

Jusqu'en 1794, les ascensions aérostatiques n'avaient encore servi qu'à satisfaire la curiosité publique. À cette époque, le gouvernement essaya d'en tirer un moyen de défense, en les appliquant, dans les armées, aux reconnaissances extérieures. Cette idée si nouvelle, d'établir au sein de l'atmosphère, des postes d'observation, pour découvrir les dispositions et les ressources de l'ennemi, étonna beaucoup l'Europe, qui ne manqua pas d'y voir une révélation nouvelle du génie révolutionnaire de la France.

L'histoire est loin d'avoir consacré le souvenir de tous les résultats remarquables obtenus dans l'industrie et les arts, pendant la période de la Révolution française. Les événements politiques ont absorbé l'attention, et remplissent seuls nos annales ; tout ce qui concerne les progrès des sciences et de l'industrie à cette époque a été singulièrement négligé. Aussi, les documents relatifs à l'aérostation militaire sont-ils peu nombreux[14]. On peut cependant s'aider de ces renseignements trop rares, pour préciser quelques faits qu'il y aurait injustice à laisser dans l'oubli.

Dès les premiers temps de la Révolution française, plusieurs propositions avaient surgi, pour appliquer les aérostats aux opérations militaires. Mais comme il ne s'agissait que de ballons plus ou moins dirigeables, on avait fait peu d'attention à ces projets. Les aérostats furent employés, pour la première fois, à la guerre, pendant le siège de Condé, en 1793, par le commandant Chanal, qui chercha à faire passer, par ce moyen, des dépêches au général Dampierre. Par malheur, la tentative alla directement contre le but proposé, car le ballon, porteur des dépêches, au lieu de parvenir à notre général, tomba dans le camp ennemi, et fit ainsi connaître au prince de Cobourg la situation de la forteresse. On ne pouvait plus mal débuter.

Ce fut Guyton de Morveau, chimiste célèbre, en ce moment représentant du peuple à la Convention nationale, qui eut le mérite de trouver l'emploi, vraiment pratique, des aérostats dans les armées. Il était familier avec l'aérostation, grâce aux nombreuses expériences qu'il avait exécutées à Dijon, avec l'appareil dont nous avons donné, dans un chapitre précédent, la description et la figure. Guyton de Morveau proposa de se servir d'aérostats retenus captifs au moyen de cordes, et dans lesquels des observateurs, placés comme en sentinelle perdue au haut des airs, observeraient les mouvements de l'ennemi. Rien n'était donc ici livré à l'imprévu ni aux dangereux caprices de l'air.

Guyton de Morveau, en sa qualité de représentant du peuple, faisait partie, avec Monge, Berthollet, Carnot et Fourcroy, d'une commission que le Comité de salut public avait instituée, pour appliquer aux intérêts de l'État les découvertes récentes de la science. Il proposa à cette commission d'employer les aérostats captifs, comme moyen d'observation dans les armées.

La proposition fut accueillie, et soumise au Comité de salut public, qui l'accepta, sous la seule réserve de ne pas se servir d'acide sulfurique pour la préparation du gaz hydrogène. En effet l'acide sulfurique s'obtient par la combustion du soufre, et le soufre, nécessaire à la fabrication de la poudre, était, à cette époque, très-rare et très-recherché en France, en raison de la guerre extérieure.

Pour préparer du gaz hydrogène sans employer d'acide sulfurique, comme le voulait le Comité de salut public, il n'y avait qu'un moyen : c'était de décomposer l'eau par le fer porté au rouge.

Quand on dirige un courant de vapeurs d'eau sur des fragments de fer incandescents, l'eau se décompose ; son oxygène se combine avec le fer pour former un oxyde, et son hydrogène se dégage à l'état de gaz.

Cette expérience, exécutée pour la première fois par Lavoisier, n'avait été faite encore que sur une très-petite échelle ; il fallait donc s'assurer si l'on pourrait la pratiquer avec avantage, dans de grands appareils, et si ce procédé serait applicable au service régulier des aérostats.

Guyton de Morveau alla trouver Lavoisier, dans son laboratoire. Ils montèrent un appareil pour préparer du gaz hydrogène, au moyen de l'eau dirigée, en vapeurs, sur le fer, maintenu au rouge dans un fourneau. L'expérience prouva à nos deux chimistes, que cette opération ne présenterait aucune difficulté ; qu'elle fournirait de grandes quantités d'hydrogène pur, et qu'on pourrait l'exécuter en tous lieux, au milieu d'un camp, comme dans un laboratoire, en plein air, comme dans un cabinet de physique.

Louis Figuier

Guyton de Morveau communiqua ce résultat au Comité de salut public, qui l'autorisa à faire les expériences en grand.

Ici, l'adjonction d'un opérateur spécial devenait nécessaire. Guyton de Morveau s'adressa à un de ses amis, nommé Coutelle.

Coutelle avait porté le petit collet, bien qu'il ne fût jamais entré dans les ordres. Né en 1748, il avait été attaché au comte d'Artois, comme sous-précepteur pour l'étude de la physique. À l'exemple de tout ce qui tenait à la cour, il avait adopté les idées de la Révolution, et s'était lié avec les hommes politiques et les hommes de science qui appartenaient à ce parti. C'est ainsi qu'il était devenu l'ami de Guyton de Morveau et de Fourcroy. Il s'occupait particulièrement de physique et de chimie ; et il avait formé, à Paris, un cabinet de physique, où se trouvaient réunis tous les appareils nécessaires aux expériences sur les gaz, sur la lumière et sur l'électricité. Les chimistes et les physiciens de la capitale venaient souvent faire leurs expériences dans son laboratoire. Coutelle était donc connu comme physicien très-exercé. Guyton de Morveau n'eut pas de peine à faire agréer Coutelle par le Comité de salut public. Ce dernier fut chargé des premiers essais à faire pour la production de l'hydrogène en grand, au moyen de la décomposition de l'eau.

Coutelle fut installé aux Tuileries, dans la salle des Maréchaux ; on lui donna un aérostat de 9 mètres de diamètre, et l'on mit à sa disposition tous les produits et tous les matériaux nécessaires.

Voici comment il procéda à la préparation du gaz. Il établit un grand fourneau, dans lequel il plaça un tuyau de fonte de 1 mètre de longueur et de 4 décimètres de diamètre, qu'il remplit de 50 kilogrammes de rognures de tôle et de copeaux de fer. Ce tuyau était terminé, à chacune de ses extrémités, par un tube de fer. L'un de ces tubes servait à amener le courant de vapeur d'eau, qui se décomposait au contact du métal ; l'autre dirigeait dans le ballon, le gaz hydrogène résultant de cette décomposition.

Quand tout fut prêt, Coutelle fit venir, pour être témoins de l'opération, le professeur Charles et Jacques Conté, physiciens de ses amis. En raison de divers accidents, l'opération fut très-longue ; elle dura trois jours et trois nuits. Cependant elle réussit très-bien, en définitive, car on retira 170 mètres cubes de gaz. La commission fut satisfaite de ce résultat, et dès le lendemain, Coutelle reçut l'ordre de partir pour la Belgique, et d'aller soumettre au général Jourdan la proposition d'appliquer les aérostats aux opérations de son armée.

Le général Jourdan venait de prendre le commandement des deux armées de la Moselle et de la Sambre, fortes de cent mille hommes, et qui, sous le nom d'*armée de Sambre-et-Meuse*, envahissaient la Belgique. Coutelle partit, dans l'intention de rejoindre le général à Maubeuge, occupée en ce moment par nos troupes et bloquée par les Autrichiens.

Lorsqu'il arriva à Maubeuge, l'armée venait de quitter ses quartiers ; elle était à six lieues de là, au village de Beaumont. Coutelle repartit, fit six lieues à franc étrier, et arriva à Beaumont, couvert de boue. Il fut arrêté par les sentinelles des avant-postes, et amené devant le représentant Duquesnoy, commissaire de la Convention à l'armée du Nord.

Duquesnoy était l'ami et le rival de Joseph Lebon, et il exerçait à l'armée du Nord, cet étrange office des commissaires de la Convention, qui consistait à mener les soldats au feu, et à forcer les généraux de vaincre, sous la menace de la guillotine. Lorsque Coutelle lui fut amené, Duquesnoy était à table. Il ne comprit rien à l'ordre du Comité de salut public.

« Un ballon, dit-il, un ballon dans le camp… Qu'est-ce que cela signifie ? Vous m'avez tout l'air d'un suspect, et je vais commencer par vous faire fusiller. »

On réussit cependant à faire entendre raison au terrible commissaire, qui renvoya Coutelle au général Jourdan.

Celui-ci accueillit avec empressement l'idée de faire servir les aérostats aux reconnaissances extérieures. Mais l'ennemi était à une lieue de Beaumont ; d'un moment à l'autre il pouvait attaquer, et le temps ne permettait d'entreprendre aucun essai avec l'aérostat. Coutelle revint à Paris pour y transmettre l'assentiment du général.

Le Comité de salut public décida dès lors de continuer et d'étendre les expériences.

La République avait donc fondé l'institution, toute nouvelle, des aérostats militaires. Coutelle, nommé *directeur des expériences aérostatiques*, fut établi dans le jardin du petit château de Meudon (*Maison nationale*). Il s'adjoignit lui-même alors, le physicien

Jacques Conté.

Jacques Conté était un des hommes les mieux doués par la nature, pour les travaux de la science et des arts, pour la théorie et pour la pratique usuelle. C'est de lui que Napoléon a dit : « Si les sciences et les arts venaient à se perdre, Conté les retrouverait. » C'est encore de lui que Monge disait : « Il a toutes les sciences dans la tête et tous les arts dans la main. » Conté fut un des savants attachés à l'expédition d'Egypte, et, plus tard, il fit sa fortune dans la fabrication des crayons qui portent son nom. Il fut le beau-père du chimiste Thenard.

Fig. 286. — Coutelle, commandant des aérostiers militaires sous la République.

L'aérostation militaire était donc placée, dès son début, en très-bonnes mains.

Coutelle et Jacques Conté construisirent un ballon de soie, capable d'enlever deux personnes, et disposèrent un nouveau fourneau, dans lequel on plaça sept tuyaux de fonte. Ces tuyaux, longs de 3 mètres, sur 3 décimètres de diamètre, étaient remplis, chacun, de 200 kilogrammes de rognures de fer, que l'on foulait, à l'aide du mouton, pour les faire pénétrer dans le tube. Le gaz fut ainsi obtenu facilement et avec abondance. Un litre d'eau fournissait un mètre cube de gaz hydrogène, et il ne fallait pas plus de douze à quinze heures, pour remplir l'aérostat.

La grande difficulté était d'empêcher le gaz hydrogène de s'échapper à travers l'enveloppe de soie du ballon. En effet, s'il avait fallu dans les camps, au milieu des opérations d'une campagne, recommencer, tous les deux ou trois jours, la préparation du gaz hydrogène et le remplissage de l'aérostat, l'entreprise eût été impraticable. Il était donc de la plus haute importance de rendre l'étoffe de l'aérostat tout à fait imperméable à l'hydrogène. Mais personne encore n'avait pu arriver à un résultat satisfaisant sous ce rapport.

Ce problème, qui avait arrêté jusque-là tous les opérateurs, Coutelle et Conté le résolurent. Ils trouvèrent le moyen de rendre l'étoffe du ballon si complètement imperméable à l'hydrogène, qu'à l'armée de Sambre-et-Meuse, l'aérostat l'*Entreprenant* demeura deux mois entiers plein de gaz, et qu'il n'était pas rare, à l'école de Meudon, de conserver des aérostats pleins de gaz pendant trois mois.

Il serait d'une haute importance, pour la pratique de l'aérostation, de posséder le moyen de retenir très-longtemps le gaz hydrogène dans l'enveloppe d'un aérostat. On serait ainsi dispensé de faire usage du gaz de l'éclairage, qui ne s'échappe pas à travers la soie vernie, mais qui est loin d'avoir la légèreté spécifique du gaz hydrogène pur, ce qui force à employer des ballons d'un volume double pour enlever le même nombre de personnes. Malheureusement le procédé qu'employaient les physiciens de la république, pour rendre l'enveloppe d'un aérostat impénétrable au gaz hydrogène, est aujourd'hui inconnu.

Tout étant ainsi parfaitement prévu et le matériel nécessaire étant réuni, Coutelle et Conté firent savoir au Comité de salut public, qu'ils étaient en mesure de soumettre à la Commission scientifique les expériences sur lesquelles devait être fondé l'art de l'aérostation militaire.

Coutelle procéda à ces expériences, en présence de Guyton de Morveau, de Monge et de Fourcroy. Il s'éleva, à diverses reprises. à une hauteur de 500 mètres, dans le ballon retenu captif. Deux cordes étaient attachées à la circonférence du ballonnet retenues par dix hommes, placés à terre (*fig. 287*).

Fig. 287. — Manœuvre des aérostats captifs employés dans les armées de la République.

On constata, de cette manière, que l'on pouvait embrasser un espace fort étendu, et reconnaître très-nettement les objets, soit à la vue simple, soit avec une lunette d'approche. On étudia, en même temps, les moyens de transmettre les avis aux personnes restées à terre. Tous ces essais eurent un résultat satisfaisant.

On reconnut toutefois que, par les grands vents, il serait difficile de se livrer à des observations de ce genre, à cause des violentes oscillations et du balancement continuel que le vent imprimait à la machine. Une seconde difficulté plus grave encore, c'était de maintenir le ballon en équilibre à la même hauteur ; des rafales de vent, parties des régions supérieures, le rabattaient souvent vers la terre. Aucun moyen efficace ne put être opposé à cette action fâcheuse, qui fut plus tard l'obstacle le plus sérieux à la pratique de l'aérostation militaire.

L'expérience ayant paru suffisamment concluante, le Comité de salut public décréta, quatre jours après, la formation d'une compagnie d'*aérostiers militaires*, dont le commandement fut confié à Coutelle, avec le titre de capitaine.

Voici l'arrêté du Comité de salut public, en date du 13 germinal an II (2 avril 1 794) qui institue la compagnie d'aérostiers :

« Vu le procès-verbal de l'épreuve faite à Meudon, le 9 de ce mois, d'un aérostat portant des observateurs, le Comité de salut public désirant faire promptement servir à la défense de la République cette nouvelle machine, qui présente des avantages précieux, arrête ce qui suit :

« Art. 1er. Il sera incessamment formé, pour le service d'un aérostat près l'une des armées de la République, une compagnie qui portera le nom d'aérostiers.

« Art. 2. Elle sera composée d'un capitaine, ayant les appointements de ceux de 1re classe ; d'un sergent-major, qui fera en même temps les fonctions de quartier-maître ; d'un sergent, de deux caporaux et de vingt hommes, dont la moitié au moins aura un commencement de pratique dans les arts nécessaires à ce service, tels que maçonnerie, charpenterie, peinture d'impression, chimie, etc.

« Art. 3. La compagnie sera pour le surplus de son organisation et pour la solde, à l'instar d'une compagnie, et recevra le supplément de campagne, comme les autres troupes de la République, conformément à la loi du 30 frimaire.

« Art. 4. Son uniforme sera habit, veste et culotte bleus, passe-poil rouge, collets, parements noirs, boutons d'infanterie avec pantalon et veste de coutil bleu pour le travail.

« Art. 5. L'armement de ladite compagnie consistera en un sabre et deux pistolets.

« Art. 6. Le citoyen Coutelle, qui a dirigé jusqu'à ce jour les opérations ordonnées à ce sujet par le Comité, est nommé capitaine de ladite compagnie et chargé de lui remettre incessamment la liste de ceux qui se présenteront pour y être admis, et qu'il jugera capables de remplir les différents grades.

« Art. 7. Aussitôt que ladite compagnie sera formée, et même avant qu'elle soit complète, ceux qui y seront reçus se rendront sur-le-champ à Meudon pour y être exercés aux ouvrages et manœuvres relatifs à cet art.

« Art. 8. La compagnie des aérostiers, lorsqu'elle sera à l'armée ou dans une place de guerre, sera entièrement soumise pour son service au régime militaire, et prendra les ordres du commandant en chef. Quant à la dépense résultant des dépenses relatives à l'aérostat et des appointements de la compagnie, elle sera prise sur les fonds à la disposition de la commission des armes et poudres, qui fera passer les sommes nécessaires au sergent-major et recevra les comptes.

« Signé au registre : *Les membres du Comité de salut public* :

« C. A. PRIEUR, CARNOT, ROBESPIERRE, LINDET, BILLAUD-VARENNES, BARRÈRE.

« Pour extrait :

« BARRÈRE, BILLAUD-VARENNES, CARNOT, C. A. PRIEUR. »

Le décret de la formation de la compagnie des *aérostiers militaires*, composait cette compagnie de vingt hommes seulement. Elle fut pourtant portée à trente, à savoir : un capitaine, un lieutenant, un sous-lieutenant, un sergent-major, faisant fonction de quartier-maître, quatre sous-officiers et vingt-six soldats, porteurs du matériel, ou tambours. Tous les hommes de cette compagnie, la première qui eût encore été organisée en ce genre, étaient des ouvriers d'élite appartenant aux diverses professions : des charpentiers, des maçons, des mécaniciens, etc. Ils étaient assimilés, pour la solde, aux artilleurs, dont ils portaient l'uniforme, avec la légende « *aérostiers* » sur les boutons. Leurs armes étaient un sabre-briquet et des pistolets à la ceinture. Deux caissons attelés étaient affectés au transport du matériel.

Un mois après le décret de formation de la *compagnie d'aérostiers*, le Comité de salut public donnait l'ordre de la mettre en mouvement, et de la diriger sur Maubeuge, que l'armée française venait de reprendre, et où elle était au moment de subir un nouveau siège.

Voici le texte de ce nouveau décret du Comité de salut public, en date du quatorzième jour de floréal l'an II de la République (3 mai 1794).

« Le Comité de salut public, considérant que les avantages qu'il s'est promis de l'envoi d'un aérostat à Maubeuge ne peuvent se réaliser que par sa plus prompte exécution ;

« Charge la Commission de l'organisation et mouvements des armées, de faire recevoir, dans le jour, la compagnie d'aérostiers dont il a ordonné la formation par son arrêté du 13 germinal, dans l'état où elle se trouve, sauf à la compléter et à lui faire fournir ce qui lui manque après son arrivée à Maubeuge ;

« D'expédier l'ordre au capitaine et au lieutenant de ladite compagnie de partir sextidi prochain 16, et de se rendre en poste à Maubeuge pour s'occuper sans délai des premières dispositions ;

« Enfin, de faire partir au plus tard le 17 courant, pour la même destination, le restant de ladite compagnie, d'après l'état qui lui en sera remis par le capitaine, même sur des ordres de route individuels, s'il est nécessaire.

« Signé au registre : Les membres du Comité de salut public.

« BILLAUD-VARENNES, C. A. PRIEUR, CARNOT, B. BARRÈRE, COUTHON, LINDET.

« Pour extrait :

« C. A. PRIEUR, CARNOT, BARRÈRE, »

Conformément à ce décret, Coutelle expédia sa compagnie à Maubeuge, et il partit de son côté, en poste, emmenant avec lui son lieutenant. Maubeuge était déjà assiégée par les Autrichiens.

Arrivé à Maubeuge, son premier soin fut de chercher un emplacement, de construire son fourneau pour la préparation du gaz, de faire les provisions de combustible nécessaires, et de tout disposer en attendant l'arrivée de l'aérostat et des équipages qu'il avait expédiés de Meudon. Il choisit les jardins du collège, pour y établir ses appareils, préparer le gaz hydrogène et remplir l'aérostat, qui avait reçu le nom d'*Entreprenant*.

Les officiers de la compagnie étaient, outre Coutelle, leur capitaine, Delaunay, premier lieutenant, ançien maître maçon, que l'on avait choisi pour procéder à la construction du fourneau pendant la campagne, et Lhomond, deuxième lieutenant, fils d'un physicien de Paris, et lui-même chimiste et physicien. Ils donnaient tous les deux l'exemple du devoir et de l'activité, en mettant hardiment la main à l'œuvre pour l'installation du matériel.

Pour exposer les opérations qui furent exécutées dans le jardin du collège de Maubeuge, nous laisserons parler l'un des compagnons de Coutelle, le baron de Selle de Beauchamp, alors simple soldat de la compagnie des aérostiers, et qui devait bientôt obtenir une lieutenance dans cette compagnie.

« Nos procédés étaient tellement coûteux et devaient être entrepris sur une si grande échelle, dit le baron de Beauchamp, qu'ils ne pouvaient convenir qu'à un gouvernement décidé à ne reculer devant aucune dépense nécessaire pour accroître ses moyens de défense. L'idée seule de transporter au milieu des camps une machine de trente pieds de diamètre, remplie de gaz inflammable, de la manœuvrer à volonté, d'y placer deux observateurs qui, à dix-huit cents pieds d'élévation, inspectassent tous les mouvements de l'ennemi, et en rendissent un compte instantané et exact, n'est-ce pas une de ces conceptions gigantesques qui n'appartiennent qu'à cette époque ? Et, en effet, que d'obstacles un tel projet ne présentait-il pas ! La fragilité d'une enveloppe de soie gommée, d'un volume extraordinaire, se trouvant journellement exposée aux vents, aux orages, aux arbres des forêts et des routes, au passage resserré des villes ; de plus l'altération infaillible du gaz, par la combinaison de l'air atmosphérique dont aucune gomme, aucun vernis n'avaient encore pu l'isoler entièrement ; les difficultés qu'on devait rencontrer pour faire suivre à une telle machine les marches et les contre-marches d'une armée, de manière à la tenir toujours prête à servir de tour d'observation dans un combat ou une bataille ; n'y avait-il pas là de quoi faire faire plus d'une réflexion ? Il est vrai qu'il n'était pas encore question de suivre l'armée ; on se bornait pour le moment à l'emploi des aérostats dans les places assiégées, et c'est ce qui motivait notre envoi à Maubeuge. Cette place est très-difficile à bloquer complètement, à cause d'un camp retranché qui augmente de beaucoup son circuit et nécessite conséquemment une armée de siège considérable. Aussi les Autrichiens s'étaient-ils bornés à la cerner de trois côtés, laissant libre la route de France défendue par le camp retranché. Le collège, où nos travaux s'organisaient, touchait par son jardin aux remparts et se trouvait couvert par un bastion hérissé de canons qui répondaient souvent à ceux des redoutes ennemies[15]. »

Les premiers moments furent très-difficiles. Il fallait tout créer, tout prévoir, et dans la rapidité d'une organisation improvisée, il y avait bien des lacunes, que le zèle de chacun parvenait à faire disparaître. « Notre travail était fort rude, dit le baron de Selle de Beauchamp, il fallait faire tous les métiers, maçons, charpentiers, serruriers, scieurs de bois ; tout ce dont nous n'avions jamais eu la moindre idée était entrepris et terminé par la seule force de volonté de réussir, et surtout par l'exemple de notre chef, qui se mettait toujours le premier à la besogne, et nous prouvait, en en venant à bout, qu'il n'y a rien d'impossible au zèle et à l'intelligence. Nous étions quelquefois honteux de voir un homme de plus de cinquante ans plus actif et plus infatigable que des jeunes gens de notre âge. »

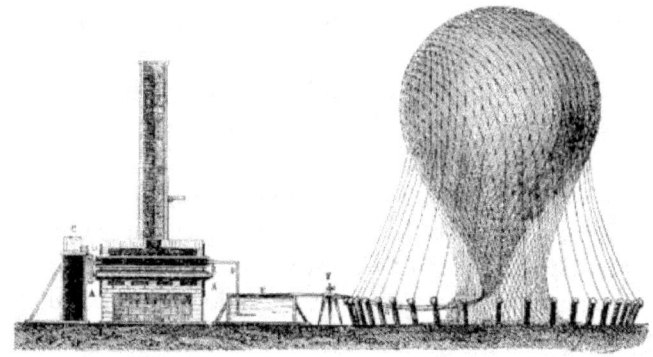

Fig. 288. — Appareil qui servit à préparer le gaz hydrogène, pour le remplissage de l'aérostat militaire l'*Entreprenant*.

Nous représentons (fig. 288) l'appareil qui servit à préparer, dans le camp français, le gaz hydrogène nécessaire au remplissage du ballon l'*Entreprenant*. Contenue dans le vase C, l'eau arrive dans le tube de fonte A ; elle se réduit en vapeurs, et pénètre dans le tube de fonte B, plein de rognures de fer. Là, elle se décompose, et l'hydrogène provenant de cette décomposition suit le tube BD, se lave dans l'eau de la cuve E, et pénètre finalement, au moyen du tube de cuir, G, dans le ballon.

Cependant les différents corps de l'armée ne savaient de quel œil regarder les soldats de la compagnie de Coutelle, qui n'étaient pas encore portés sur l'état militaire, et dont le service ne leur était pas connu. On murmurait sur leur passage des propos désobligeants. Coutelle s'aperçut de cette impression. Il alla trouver le général qui commandait à Maubeuge, et lui demanda d'emmener sa compagnie à la première affaire hors de la place. Une sortie était précisément ordonnée pour le lendemain, contre les Autrichiens, retranchés à une portée de canon. La petite troupe de Coutelle fut employée à cette attaque. Deux hommes furent grièvement blessés ; le sous-lieutenant reçut une balle morte dans la poitrine. Ils rentrèrent dans la place au rang des soldats de l'armée.

Peu de jours après, les équipages porteurs de tout le matériel des aérostats captifs étant arrivés, Coutelle put mettre le feu à son fourneau et procéder à la préparation du gaz. C'était un spectacle étrange que ces opérations chimiques ainsi exécutées à ciel ouvert, au milieu d'un camp, au sein d'une ville assiégée, dans un cercle de quatre-vingt mille soldats. Tout fut bientôt préparé, et l'on put commencer de se livrer à la reconnaissance des dispositions de l'ennemi. Alors, deux fois par jour, par l'ordre de Jourdan, et quelquefois avec le général lui-même, Coutelle s'élevait avec son ballon l'*Entreprenant*, pour observer les travaux des assiégeants, leurs positions, leurs mouvements et leurs forces.

La manœuvre de l'aérostat s'exécutait en silence. La correspondance avec les hommes qui retenaient les cordes, se faisait au moyen de petits drapeaux blancs, rouges ou jaunes, de dix-huit pouces de largeur, et de forme carrée ou triangulaire. Ces signaux servaient à indiquer aux conducteurs, les mouvements à exécuter : *monter, descendre, avancer, aller à droite*, etc. Quant aux conducteurs, ils correspondaient avec le capitaine, posté dans la nacelle, en étendant sur le sol des drapeaux semblables, de différentes couleurs. Ils avertissaient ainsi l'observateur d'avoir à s'élever, à descendre, etc. Enfin, pour transmettre au général en chef, les notes résultant de ces observations, le commandant des aérostiers jetait sur le sol, de petits sacs de sable, surmontés d'une banderole, auxquels la note était attachée.

On trouvait chaque jour, des différences sensibles dans les forces des Autrichiens, ou dans les travaux exécutés pendant la nuit. Le général en chef tirait un grand parti de ce moyen nouveau d'observation.

L'ennemi qui se voyait soumis à cette observation insolite, et qui se sentait surveillé, sans jamais pouvoir rien dérober à notre connaissance, était fort impressionné, et ne savait comment se mettre à l'abri de ces espions d'un nouveau genre. On lit dans les *Mémoires sur Carnot* que quelques soldats autrichiens, qui n'avaient jamais vu de ballon, s'agenouillaient et se mettaient en prière à la vue de ce prodige[16].

Les Autrichiens essayèrent de détruire l'aérostat, à coups de canon. Ayant remarqué qu'il s'élevait tous les jours du même point, ils établirent, pendant la nuit, dans un ravin, une pièce de 17, et au moment où l'aérostat s'élevait (c'était le cinquième jour de ses opérations), la pièce embusquée tira sur lui. Le premier boulet passa par-dessus ; le second passa si près, que l'on crut le ballon percé ; un troisième boulet passa au-dessous. On tira encore deux coups, sans plus de succès. Le signal de descendre fut alors donné par Coutelle, et exécuté en quelques instants. Le lendemain, la pièce autrichienne n'était plus en position. On laissa l'aérostat continuer ses opérations, sans l'inquiéter autrement que par quelques coups de carabine, qui ne l'atteignaient pas à la hauteur où il se trouvait.

Le baron de Selle de Beauchamp, dans la brochure qu'il a consacrée au souvenir de ses campagnes, donne une description intéressante des opérations qu'il fallait effectuer pour remplir le ballon de gaz hydrogène, et des premières ascensions des aérostiers militaires.

« Les premiers essais de remplissage d'un ballon avaient été faits, à Meudon, sous les auspices du physicien Conté et du représentant Guyton de Morveau. Ils étaient parvenus à dégager le gaz hydrogène de l'oxygène, par la décomposition de l'eau sur le fer rougi à blanc, mode qu'on avait préféré à l'emploi de l'acide sulfurique, comme moins coûteux ; pour arriver à ce résultat, voici comment on opérait. Nous construisions sur le lieu même, un grand fourneau à réverbère, garni de deux cheminées à chaque bout ; ce fourneau en briques, solidement établi, on y plaçait sept tubes de fonte venant du Creuzot, que l'on emplissait préalablement de limaille et de tournure de fer, vannée et purgée de rouille, comme on vanne du grain, manipulation qui, pour le dire en passant, était une de nos plus pénibles corvées ; puis, ces tubes remplis et lutés aux deux bouts étaient placés dans le fourneau par quatre dessous et trois au-dessus, clos et mastiqués par d'autres briques, de manière à ce qu'il ne restât que deux ou trois regards, afin de surveiller l'incandescence : d'un côté du fourneau, se plaçait une cuve longue et élevée, pour fournir l'eau à chaque tube, par de petits tuyaux adaptés à la cuve ; de l'autre côté, se trouvait une autre grande cuve carrée remplie d'eau saturée de chaux, dans laquelle le gaz devait s'échapper pour s'y purger de son carbone ; ces préparatifs terminés, on faisait dans chacune des cheminées un grand feu de menu bois, qui y était entretenu jusqu'à ce que les tubes de fonte fussent rougis à blanc ; l'eau descendant de la cuve supérieure dans chacun des tubes ainsi rougis, y déposait sa portion d'oxygène, tandis que l'hydrogène passait dans la cuve supérieure, et, s'y purgeant du carbone, se rendait par son excès de légèreté dans un tuyau de caoutchouc qui l'introduisait dans le globe aérostatique, se gonflant à mesure qu'il se remplissait. Toutes ces opérations exigeaient les soins les plus minutieux ; le feu devait être entretenu de manière que la chaleur et la flamme restassent également réparties sur tous les tubes ; il fallait veiller à ce qu'il ne se formât pas sur l'un d'eux ni couleur, ni fente qui pussent donner passage au gaz, ce qu'on apercevait facilement par une petite flamme bleuâtre qui se manifestait à cet endroit : ces fuites étaient fort difficiles à arrêter dans cet état d'incandescence ; cependant on en venait à bout, non sans peine et même sans danger. L'opération du remplissage durait assez ordinairement de trente-six à quarante heures, pendant lesquelles il ne s'agissait pour nous ni de dormir, ni presque de manger ; aussi vîmes-nous plus d'un soldat mis en réquisition, pendant que quelques-uns de nos hommes étaient aux hôpitaux, n'attendre qu'avec grande impatience le moment de retourner à leur corps.

« Revenons maintenant à notre première opération que je viens de décrire, et dont la réussite nous fit oublier toutes nos fatigues. C'était, en effet, le beau côté de la médaille ; l'aérostat, magnifiquement gonflé, enlevait facilement deux personnes et 120 à 140 livres de lest ; ce lest se composait de sacs en toile ou canevas, que l'on emplissait de terre ou de sable, et que l'on vidait à mesure de la déperdition de la force ascensionnelle ; on sent bien que le but que l'on se proposait en élevant cette tour d'observation eût été manqué, si, au lieu de s'élever à ballon captif, c'est-à-dire retenu par deux cordes, on fût monté à ballon libre, car la descente ne s'effectuant pas au point du départ, les rapports des observateurs, retardés par l'éloignement, n'eussent pas conservé l'à-propos qui en faisait le mérite ; il avait donc fallu forcer l'aérostat à rester station-naire, et le seul moyen avait été d'adapter à la corde hémisphérique du filet deux autres cordes filées exprès, qui portaient environ 400 mètres de longueur, que l'on pouvait, en cas de besoin, allonger encore jusqu'à 1 800 pieds.

« Notre première ascension se fit au bruit du canon et aux hourras de la garnison de la place. Le rapport fait à la descente par l'officier du génie qui avait accompagné le capitaine, fut tellement clair et circonstancié, qu'il paraissait impossible désormais à l'ennemi de faire un mouvement qui ne fût pas aussitôt connu dans la place. On s'aperçut, par exemple, que le nombre de tentes apparentes dans le camp devait être bien supérieur à celui nécessaire pour l'effectif qui les habitait, car nos observateurs avaient pu en juger approximativement ; nos lunettes permettaient de compter les carreaux de vitres à Mons, distant de cinq lieues de pays. L'effet moral produit dans le camp autrichien par ce spectacle si nouveau fut immense ; il frappa surtout les chefs, qui ne tardèrent pas à s'apercevoir que leurs soldats croyaient avoir affaire à des sorciers. Pour combattre cette opinion et relever leur courage, on résolut, dans leur conseil, d'abattre, s'il était possible, une aussi fatale ma-chine ; or, dès qu'il fut reconnu que chaque jour l'aérostat s'élevait dans le même emplacement, derrière le même cavalier, ils firent placer deux pièces de canon dans un chemin creux, et lorsque l'aérostat s'éleva le matin, majestueusement dans les airs, un pre-mier boulet, passant au-dessus de l'enveloppe, alla tomber à toute volée dans le camp retranché, puis aussitôt un autre boulet frisa le dessous de la nacelle portant notre capitaine, qui accueillit la double détonation au cri de *vive la République* ! Cette explosion ne nous mît pas, nous autres, en si belle humeur, car nous calculions que, si l'effet des boulets manquait son but, l'ennemi pourrait bien s'aviser de procéder par la bombe ou l'obus, qui, tombant dans le jardin où nous tenions les cordes, auraient bien pu déranger le personnel et le matériel de l'ascension. Cette idée ne leur vint pas, ou plutôt on ne leur en donna pas le temps, car, dès le lendemain, on fit venir de Lille un certain sergent d'artillerie qui, sur le seul aspect du terrain, promit au général de démonter les pièces qu'on pourrait amener au lieu d'où elles avaient tiré ; probablement cette promesse fut connue de l'ennemi, qui ne se représenta pas, et nous laissa dorénavant faire tranquillement nos observations[17]. »

Cependant le général Jourdan se préparait à investir Charleroi. Il attachait une importance extrême à l'enlèvement de cette place, qui devait ouvrir la route de Bruxelles. Coutelle reçut à midi, l'ordre de se porter, avec son ballon, à Charleroi, éloigné de douze lieues du point où il se trouvait, pour y faire diverses reconnaissances. Le temps ne permettant pas de vider le ballon pour le remplir de nouveau sous les murs de la ville, Coutelle se décida à faire voyager son ballon tout gonflé.

Ce n'était pas une entreprise facile que de transporter ainsi l'aérostat gonflé de Maubeuge à Charleroi. Il fallait d'abord lui faire traverser une partie de Maubeuge, par-dessus les maisons. Il fallait ensuite le faire sortir de la ville ; et là était le point périlleux. Maubeuge était entourée, en grande partie, par l'armée ennemie, qui l'avait enveloppée, d'un côté, de fossés et de tranchées ou de murs de bastion. Il fallait tromper la surveillance des assiégeants ; et l'on comprend quelle tâche ce devait être de dérober à l'ennemi la vue d'une machine ronde, de 9 mètres de diamètre, élevée à 10 mètres au-dessus du sol.

C'est pourtant ce qui fut fait, et voici comment. On passa un jour et une nuit à attacher à l'équateur du filet de l'aérostat, seize cordes, d'une longueur suffisante. Seize hommes furent chargés de tenir, chacun, une de ces cordes. On franchit ainsi les jardins du collège, puis les rues, en maintenant le ballon par-dessus les toits ; et l'on arriva à l'une des portes, dans la partie de la ville laissée libre par l'ennemi.

À 2 heures du matin, on descendit le premier rempart. Des échelles étaient disposées, pour descendre dans le premier fossé ; La moitié des hommes descendit en allongeant les cordes ; tandis que l'autre moitié attendait au bord du fossé. Quand la moitié des hommes eut remonté le fossé, à l'aide d'autres échelles disposées de l'autre côté, la seconde moitié prit le même chemin, descendit, puis remonta le fossé, au moyen des échelles ; tout cela avec l'attention que l'aérostat ne dépassât que de très-peu la crête du glacis, pour ne pas attirer l'attention des assiégeants, malgré l'obscurité de la nuit. Les trois enceintes qui environnaient la ville, furent successivement franchies de cette manière (*fig.* 289).

Fig. 289. — Transport du ballon l'*Entreprenant*, de Maubeuge à Charleroi, par les aérostiers de la compagnie de Coutelle.

Le jour n'était pas encore levé, quand la troupe des aérostiers gagnait, en silence, la route de Namur. Rien ne paraissait menacer sa sécurité. Seulement, au lever du soleil, le vent, qui commençait à souffler fortement, poussait l'aérostat contre les pommiers qui bordaient la route, ce qui obligea nos conducteurs à prendre à travers champs.

On était à la fin de juin, la chaleur s'annonçait étouffante, et l'on comptait quinze heures de Maubeuge à Charleroi. Comme les chemins, qui servaient surtout au transport de la houille, étaient couverts d'une poussière noire de charbon de terre, les aérostiers étaient couverts d'une couche noirâtre, formée de la terre charbonneuse du chemin.

C'était un spectacle étrange que ces trente hommes, à demi nus, à cause de la chaleur, et noirs comme des démons, conduisant un énorme globe, suspendu au milieu de l'air. Les superstitieux habitants des Flandres, qui rencontraient cet équipage bizarre, s'enfuyaient de terreur, ou s'agenouillaient, saisis de mystérieuses craintes.

Mais les Flamands sont encore plus charitables que superstitieux. Quand ils voyaient les pauvres aérostiers épuisés de fatigue, pour avoir marché pendant plusieurs heures en plein soleil, dans les terres labourées, ils s'empressaient de leur apporter du pain, des vivres, et de tirer l'eau du puits, pour les désaltérer, ou laver leur visage et leur corps.

C'est au prix de tant de fatigues que la compagnie des aérostiers de Coutelle arriva, vers le soir, près de Charleroi. Elle reconnut bientôt l'armée campée aux environs. Quelle ne fut pas la surprise de ces braves soldats, lorsqu'ils entendirent tout à coup retentir les accents de la musique militaire, et qu'ils aperçurent un nuage de poussière, mêlé aux reflets brillants des armes, sortant de la ville et s'avançant vers eux. C'était toute l'armée qui, à l'annonce de l'approche des aérostiers et de leurs équipages, sortait de Charleroi, le général en tête, pour leur faire fête et honneur. La musique des régiments sonna ses plus belles fanfares à l'arrivée de la compagnie de Coutelle, qui fut installée, avec son ballon, en parfait état, dans une vaste ferme à moitié ravagée.

On eut encore le temps de faire une reconnaissance avant la fin de la journée. Coutelle monta en ballon, avec un officier supérieur, qui prit note de la situation et des forces de l'ennemi.

Le lendemain, une ascension plus sérieuse se fit dans la plaine de Jumet. Pendant la journée suivante, Coutelle demeura en observation huit heures de suite, avec le général Morelot. La ville était si vivement pressée qu'elle était au moment de capituler, et le général du haut de son observatoire aérien, s'assurait du véritable état de la place assiégée.

La capitulation fut signée le lendemain, et la garnison hollandaise retenue prisonnière.

À peine le général hollandais, commandant la place qui venait de se rendre, eut-il passé devant le front des troupes françaises, qu'on entendit retentir au loin, un coup de canon, bientôt suivi de plusieurs autres.

C'était l'armée autrichienne qui s'avançait, mais trop tard, pour débloquer Charleroi.

« Messieurs, dit le général prisonnier, si j'avais entendu ce signal quelques heures plus tôt, vous ne seriez pas dans Charleroi. »

Il est certain que si la ville n'eût pas été prise ce jour-là, le sort de l'armée française eût été compromis. On peut attribuer cet heureux résultat aux services que rendit le ballon de Coutelle, qui, par ses excellentes observations, hâta le moment de notre victoire.

Fig. 290. — Bataille de Fleurus.

Cependant les Autrichiens s'avançaient toujours vers Charleroi, sous les ordres du prince de Cobourg, et une bataille était inévitable.

Elle se passa sur les hauteurs de Fleurus, et tourna à l'avantage de nos armes. L'aérostat l'*Entreprenant* fut d'un grand secours pour le succès de cette belle journée, et le général Jourdan n'hésita pas à proclamer l'importance des services qu'il en avait retirés. C'est sur la fin de la bataille que le ballon de Coutelle s'éleva, d'après l'ordre du général en chef. Il demeura huit heures en observation, transmettant sans relâche, des notes sur le résultat des opérations de l'ennemi. Pendant la bataille, plusieurs coups de carabine furent tirés sans l'atteindre.

On a souvent discuté pour savoir dans quelle mesure l'aérostat de Coutelle contribua au succès de la bataille, Carnot, dans ses *Mémoires*, déclare que le ballon de Coutelle fut très-utile dans cette journée. Coutelle et l'officier d'état-major qui l'accompagnait dans la nacelle, demeurèrent constamment en correspondance avec l'armée française, dévoilant à Jourdan les mouvements de l'armée autrichienne. Ils étaient placés si bas et si près de l'ennemi, qu'on ne cessait de leur envoyer des balles de carabine. Il est donc impossible que Jourdan n'ait pas tiré un grand parti de ces avertissements. Il fut heureusement secondé par les observateurs aériens qui lui faisaient connaître plus d'une position de l'ennemi que des accidents de terrain, ou l'éloignement, l'auraient empêché d'apercevoir.

Le baron de Selle de Beauchamp, dont nous avons déjà cité les intéressants mais trop courts *Mémoires*, assista à la bataille de Fleurus, comme simple soldat de la compagnie des aérostiers. Son témoignage est donc précieux à enregistrer, et nous rapporterons ce qu'il dit à cet égard.

« Charleroi rendu, dit le baron de Selle, nous reçûmes l'ordre de nous reporter en avant avec le quartier général qui s'établit au village de Gosselies, centre des opérations de l'armée ; les Autrichiens s'avançaient de leur côté sous les ordres du général prince de Cobourg, et tout annonçait une collision prochaine. Parmi les représentants en mission aux armées, se trouvait seul, auprès du général en chef, le fameux Saint-Just, qui lui promettait la victoire. Nous couchâmes dans une grange, et dès 4 heures du matin, le

8 messidor (26 juin 1792), un aide de camp nous apporta l'ordre de nous rendre sur le plateau du moulin de Jumey, où se plaçait momentanément le quartier général. La plaine de Fleurus peut se comparer à nos plaines de la Beauce, où l'œil parcourt aisément dix lieues d'horizon ; le moulin de Jumey s'élevait à peu près au centre de nos positions, et se détachait sur un petit monticule de cette planimétrie que peuplaient plusieurs gros villages. Deux de nous (et j'étais un des deux) étaient détachés pour aller chercher nos vivres dans un de ces hameaux, placés entre la ligne du quartier générale et celle où l'action était déjà engagée entre les avant-postes ; le temps était clair, on distinguait parfaitement la fumée des feux d'artillerie auxquels ceux de la mousqueterie commençaient à se mêler d'une façon très-active. Nous fîmes très-activement aussi notre course nécessaire, et en revenant seuls et isolés au milieu de ce calme précurseur de la tempête, nous réfléchissions au contraste qu'allaient offrir bientôt ces plaines, les unes si vertes, les autres si brillantes de leurs moissons dorées, envahies dans quelques instants par des masses armées pour se détruire, dépouillées de leur verdure et de leurs moissons, foulées aux pieds des hommes et des chevaux, et bientôt couvertes par des cadavres. Ces réflexions, bien sombres peut-être pour de jeunes têtes comme les nôtres, furent bientôt effacées dès que nous eûmes rejoint nos camarades, ce qui fut très-facile, l'aérostat s'étant élevé pendant notre absence et son disque éclatant nous servant de point de ralliement. Nous trouvâmes au pied du moulin le général Jourdan et le représentant Saint Just en grande conférence ; ce dernier me parut un jeune homme d'une figure assez douce, peu imposante, sur le front duquel perçait quelque inquiétude ; mais, dans ce moment, nous ne songions qu'à déjeuner, pendant que notre capitaine et le général de division *Morelot*, élevés à plus de mille deux cents pieds, s'occupaient de leurs observations. Vers midi, les communications des observateurs avec la terre devinrent plus fréquentes : j'ai déjà dit que ces communications avaient lieu au moyen de sacs de lest dont on annonçait l'envoi par des signaux ; car nous en étions pourvus pour les différentes manœuvres : lorsqu'il s'agissait, comme ici, de communications plus détaillées, les sacs contenaient un écrit, et n'étaient confiés qu'à l'officier des aérostiers, chargé lui-même de les remettre entre les mains de qui de droit, ordinairement du gé-

néral. Ces fréquentes missions nous parurent avoir une significa-
tion, qui se manifestait encore par le rembrunissement des figures
de messieurs de l'état-major. Le canon semblait se rapprocher dans
toutes les directions, ce qui annonçait assez clairement que l'ennemi avançait, et deux heures ne s'étaient pas écoulées sans que
le mouvement de retraite fût très-prononcé ; nous nous amusions
cependant à considérer les nombreux prisonniers de toute arme
que l'on amenait au quartier générai ; tous ces hommes, de différentes nations, Hollandais, Allemands, Moldaves, Valaques, regardaient d'un œil stupide cette énorme machine élevée dans les airs,
semblant s'y soutenir seule, car à peine apercevait-on les cordes ;
quelques-uns étaient prêts à se jeter à genoux et à l'adorer, tandis
que d'autres, lui montrant le poing d'un air féroce, répétaient dans
leur langue : *Espions, espions, pendus si vous êtes pris !* prédiction
qui nous amusait médiocrement ; mais comme nous ne voulions
pas mourir de faim en attendant la pendaison, et que nous avions
trouvé du lait pour la soupe, nous nous apprêtâmes à la manger,
quand vint à passer le représentant Saint-Just, non plus accompagné de courtisans, comme le matin, mais seul et la mine fort allongée. Ma foi, nous crûmes devoir l'inviter à partager notre très-fru-
gal repas, mais il nous remercia et passa son chemin, peu curieux
de se mêler à des sans-soucis comme nous.

« Cependant l'aérostat restait immobile, et déjà la retraite
s'effectuait sur toute la ligne ; on voyait défiler au galop l'artillerie,
les caissons, les vivandières ; la route de Charleroi était obstruée,
et nous entendions dire autour de nous que l'ennemi cherchait à
la couper en nous rejetant sur la Sambre. L'inquiétude nous prit
à notre tour : la perspective d'être pendus à nos propres cordes
n'avait rien de réjouissant, et nous vîmes enfin, avec un sensible
plaisir, le signal de descendre l'aérostat et de suivre le mouvement
de retraite. On sent bien que le zèle ne nous manqua pas ; chacun
croyait la bataille perdue, il était 5 heures du soir, et la route,
couverte de tous les charrois de l'armée, ne nous promettait pas
une marche prompte et facile, quand tout à coup le canon, qui
tout à l'heure se rapprochait, s'éteignit à l'aile gauche de l'ennemi,
et ne résonna plus que faiblement, en ne jetant ses feux que par
intervalles. Ce changement à vue nous surprit fort agréablement ;
mais nous n'en apprîmes la raison qu'en arrivant à Charleroi, et

voici ce qu'on dit ; nos deux ailes de bataille avaient faibli pendant toute cette journée ; notre centre seul avait maintenu ses positions, et le prince de Cobourg, ignorant la reddition de Charleroi, avait porté sur ce point sa plus formidable colonne, espérant nous prendre à revers ; mais aussitôt que cette colonne avait paru devant Charleroi, l'artillerie des remparts avait ouvert un feu épouvantable, et l'effroi causé par la surprise avait été tel, que les canonniers autrichiens avaient coupé les traits des chevaux, abandonné leurs pièces, et qu'une déroute totale s'en était suivie. La journée était donc *nôtre*, nous rentrions à Charleroi mourants de faim et de fatigue ; l'aérostat avait été élevé pendant dix heures consécutives, et sans prétendre ridiculement qu'on lui devait le gain de la bataille, on ne peut nier que son effet matériel et moral n'ait participé au succès ; nous sûmes d'une manière positive que l'aspect de cette magnifique tour, improvisée au milieu d'une plaine, où rien ne gênait l'observation, avait porté une espèce de découragement parmi les soldats étrangers qui n'avaient aucune idée d'une chose pareille. Les mouvements de l'artillerie et des masses ennemies avaient été signalés au général Jourdan aussitôt qu'effectués, et s'ils étaient changés ou modifiés, une communication du général Morelot en prévenait sur-le-champ, et cet avantage était immense ; malgré cela, sans la reddition de Charleroi, il est probable que nous nous en serions fort mal tirés[18]. »

CHAPITRE X

SUITE DES OPÉRATIONS DES AÉROSTATS MILITAIRES. — ORGANISATION DE LA SECONDE COMPAGNIE D'AÉROSTIERS. — CRÉATION DE L'ÉCOLE AÉROSTATIQUE DE MEUDON. — LES AÉROSTATS EN ÉGYPTE. — BONAPARTE SUPPRIME LE CORPS DES AÉROSTIERS MILITAIRES.

Après la bataille de Fleurus, l'armée française ayant fait un mouvement en avant, la compagnie des aérostiers la suivit, continuant presque chaque jour, ses reconnaissances aériennes.

On était près des hauteurs de Namur, lorsqu'un accident mit l'aérostat l'*Entreprenant* hors de service. Quelques-uns des porteurs ayant lâché la corde, l'aérostat fut poussé contre un arbre, qui le déchira du haut en bas. Coutelle retourna aussitôt à Maubeuge, où il espérait trouver un nouvel aérostat, *le Céleste*, envoyé de l'école de Meudon. Comme on ne l'avait pas encore expédié, il partit aussitôt pour Paris, afin d'en hâter l'envoi ; puis il retourna à l'armée.

Bientôt l'aérostat *le Céleste* fut envoyé de Meudon. Mais il avait été mal construit, et ne pouvait emporter qu'une seule personne. Sa forme était cylindrique, ce qui le rendait d'une manœuvre très-difficile. On l'essaya à Liège, mais sans aucun succès.

« Les cordes d'ascension, dit Coutelle, étaient fixées sur chacun des deux grands côtés ; mais une des extrémités du cylindre se présenta au vent comme lui opposant une moins grande résistance. Les deux cordes alors se rapprochèrent de cette partie du cylindre, et le ballon ne fut plus retenu que par son centre. L'autre partie, sous le vent, en reçut un mouvement pendulaire qui porta alternativement la nacelle sur chacune des deux cordes, ce qui rendait l'observation non-seulement impossible, mais dangereuse[19]. »

L'appareil fut donc renvoyé à Meudon, et l'on se servit de l'*Entreprenant*, qui avait été réparé.

Les aérostiers suivaient toujours les marches de l'armée. Après plusieurs reconnaissances, faites pour le service des généraux qui commandaient différents corps, les aérostiers passèrent la Meuse, en bateau, pour se diriger sur Bruxelles.

Dans ce trajet, le ballon fut poussé par le vent, contre un éclat de bois, qui le coupa à sa partie inférieure, et lui fit perdre une grande quantité de gaz. Coutelle fit alors former, au moyen d'une simple ficelle, une grande enceinte qui fut respectée par une multitude de curieux et de soldats, attirés par ce spectacle. L'accident fut réparé, et Coutelle rejoignit l'armée, quatre jours après.

Arrivé à Borcette, près d'Aix-la-Chapelle, ville où l'armée fit un assez long séjour, Coutelle créa un nouvel établissement où l'on répara et reconstruisit à nouveau le matériel endommagé.

Pendant que ces événements se passaient à l'armée de Sambre-et-Meuse, le Comité de salut public s'occupait d'augmenter l'importance du corps des aérostiers.

Peu de temps après le départ de Coutelle pour Maubeuge, la Convention nationale avait décrété, le 5 messidor an II (23 juin 1794) la formation d'une seconde compagnie d'aérostiers, sorte de dépôt placé à Meudon, sous le commandement de Conté[20]. Mais ce n'était là qu'une organisation provisoire destinée à préparer une institution plus sérieuse. En effet, le 10 brumaire an III(31 octobre 1795), le Comité de salut public créait l'*École nationale aérostatique de Meudon*, destinée à étudier les questions relatives à l'aérostation militaire, et à fournir à cette arme des officiers instruits.

L'*École nationale aérostatique de Meudon* était composée de 60 élèves, divisés en trois sections. Ils suivaient des cours de physique, de mécanique, de chimie et de géographie. Outre l'enseignement théorique, ils étaient exercés à la pratique de la manœuvre des ballons. Le dépôt du corps des aérostiers et son matériel de réserve, étaient installés à l'école de Meudon.

On ne lira pas sans intérêt, l'arrêté du Comité de salut public relatif à l'installation de l'école aérostatique de Meudon, pièce d'une grande importance historique.

« Le Comité de salut public, considérant que le service des aérostiers exige des connaissances et une pratique dans les arts que l'on ne peut espérer de réunir qu'en préparant par des études et des exercices appropriés, les hommes qui s'y destinent, et voulant assurer ce service et en étendre les ressources, soit auprès des armées, où l'expérience a constaté déjà son utilité, soit par l'application que l'on peut faire de ce nouvel art pour le figuré du terrain sur les cartes,

Arrête ce qui suit :

ART. 1er. Il sera établi dans la maison nationale de Meudon une école d'aérostiers, dans laquelle, indépendamment des exercices pour les former à la discipline militaire, et des travaux de construction et de réparation des aérostats auxquels ils sont employés, ils recevront des leçons de physique générale, de chimie, de géographie et des différents arts mécaniques, relatifs à l'aérostation.

ART. 2. Cette école sera composée de soixante aérostiers, y compris ceux déjà reçus pour entrer dans la nouvelle compagnie que le Comité avait été chargé de former. Ils seront logés dans la partie de la maison nationale de Meudon qui leur sera assignée ; ils auront le même uniforme que celui qui a été réglé pour la deuxième compagnie d'aérostiers, et recevront également la solde de canonniers de première classe.

Louis Figuier

Art. 3. Les soixante aérostiers seront divisés en trois sections, chacune de vingt hommes.

Art. 4. Il y aura pour chaque section un officier ayant le grade de sous-lieutenant, un sergent et deux caporaux, lesquels seront assimilés aux officiers d'artillerie du même grade, et jouiront des traitement et solde qui leur sont attribués.

Art. 5. L'école des aérostiers aura pour chef un directeur chargé de diriger toutes les opérations de construction et de réparation des aérostats, de régler et ordonner les exercices et manœuvres et de maintenir l'ordre et la discipline. Il correspondra avec la commission des armes et poudres, lui adressera les demandes des matières nécessaires, et l'informera de ce qui pourra être mis à sa disposition pour le service des aérostats en campagne. Les appointements seront de six mille livres.

Art. 6. Il y aura un sous-directeur aux appointements de quatre mille livres, chargé des mêmes fonctions sous les ordres et en l'absence du directeur.

Art. 7. il y aura pour les trois sections un quartier-maître chargé du décompte et des menues dépenses du matériel, pour lesquelles il lui sera remis un fonds d'avances sur la proposition de la commission des armes et poudres. Il en comptera tous les quinze jours à ladite commission sur mémoires visés par le directeur.

Art. 8. Un tambour sera attaché à ladite école.

Art. 9. Il y aura dans l'école un garde-magasin chargé de tenir registre de l'entrée et sortie de toutes matières, soit de consommation, soit destinées aux épreuves et constructions, ainsi que de veiller à la conservation des meubles, ustensiles, livres et machines servant à l'instruction ; il lui sera donné un aide ou sous-garde lorsqu'il sera jugé nécessaire.

Art. 10. Le directeur présentera incessamment à l'approbation du Comité un règlement sur la distribution du temps pour les leçons et exercices, de manière que les élèves aérostiers reçoivent l'instruction qui leur est nécessaire dans les sciences physiques et mathématiques, et se forment dans la pratique des arts mécaniques, autant néanmoins que le permettront les travaux de la fabrication et les exercices des opérations et manœuvres.

Art. 11. Le citoyen Conté, chargé de la conduite des travaux de

Meudon relatifs à l'aérostation, est nommé directeur. Le citoyen Bouchard, reçu aérostier de la deuxième compagnie dont la levée avait été ordonnée, est nommé sous-directeur.

Art. 12. Le directeur présentera à l'approbation du Comité la nomination des citoyens qu'il jugera propres à remplir les places des officiers, sous-officiers et garde-magasin.

Art. 13. Il présentera de même à son approbation la nomination des instructeurs pour les diverses parties, lesquels seront pris, autant qu'il sera possible, parmi les aérostiers reçus qui ont donné des preuves de capacité.

Art. 14. Le présent arrêté sera adressé aux représentants du peuple, à la maison nationale de Meudon, qui sont invités à prendre les mesures qu'ils jugeront convenables pour assurer le succès de cet établissement, maintenir l'ordre et la discipline de l'école, et empêcher qu'il n'en résulte aucun inconvénient pour les autres opérations mises sous leur surveillance.

Art. 15. Expédition du présent arrêté sera pareillement envoyée à la commission des armes et poudres, chargée de concourir à son exécution en ce qui la concerne.

Signé :

L. B. Guyton, Fourcroy, J. F. B. Delmas, Prieur, Pelet, Merlin, Cambacérès.

Pour copie conforme :

Le directeur de l'école nationale aérostatique[21].

Signé : Conté. »

Conté, directeur de cette école, fit de nombreuses expériences sur les meilleures dispositions à donner aux aérostats militaires. On n'a point de détails sur ses expériences ; on sait seulement que Conté étudia si bien la question des enveloppes, qu'il arriva à construire des ballons dans lesquels le gaz hydrogène se conservait, sans aucun renouvellement, pendant deux et même trois mois. Nous avons déjà fait remarquer combien ce résultat était fondamental ; Aujourd'hui que le secret du procédé employé par Coutelle et Conté pour rendre imperméable l'étoffe d'un aérostat à gaz hydrogène, est perdu, on ne peut conserver de ce gaz pendant plus de trente-six heures dans un aérostat en soie vernie. Personne n'a pu parvenir encore à *réinventer* le procédé des aérostiers de la République.

Outre l'*Entreprenant*, qui opéra si bien à Maubeuge, à Charleroi, à Fleurus, à Liège, à Bruxelles, etc., avec l'armée de Sambre-et-Meuse, et le *Céleste*, dont nous avons déjà parlé, Conté fit construire l'*Hercule* et l'*Intrépide*, qui furent envoyé plus tard, aux armées du Rhin et de la Moselle, avec la deuxième compagnie, dont il nous reste à parler.

Une seconde compagnie d'aérostiers avait été, avons-nous dit, organisée par la Convention, le 23 juin 1794, et installée à Meudon, mais cela d'une manière provisoire. Cette seconde compagnie reçut une organisation définitive, par un arrêté du Comité de salut public, en date du 23 mars 1795. Créée pour desservir un aérostat destiné à opérer en Allemagne, elle devait être composée du même nombre d'officiers, sous-officiers et aérostiers, que la première compagnie de l'armée de Sambre-et-Meuse.

Coutelle, que nous avons laissé à Borcette, près d'Aix-la-Chapelle, fut rappelé à Paris. Il reçut le titre de *chef de bataillon, commandant le corps des aérostiers*, et fut chargé de procéder à l'organisation définitive des deux compagnies.

Il forma la deuxième compagnie, en prenant 28 hommes à l'école de Meudon et 9 hommes à la première compagnie. Chaque compagnie fut composée de 55 hommes, ainsi répartis : un capitaine, deux lieutenants, un lieutenant quartier-maître, un sergent-major, un sergent, un fourrier, trois caporaux, un tambour et 44 aérostiers. Voici les noms des officiers de chaque compagnie.

PREMIÈRE COMPAGNIE : LHOMOND, capitaine. — PLAZANET, premier lieutenant. —GANCEL, deuxième lieutenant. — VARLET, lieutenant, quartier-maître.

DEUXIÈME COMPAGNIE : DELAUNAY, capitaine. — MERLE, premier lieutenant. —DE SELLE DE BEAUCHAMP, deuxième lieutenant. — DESCHARD, lieutenant quartier-maître[22].

La première compagnie conserva sa position à l'armée de Sambre-et-Meuse, sous la direction du capitaine Lhomond. La seconde fut dirigée vers l'Allemagne, sous la conduite du commandant Coutelle et du capitaine Delaunay, ayant pour lieutenants Merle et de Selle de Beauchamp. L'aérostat devait servir à éclairer le siège de Mayence, devant laquelle le général Lefebvre était arrêté depuis onze mois.

Coutelle, accompagné du lieutenant de Selle de Beauchamp, quitta Paris, et arriva à Creutznach, petite ville où devait être établi le parc de l'aérostat. Ils n'y restèrent que le temps exigé pour cette installation, puis ils se rendirent devant Mayence.

Il est difficile de se faire une juste idée de l'aspect que présentaient en ce moment les environs de Mayence. Tout avait été ravagé, ruiné, à six lieues à la ronde, par un siège de onze mois. Il fallait envoyer, à trois lieues du camp, des soldats, pour rapporter quelques sacs de pommes de terre. C'est dans ces conditions que les officiers et les aérostiers de la seconde compagnie passèrent plus d'un mois, occupés chaque jour à des ascensions.

Les généraux et les officiers autrichiens admiraient cette manière de les observer, qu'ils appelaient « aussi hardie que savante. » Pendant un armistice, ils sortirent de Mayence, et vinrent assister à une ascension, qui fut fort belle. Coutelle et un officier du génie placés dans la nacelle, planèrent pendant une heure, à portée du canon des remparts de la ville ennemie. Les officiers autrichiens causaient cordialement avec les nôtres, et exprimaient leur admiration pour ce nouveau système d'observation. Et comme Coutelle leur faisait observer que rien ne les empêchait d'en faire autant. « Il n'y a que les Français, disaient-ils, capables d'imaginer et d'exécuter une pareille entreprise[23]. »

De l'estime singulière que les officiers autrichiens lui accordaient, le commandant Coutelle eut une preuve éclatante, dans l'épisode émouvant et chevaleresque que nous allons raconter.

Le siège ayant repris son cours, Coutelle avait reçu l'ordre de faire une reconnaissance de l'état des fortifications de la ville, et il avait élevé son aérostat entre nos lignes et la place. Mais il faisait un vent terrible, et trois fois de suite, ses bourrasques avaient rabattu avec violence, le ballon vers la terre. Chaque fois qu'il remontait, les 64 aérostiers qui le retenaient, 32 à chaque corde, étaient soulevés, et entraînés à une grande distance, au péril de leur vie. Déjà les barres de bois qui formaient le plancher de la nacelle, où Coutelle se tenait toujours assis, malgré la tourmente, avaient volé en éclats, et il était menacé à chaque instant, d'être lui-même écrasé contre le sol.

Les généraux autrichiens contemplaient des remparts de Mayence ce spectacle dramatique.

Tout à coup, cinq hommes sortent de la place, en déployant en l'air des mouchoirs blancs, signe des parlementaires. Les sentinelles françaises les accueillent, et on les conduit au commandant français.

« Général, disent-ils, nous vous demandons, en grâce, de faire descendre le brave officier qui monte l'aérostat. Il va périr par la bourrasque ; et il ne faut pas qu'il soit victime d'un accident étranger à la guerre. Nous lui apportons de la part du commandant de Mayence, l'autorisation d'entrer dans nos lignes, pour examiner en toute liberté, l'intérieur de nos fortifications. »

Fig. 291. — Les parlementaires autrichiens sortent de Mayence, pour demander que le commandant Coutelle descende de

l'aérostat, où il expose sa vie.

Cette proposition est transmise à Coutelle, qui la refuse fièrement, et qui, dix minutes après, s'élève au-dessus de l'ennemi, superbe de résolution et d'audace.

On ne sait ce que l'on doit admirer le plus, de la générosité des Autrichiens ou de l'intrépide fierté de Coutelle.

Au bout de quelque temps, Coutelle, malade de fièvres persistantes, dut laisser le commandement au capitaine Lhomond, et revenir à Paris.

L'aérostat, sans abri et fatigué par les intempéries de la saison, avait grand besoin d'être réparé. On assigna pour hivernage à la compagnie des aérostiers, commandée par le capitaine Delaunay et le lieutenant de Selle de Beauchamp, la petite ville de Frankenthal, sur le Rhin, située à deux lieues de Worms, et non loin de Manheim, où Pichegru avait son quartier général. On fit à Worms, à Frankenthal et à Manheim, diverses ascensions dirigées par de Selle de Beauchamp.

Après l'hiver, on recommença la campagne, en passant le Necker. C'est ici qu'un incident funeste endommagea gravement l'aérostat l'*Entreprenant*, déjà bien usé par son long service.

Pendant la marche de l'armée, afin d'éviter l'entrée de Manheim, dont on n'eût pas traversé facilement les fortifications, avec le ballon tout rempli, on avait cru pouvoir le laisser hors de la ville, dans une enceinte formée au moyen de cordes et de piquets, et placée sous la garde d'une sentinelle. Le capitaine et le lieutenant des aérostiers, qui venaient de recevoir l'ordre de se diriger vers les avant-postes, étaient occupés dans leur tente, à régler le départ de la compagnie pour le lendemain, lorsqu'une explosion très-forte retentit du côté de l'aérostat. La sentinelle crie : *Aux armes !* On accourt au bruit, et l'on trouve la sentinelle atteinte d'un coup de feu, et l'aérostat criblé de trous ou de déchirures, par une grêle de projectiles. Sans doute à la faveur de la nuit, et grâce à la proximité du fleuve, un Autrichien s'était approché de l'aérostat, avait fait feu contre lui d'une arme chargée à mitraille, et s'était enfui sans être aperçu, grâce à sa connaissance des localités.

Il est certain que toutes les recherches et toutes les poursuites entreprises pour atteindre l'auteur du méfait, demeurèrent sans résultat. On dut se contenter de vider le ballon, pour s'assurer de la gravité des avaries qu'il avait reçues[24].

L'ordre arriva ensuite de le diriger sur Strasbourg, où un emplacement devait être désigné pour y établir un parc d'aérostation et de remplissage des aérostats. En effet, la compagnie fut établie à Molsheim, village à trois lieues de Strasbourg.

Ainsi se termina pour l'aérostat, la première partie de la campagne sur le Rhin.

Moreau ayant été nommé général en chef, en remplacement de Pichegru, suspect au gouvernement, la campagne fut reprise, et l'armée pénétra en Allemagne. L'aérostat qui avait été, comme nous l'avons dit, entreposé à Molsheim, suivit nos bataillons. Il traversa, à la suite de l'armée, Rastadt, puis Stuttgard, et s'arrêta à Donawert, où était le quartier général.

Le lendemain de l'arrivée à Donawert, l'aérostat s'éleva pour reconnaître les principales forces de l'ennemi, qui garnissaient l'autre rive du Danube.

Deux jours après, le général Moreau, ayant fait franchir le fleuve à son armée, avait, avant de partir, envoyé un ordre d'ascension au capitaine des aérostiers, qui le transmit au lieutenant de Selle de Beauchamp.

Le lieutenant de Selle de Beauchamp avait quelque inquiétude sur cette opération, parce que l'aérostat marchant tout rempli depuis deux mois, avait beaucoup perdu de sa force ascensionnelle ; de sorte qu'il était à craindre qu'il ne pût s'enlever très-haut. Cependant il saute dans la nacelle, en demandant qu'on lui apporte du *lest*. « Pourquoi faire ? dit le capitaine Lhomond. L'aérostat enlève à peine. » Et comme le lieutenant insistait : « Est-ce que tu as peur ? » reprend le capitaine.

Pour toute réponse, le lieutenant de Selle donne l'ordre du départ, et l'aérostat s'élance, dans les airs, comme une flèche.

« Dès le premier instant dit de Selle de Beauchamp, je vis le danger, car, à la manière dont je montais, je sentis que mes jeunes gens étaient dominés par l'énorme force ascensionnelle qui m'emportait. À chaque instant, j'entendais craquer les cordes d'ascension, ainsi que le filet dont les mailles s'échappaient ; je calculais que je n'avais aucun moyen de déperdition pour le gaz, puisque depuis longtemps on n'utilisait plus la soupape ; que si l'une des cordes cassait, il était clair que le globe de taffetas s'élèverait et irait se perdre dans les nues, pendant que le filet, la nacelle et celui qui l'occupait tomberaient comme une pelote au milieu de ses camarades. Toutes ces combinaisons n'étaient pas plaisantes, et pourtant je les faisais d'assez grand sang-froid. Pendant ce temps, je montais toujours sans me ralentir autrement que par des secousses, qui attestaient qu'on faisait en bas tout ce qu'on pouvait pour me sauver. C'est dans cette espèce d'agonie expectante que j'arrivai à deux cents toises, et je remarquai alors que le poids des cordes rendait le mouvement moins accéléré ; j'essayai de donner le signal d'arrêt, et ce ne fut pas sans une assez vive satisfaction que je sentis l'aérostat obéir et rester stationnaire. Je respirai alors, et je jetai les yeux autour de moi ; en vérité, je me crus payé de mon alerte par l'admirable spectacle qui frappait mes regards : ma vue s'étendait sur plus de vingt lieues du majestueux fleuve qui coulait en serpentant à mes pieds ; l'armée autrichienne se retirait en disputant le terrain devant l'armée française, dont les dernières colonnes s'occupaient encore à traverser le Danube. Quelques escarmouches d'avant-postes se dessinaient à ma gauche, tandis qu'une batterie ennemie cherchait à retarder le passage de quelques-uns de nos bataillons. Tout ce magnifique panorama se développait pour moi, pour moi seul, qui planais en ce moment dans les airs comme l'aigle de ces montagnes que l'on apercevait dans l'éloignement. Je rédigeai tranquillement mon rapport, puis j'ordonnai la descente, qui ne se fit pas sans secousses ; mais enfin j'arrivai à terre.

Mes camarades me reçurent comme un échappé du Cocyte ; chacun me fit voir la paume de ses mains saignante et sciée par les cordes, en m'expliquant que, pour ne pas les lâcher, une partie d'entre eux se laissait enlever de terre jusqu'à ce que l'autre moitié fût bien assurée d'être enlevée à son tour, et c'est ce qui avait produit ces secousses et ces craquements que j'avais ressentis. On s'étonnait que des cordes, grosses seulement comme le petit doigt, eussent été capables d'y résister. Le capitaine s'était absenté quand je descendis ; j'en fus fort aise, parce que mon premier mouvement eût fort bien pu m'écarter des règlements de la discipline ; mais lorsque je le retrouvai tête à tête, je lui dis que j'avais eu la niaiserie de jouer ma vie sur un de ses sots propos ; mais que, dorénavant, je n'en ferais qu'à ma tête, lorsque ses ordres me paraîtraient ridicules : il n'en fut que cela, et nous partîmes pour Augsbourg[25]. »

Après un court séjour à Augsbourg, nos soldats durent battre en retraite. En effet, tandis que Moreau s'avançait au cœur de l'Allemagne, pour opérer sa jonction avec l'armée d'Italie, le général Jourdan, qui devait le soutenir, avec l'armée de Sambre-et-Meuse, avait été forcé de battre en retraite devant le prince Charles. Moreau, alors à Munich, se décida à opérer également sa retraite, et donna à son armée l'ordre de regagner Strasbourg.

Il aurait été imprudent de faire voyager l'aérostat tout gonflé, sur des chemins déjà infestés par quelques groupes de la cavalerie légère des Autrichiens. L'aérostat fut donc vidé, l'enveloppe chargée sur un fourgon ; et la compagnie des aérostiers se réunit à un convoi d'artillerie, qui partait en ce moment. Le tout composait un effectif d'environ deux cents hommes.

Le petit détachement traversa ainsi Rastadt, inquiété par un corps de hussards autrichiens, qui le suivit pendant deux jours, mais sans oser l'attaquer. On arriva, enfin sain et sauf, hommes et matériel, à Strasbourg, et de là à Molsheim, où était établi le parc de l'aérostat.

Là devaient finir les exploits de la seconde compagnie des aérostiers. On la laissa trois ans dans l'inaction. Elle était sous les ordres d'officiers braves et intelligents, sans doute, mais sans aucune influence pour faire apprécier l'utilité de leur arme. Coutelle n'était plus là, pour la soutenir auprès du gouvernement, et combattre les préventions du général commandant l'armée du Rhin, qui se montrait très-hostile à l'emploi des ballons dans l'armée.

Ce général, c'était Hoche, qui avait remplacé Jourdan. Ce dernier, qui avait apprécié par lui-même, à la bataille de Fleurus, les avantages que l'on pouvait retirer des aérostats en campagne, avait toujours été partisan de leur emploi ; mais Hoche, son successeur, ne voulut jamais s'en servir, ni même les essayer. Il laissa le matériel et les hommes se morfondre à Strasbourg. Il alla même jusqu'à demander le licenciement de ce corps, par une lettre au ministre de la guerre. Cette lettre, citée dans la brochure de M, de Gaugler, est trop curieuse, pour que nous n'en donnions pas ici le texte, avec son orthographe pittoresque. Voici donc ce qu'écrivait de Wetzlar, le général de l'armée de Sambre-et-Meuse, le 30 août 1797 :

« CITOYEN MINISTRE,

« Je vous informe qu'il existe à l'armée de Sambre-et-Meuse une compagnie d'*aérostatiers* qui lui est absolument inutile, peut-être pourrait-elle servir *utillement* dans la 17ᵉ division militaire, où le voisinage de la capitale et du *thélégraphe*, pourrait lui faire faire des découvertes *essentiles* au bien public ; je vous engage donc à me permettre de diminuer l'armée de cette troupe qui ne peut être qu'à sa charge.

L. HOCHE. »

Le licenciement demandé par le général Hoche, ne fut pas accordé ; mais la compagnie ne sortit pas de son inaction, malgré les réclamations du capitaine Delaunay et du lieutenant de Selle. Ce dernier, dégoûté de cette situation, quitta la compagnie, après avoir donné sa démission d'officier, et rentra en France.

La fortune qui avait souri aux débuts à l'aérostation militaire, ne cessait maintenant de lui être contraire. Nous venons de voir la fin languissante de la seconde compagnie d'aérostiers ; le sort de la première compagnie fut plus triste encore.

Commandée par le capitaine Lhomond, elle fit plusieurs reconnaissances à Worms et à Manheim. À Ehrenbreistein, Lhomond fit une ascension magnifique, au milieu d'une pluie de bombes et de boulets. Mais les hauts faits de l'aérostation militaire devaient s'arrêter là. Pendant la bataille de Würtzbourg, livrée le 17 fructidor an IV, l'aérostat, demeuré longtemps en observation, fut endommagé au moment de la retraite précipitée de l'armée, et la compagnie fut forcée de se retirer dans la place, avec son matériel. Mais bientôt Würtzbourg fut prise, et la compagnie des aérostiers, avec tout son matériel, tomba au pouvoir de l'ennemi. Le capitaine Lhomond et le lieutenant Plazanet furent retenus prisonniers de guerre.

Quelques mois plus tard, le traité de Léoben vint rendre la liberté aux prisonniers de Würtzbourg. Le capitaine Lhomond et le lieutenant Plazanet allèrent alors rejoindre Coutelle, à l'école aérostatique de Meudon, pour lui demander de faire reprendre du service à leur compagnie.

En ce moment, se préparait, en grand mystère, l'expédition

d'Egypte. Conté avait obtenu de faire partie de la commission de savants qui accompagnaient le premier consul. Il décida Bonaparte à emmener en Egypte la première compagnie d'aérostiers, sortie récemment de Würtzbourg.

Cette compagnie fut donc dirigée sur Toulon. Elle partit de là pour l'Egypte, avec Coutelle, Conté et Plazanet. Ils débarquèrent heureusement en Egypte, et furent, dès leur arrivée, postés en avant des troupes.

Mais la fatalité poursuivait l'aérostation militaire. On avait laissé sur le bâtiment qui avait amené la compagnie d'aérostiers, le ballon, ainsi que tout le matériel pour la préparation du gaz. Ce bâtiment fut pris et coulé par les Anglais.

Ainsi privée de ses instruments, et jetée tout à fait en dehors de son but, la compagnie d'aérostiers n'avait plus sa raison d'être. Les soldats furent répartis dans les régiments ; Coutelle, attaché à l'armée comme chef de bataillon, s'en alla, presque seul, faire un voyage d'exploration dans la haute Egypte, et Conté mit à la disposition de l'armée son génie inventif, qui lui permettait de se rendre utile en tout temps et partout.

L'aérostation militaire ne joua donc aucun rôle en Egypte. Tout se borna à lancer quelques montgolfières les jours de réjouissances publiques.

Une montgolfière tricolore de 15 mètres de diamètre, s'éleva au milieu d'une fête brillante qui fut donnée par Bonaparte, au Caire[26]. Il y avait dans le spectacle de ces phénomènes majestueux, de quoi frapper l'imagination des Orientaux, et Bonaparte ne manqua pas de recourir à ce nouveau moyen d'étonner et de séduire les populations des bords du Nil. Mais on assure que les Musulmans se trouvèrent fort peu impressionnés par ce spectacle.

L'aérostation militaire reprise et encouragée, aurait certainement rendu des services pendant nos grandes guerres. L'école aérostatique de Meudon était toujours ouverte ; Coutelle et Conté, ses directeurs, étaient encore pleins de zèle pour l'institution due à la République. Malheureusement, Bonaparte ne l'aimait pas. Dès son retour d'Egypte, il licencia les compagnies d'aérostiers, donna à Coutelle et aux autres officiers des grades équivalents dans d'autres armes, fit fermer l'école aérostatique de Meudon, et vendre tous les ustensiles et appareils qui restaient dans l'établissement. L'aéronaute Robertson, que nous retrouverons plus loin, se rendit acquéreur du ballon de Fleurus.

Ainsi finit l'aérostation militaire.

CHAPITRE XI

LE PARACHUTE. — MACHINES À VOLER IMAGINÉES AVANT LE XIXE SIÈCLE. — LE PÈRE LANA. — LE PÈRE GALLIEN. — J.-B. DANTE. — LE BESNIER. — ALARD. — LE MARQUIS DE BAQUEVILLE. — L'ABBÉ DESFORGES. — BLANCHARD. — LE SAVOISIEN LAVIN ET SA TENTATIVE DE FUITE AU FORT MIOLAN. — PREMIER ESSAI DU PARACHUTE ACTUEL, FAIT À MONTPELLIER, PAR SÉBASTIEN LENORMAND. — DROUET. — JACQUES GARNERIN.

Nous venons de dire que c'est à son retour de l'expédition d'Egypte, en 1799, que Bonaparte fit fermer l'école aérostatique de Meudon, et licencia les deux compagnies d'aérostiers. Au moment où Bonaparte, assez mal inspiré dans cette circonstance, arrêtait brusquement les progrès de l'une des plus intéressantes applications de l'aéronautique, un homme audacieux ajoutait à cet art nouveau un glorieux fleuron, et frappait singulièrement l'imagination des masses, par une invention des plus saisissantes. Jacques Garnerin créait le*parachute*, et donnait aux Parisiens le spectacle émouvant d'un homme se précipitant dans l'espace à 500 mètres de hauteur, sans autre protection qu'un frêle parasol de soie, retenu par quelques cordes. L'histoire de l'invention du parachute doit donc maintenant nous occuper.

L'invention du parachute a été la conséquence, éloignée peut-être, mais au moins la conséquence immédiate, des tentatives si nombreuses qui avaient été faites pendant le siècle précédent, pour arriver à réaliser le vol aérien. C'est ce qui nous oblige à remonter un peu haut dans l'histoire, pour rechercher les premières traces de cette invention.

Nous n'irons pas toutefois jusqu'aux temps fabuleux. Nous n'interrogerons pas la mythologie, pour savoir ce que cachait de réel le type de Dédale et d'Icare. De cette fable de l'antiquité, si l'on retranche tout ce qu'y ajouta la poétique imagination des Grecs, il reste une tradition qui doit se rapporter à quelques tentatives de vol aérien, faites à l'origine des sociétés humaines.

L'antiquité grecque rapporte qu'un mécanicien, nommé Architas, contemporain et ami de Platon, avait inventé une *colombe volante*. C'était un oiseau de bois, qui se soutenait dans les airs. Il n'y a rien que de très-probable dans le fait de cette invention, qui ne dépassait pas les limites de l'état de la science et des arts dans l'antiquité.

Il faut arriver au premier siècle de l'ère chrétienne, pour trouver un fait relatif à l'art de voler, malheureusement un peu altéré par l'esprit de mysticisme et de superstition de ce temps. Il s'agit de Simon le Magicien.

Simon de Samarie n'était pas un jongleur vulgaire. C'était un thaumaturge, dont les puissants arcanes avaient su imposer également à la multitude et à Néron lui-même. Il était aussi admiré des païens que des nouveaux chrétiens ; les uns et les autres auraient voulu faire tourner ses prodiges à leur profit. Entre saint Pierre et Simon le Magicien il s'était établi une rivalité, qui se termina par ce que les historiens du temps nomment le *combat apostolique* et que nous allons raconter.

Simonie Magicien avait l'habitude de faire garder sa porte par un gros dogue, qui dévorait tous ceux que son maître ne voulait pas laisser entrer. Saint Pierre, voulant parler à Simon, ordonna au chien d'aller lui dire, en langage humain, que Pierre, serviteur de Dieu, le demandait. Devenu aussi doux qu'un mouton, mais plus intelligent, le chien s'acquitta de la commission à la grande stupéfaction du magicien. Pour prouver néanmoins à saint Pierre qu'il était aussi fort que lui, Simon ordonna à son dogue fidèle, d'aller répondre à saint Pierre qu'il pouvait entrer. C'est ce que le docile animal exécuta sur-le-champ. À prodige, prodige et demi.

Pour prendre sa revanche et rétablir son prestige de magicien, un peu compromis par le miracle de saint Pierre, Simon de Samarie annonça à la cour de Néron, qu'à un jour fixé, il s'élèverait de terre, et parcourrait les airs, sans ailes, ni char, ni appareil d'aucune sorte. Tout le peuple s'assembla, pour être témoin de ce spectacle extraordinaire. Mais au moment où le magicien s'élançait du haut d'une tour, pour accomplir le prodige annoncé, saint Pierre se mit en prières, et par la puissance de sa volonté, arrêta dans son vol, le magicien. Simon tomba lourdement sur le sol, et se cassa les jambes dans sa chute. Toutefois il ne perdit point la vie à la suite de cet accident.

Personne n'ignore, en effet, comment mourut Simon le Magicien. Il avait annoncé que, si on lui tranchait la tête, il ressusciterait trois jours après. Néron le prit au mot, et le fit décapiter.

On peut expliquer sans miracle, le fait historique de la tentative de vol aérien, faite par Simon de Samarie. Il avait probablement fabriqué des ailes factices, qui, appliquées à son corps, devaient lui donner la faculté de voler. Mais l'appareil étant sans doute mal conçu, se détraqua en l'air, et le maladroit mécanicien alla mesurer la terre.

On raconte un fait du même genre, qui serait arrivé pendant le douzième siècle, à Constantinople, sous le régne de l'empereur Emmanuel Commène :

« Un Sarrasin qui passait d'abord pour magicien mais qui ensuite fut reconnu pour fou, monta, de lui-même, sur la tour de l'Hippodrome. Cet imposteur se vanta qu'il traverserait, en volant, toute la carrière. Il était debout, vêtu d'une robe blanche, fort longue et fort large, dont les pans retroussés avec de l'osier, lui devaient servir de voile pour recevoir le vent. Il n'y avait personne qui n'eût les yeux fixés sur lui et qui ne lui criât souvent : *Vole, vole, Sarrasin, et ne nous tiens pas si longtemps en suspens, tandis que tu pèses le vent.* » L'empereur, qui était présent, le détournait de cette entreprise vaine et dangereuse. Le sultan des Turcs, qui se trouvait dans ce moment à Constantinople, et qui était aussi présent à cette expérience, se trouvait partagé entre la crainte et l'espérance ; souhaitant d'un côté qu'il réussît, il appréhendait de l'autre qu'il ne pérît honteusement. Le Sarrasin étendait quelquefois les bras pour recevoir le vent ; enfin, quand il crut l'avoir favorable, il s'éleva comme un oiseau, mais son vol fut aussi infortuné que celui d'Icare, car le poids de son corps ayant plus de force pour l'entraîner en bas que ses ailes artificielles n'en avaient pour le soutenir, il se brisa les os, et son malheur fut tel, que l'on ne le plaignit pas[27]. »

L'illustre et malheureux Roger Bacon, dans son ouvrage *De secretis operibus artis et naturæ*, où il jette un coup d'œil de génie sur une foule de questions mécaniques et physiques, a admis la possibilité de construire des machines volantes.

« On peut construire, dit-il, des bateaux allant sur l'eau sans rameurs, de grands vaisseaux, conduits par un seul homme et marchant avec plus de vitesse que ceux conduits par une foule de matelots ; enfin, on peut faire des machines pour voler, dans lesquelles l'homme, étant assis ou suspendu au centre, tournerait quelque manivelle qui mettrait en mouvement des ailes faites pour battre l'air, à l'instar de celles des oiseaux[28]. »

Plus loin, passant à l'application de ses idées, Roger Bacon donne la description d'une « machine volante. »

Le projet dont Roger Bacon posait le principe, fut mis à exécution après lui. Après la mort de cet illustre et malheureux savant, on trouve un certain nombre de mécaniciens qui essayent de construire des appareils destinés à imiter le vol des oiseaux, et plusieurs d'entre eux osent confier leur vie au jeu de ces machines.

Jean-Baptiste Dante, habile mathématicien, qui vivait à Pérouse, vers la fin du quinzième siècle, construisit des ailes artificielles, qui, appliquées au corps de l'homme, lui permettaient, a-t-on dit, de s'élever dans les airs.

Selon l'abbé Mouger, qui lut à l'Académie de Lyon, le 11 mai 1773, un *Mémoire sur le vol aérien*, L-B. Dante aurait fait plusieurs fois l'essai de son appareil, sur le lac de Trasimène. Mais ces expériences eurent une assez triste fin. Le jour de la célébration du mariage de Barthélémy d'Alviane, Dante voulut donner à la ville de Pérouse le spectacle d'une ascension. « Il s'éleva très-haut, dit l'abbé Mouger, et vola par-dessus la place ; mais le fer avec lequel il dirigeait une de ses ailes, s'étant brisé, il tomba sur le toit de l'église de Saint-Maur et se cassa la cuisse. »

Dante ne mourut point des suites de cet accident, qui lui valut une chaire de mathématiques à Venise.

Selon le même écrivain, un accident semblable serait arrivé précédemment à un savant bénédictin anglais, Olivier de Malmesbury. Ce bénédictin passait pour fort habile dans l'art de prédire l'avenir ; cependant il ne sut point deviner le sort qui l'attendait. Il fabriqua des ailes, d'après la description qu'Ovide nous a laissée de celles de Dédale, les attacha à ses bras et à ses pieds, et s'élança du haut d'une tour. Mais ses ailes le soutinrent à peine l'espace de cent vingt pas ;

il tomba au pied de la tour, se cassa les jambes, et traîna depuis ce moment une vie languissante.

Il se consolait néanmoins de sa disgrâce en affirmant que son entreprise aurait certainement réussi s'il avait eu soin de se munir d'une queue !

On affirme que Léonard de Vinci aurait construit une machine à voler. Le célèbre artiste de la Renaissance, qui fut en même temps peintre, chimiste, mécanicien et physicien de premier ordre, avait assez de génie pour aborder une telle entreprise.

« Léonard de Vinci, dit M. Libri, étudia longuement le mouvement des animaux et le vol des oiseaux. Il avait entrepris ces recherches pour essayer s'il serait possible de faire voler les hommes[29]. »

M. Libri cite, en note, un passage du manuscrit de Léonard de Vinci, relatif à cette question.

En 1670, un jésuite de Brescia, nommé Lana, publia un ouvrage intitulé *Prodromo dell'arte maestro*. Le quatrième livre est consacré à décrire la construction d'un *vaisseau volant*, et cette description est accompagnée d'une figure gravée.

Le dessin du *vaisseau volant* de Lana, qui fut reproduit par Faujas de Saint-Fond, dans son ouvrage sur les *Expériences aérostatiques*, publié en 1783, donna alors beaucoup à penser. On s'imagina, mais bien faussement, que les frères Montgolfier avaient pu emprunter quelque chose à l'ouvrage du jésuite italien. Il suffit de lire l'auteur original pour dissiper ces préjugés.

Ce prétendu vaisseau volant est un objet de pure fantaisie. C'est une de ces rêveries, comme on en trouve tant dans les ouvrages de cette époque, où le fantastique tient trop souvent la place de la réalité scientifique. Écoutons, en effet, ce qu'en dit l'auteur.

Ce vaisseau devait être à mâts et à voiles. Il porterait à la poupe et à la proue deux montants de bois surmontés chacun, à leur extrémité, de deux globes de cuivre. Lana assure que si l'on chasse l'air contenu dans ces boules de cuivre, ou si l'on y fait le vide, pour employer le langage d'aujourd'hui, ces globes, étant devenus plus légers que l'air environnant, s'élèveront dans l'atmosphère et entraîneront le vaisseau. Nous n'avons pas besoin de montrer ce qu'avait d'illusoire une idée semblable. D'ailleurs les moyens que le père Lana propose pour chasser l'air des globes de cuivre sont dépourvus de bon sens.

Nous représentons (*fig.* 292) le *bateau volant de Lana*, d'après la figure originale que l'on trouve reproduite dans l'ouvrage de Faujas de Saint-Fond. Mais il est bien entendu, nous le répétons, que ce n'est là qu'une pure fantaisie, un caprice de l'imagination, sans aucun fondement réel.

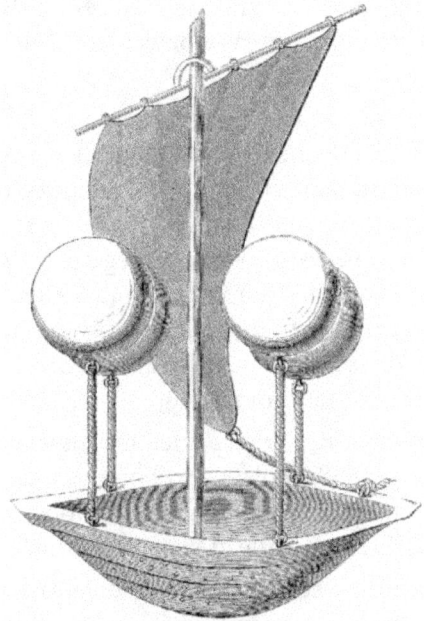

Fig. 292. — Projet de bateau volant, fantaisie scientifique du jésuite Lana.

Un autre religieux, le P. Galien, d'Avignon, a écrit, en 1755, un petit livre sur *l'art de naviguer dans les airs*. À l'époque de la découverte des aérostats, quelques, personnes prétendirent encore, que les frères Montgolfier avaient puisé dans le livre oublié du père Galien, le principe de leur découverte. Les inventeurs dédaignèrent de combattre cette assertion. L'ouvrage du père Galien n'est, en effet, qu'un simple jeu d'esprit, une sorte de rêverie, qui serait peut-être amusante si l'auteur ne voulait appuyer sur des chiffres et des calculs les fantaisies de son imagination.

Le P. Galien suppose que l'atmosphère est partagée en deux couches superposées, de plus en plus légères à mesure qu'on s'éloigne de la terre.

« Or, dit-il, un bateau se maintient sur l'eau, parce qu'il est plein d'air, et que l'air est plus léger que l'eau. Supposons donc qu'il y ait la même différence de poids entre les couches supérieures de l'air et les inférieures, qu'entre l'air et l'eau ; supposons aussi un bateau qui aurait sa quille dans l'air supérieur, et ses fonds dans une autre couche plus légère, il arrivera à ce bateau la même chose qu'à celui qui plonge dans l'eau. »

Le père Galien ajoute qu'*à la région de la grêle*, il y a dans l'air une séparation en deux couches, dont l'une pèse 1, quand l'autre pèse 2. *Donc*, dit-il, en mettant un vaisseau dans la région de la grêle, et en élevant ses bords de *quatre-vingt-trois toises* au-dessus, dans la région supérieure, qui est moitié plus légère, on naviguerait parfaitement. Mais il est bien important que les flancs du bâtiment dépassent de quatre-vingt-trois toises le niveau de la région de la grêle ; sans cela, dans les mouvements du navire, l'air plus pesant y pénétrerait, et le bâtiment sombrerait !

Comment arrive-t-on à transporter le vaisseau dans la région de la grêle ? Le père Galien ne s'explique pas sur cette question, qui aurait son importance. En revanche, il nous donne des détails très-circonstanciés sur la taille et la construction de son navire.

« Le vaisseau, dit-il, serait plus long et plus large que la ville d'Avignon, et sa hauteur ressemblerait à celle d'une montagne bien considérable. Un seul de ses côtés contiendrait un million de toises carrées ; car 1000 est la racine carrée d'un million. Il aurait six côtés égaux, puisque nous lui donnons une figure cubique. Nous supposons aussi qu'il fût couvert ; car, s'il ne l'était pas, il ne faudrait avoir égard qu'à cinq de ses côtés pour mesurer combien pèserait le corps de tout le vaisseau, indépendamment de sa cargaison, en lui donnant deux quintaux de pesanteur par toise carrée. Ayant donc six côtés égaux, et chaque partie étant de 1 000 000 de toises carrées, dont chacune pesant deux quintaux, il s'ensuit que le corps de ce vaisseau pèserait 12 000 000 de quintaux, pesanteur énorme, au delà de dix fois plus grande que n'était l'arche de Noé, avec tous les animaux et toutes les provisions qu'elle renfermait. »

Louis Figuier

Ici le P. Galien s'arrête pour calculer le poids de cette arche célèbre, et cette digression l'éloigne un peu de son vaisseau. Cependant il y revient, et continue en ces termes :

« Nous voilà donc embarqués dans l'air avec un vaisseau d'une horrible pesanteur. Comment pourra-t-il s'y soutenir et transporter avec cela une nombreuse armée, tout son attirail de guerre et ses provisions de bouche, jusqu'au pays le plus éloigné ? C'est ce que nous allons examiner. »

Nous ne suivrons pas le P. Galien au milieu de la fantaisie de ses calculs imaginaires. Tout cela n'est qu'une espèce de rêve philosophique. Ce qui prouve que le P. Galien, en donnant son *Traité sur l'art de naviguer dans les airs*, n'a jamais prétendu écrire, comme on l'a dit, un ouvrage sérieux, c'est qu'il s'exprime de la manière suivante, dans un avertissement placé en tête de son livre :

« Quant à la conséquence ultérieure de pouvoir naviguer dans l'air, à la hauteur de la région de la grêle, *je ne pense pas que cela expose jamais personne aux frais et aux dangers d'une telle navigation* ; il n'est question ici que d'une simple théorie sur sa possibilité, et je ne la propose, cette théorie, que par manière de *récréation physique et géométrique*. »

Dans son petit ouvrage sur les *ballons*, M. Julien Turgan rapporte un fait qui se serait passé à Lisbonne.

« Dans une expérience publique, faite à Lisbonne, en 1736, en présence du roi Jean V, un certain Gusman, physicien portugais, s'éleva, dit M. Turgan, dans un panier d'osier recouvert de papier. Un brasier était allumé sous la machine ; mais, arrivée à la hauteur des toits, elle se heurta contre la corniche du palais royal, se brisa et tomba. Toutefois la chute eut lieu assez doucement pour que Gusman demeurât sain et sauf. Les spectateurs, enthousiasmés, lui décernèrent le titre d'*Ovoador* (l'homme volant). Encouragé par ce demi-succès, il s'apprêtait à réitérer l'épreuve, lorsque l'inquisition le fit arrêter comme sorcier. Le malheureux aéronaute fut jeté dans un *in-pace*, d'où il serait sorti pour monter sur le bûcher sans l'intervention du roi[30]. »

M. Turgan rapporte à l'année 1736 cette histoire romanesque. Selon d'autres auteurs, cette expérience eut lieu en 1709, et Gusman était un moine de Rio-Janeiro, qui avait été conduit à faire cette expérience, en voyant une coquille d'œuf flotter dans l'air.

Nous expliquerons ces divergences en faisant remarquer que ce Gusman a été confondu avec un autre Portugais, Barthélémy Lourenço, qui, en 1736, fit à Lisbonne, une expérience qui laissa un vif souvenir dans la mémoire des habitants de cette ville. Voici, en effet, ce que nous trouvons dans un ouvrage d'un auteur contemporain du fait, et cet éclaircissement nous paraît devoir dissiper la confusion qui a été commise par bien des écrivains, entre Gusman et Barthélémy Lourenço, en admettant, toutefois, comme réelle l'ascension malheureuse de l'*Ovoador*.

« Pendant que je m'occupais de ces recherches, dit David Bourgeois, dans son *Essai sur l'art de voler*, publié en 1784, je fus informé que M. de Gusman, habile physicien, avait fait élever dans l'air, en 1736, un panier d'osier recouvert de papier. Il était oblong et de sept ou huit pieds de diamètre. Il s'éleva à la hauteur de la tour de Lisbonne, qui est de deux cents pieds environ. On nommait depuis lors M. de Gusman pendant sa vie, l'*Ovoador*. Ce mot portugais signifie, celui qui fait voler. On le distinguait ainsi de ses deux frères, dont l'un, homme d'un grand mérite, était fort aimé du roi et travaillait en particulier avec lui ; le second, religieux Carme, était un des plus grands prédicateurs de son temps. Ce fait, dont je ne pouvais pas douter, par le témoignage certain d'une personne respectable qui y avait été présente, m'engagea d'écrire à un négociant très-distingué de Lisbonne. Je le priai de m'en procurer les informations les plus précises, et surtout celles des moyens dont il avait été fait usage. Il me répondit que j'étais bien instruit, que la chose était très-vraie ; plusieurs personnes se la rappelaient encore, mais très-confusément ; il avait connu particulièrement M, de Gusman, frère du physicien ; ils avaient parlé souvent ensemble de cette anecdote en en riant, parce qu'elle avait été attribuée à un sorcier ; il me promit de faire continuer ses recherches pour en obtenir quelqu'autre circonstance. Elles ont été inutiles à ce sujet, mais ce négociant obligeant m'a envoyé copie d'un autre projet, avec celle d'une requête présentée au roi de Portugal par son auteur.

« Voici le texte de cette requête adressée au roi ;

« Le père Barthélémy Lourenço représente à Sa Majesté qu'il a découvert un instrument pour cheminer dans l'air, de la même manière que sur la terre et par mer, avec beaucoup de promptitude, en faisant quelquefois au delà de deux cents lieues par jour, avec lequel on pourra porter les avis de la plus grande importance aux armées et pays éloignés, presque dans le même temps qu'on les résout ; ce qui intéresse Votre Majesté beaucoup plus que tout autre prince, par la plus grande distance de vos domaines, en évitant par ce moyen la mauvaise administration des conquêtes, qui provient en grande partie de ce que les avis arrivent tard. Votre Majesté pourra, de plus, en faire venir plus promptement et plus sûrement tout ce qui lui sera nécessaire et qu'elle désirera ; les négociants pourront faire passer des lettres et des capitaux aux places assiégées, ou en recevoir. Ces places pourront aussi être secourues en tout temps de vivres, d'hommes et de munitions, et l'on pourra en faire sortir les personnes que l'on voudra, sans que les ennemis puissent y mettre aucun empêchement. On découvrira les régions les plus éloignées aux pôles du monde, et la nation portugaise jouira de la gloire de cette découverte, indépendamment des avantages infinis que le temps fera connaître. Et comme cette découverte pourrait provoquer plusieurs désordres, et que plusieurs crimes pourraient se commettre dans la confiance qu'elle inspirerait à leurs auteurs de rester impunis, en s'en servant pour passer à l'instant dans d'autres royaumes, il convient donc d'en restreindre l'usage et d'autoriser une seule personne à en exercer la faculté, et que ce soit à elle à qui en tout temps on enverra les ordres convenables pour faire les transports, faisant défense à tous autres de s'en servir sous de rigoureuses peines, et récompensant le suppliant d'une invention aussi utile ; Votre Majesté est suppliée qu'elle daigne accorder au requérant le privilège exclusif du service de cette machine, défendant à tous et un chacun, de quelque qualité que ce soit, d'en faire usage en aucun temps dans ce royaume et dans les conquêtes, sans permission du suppliant ou de ses héritiers, sous peine de la perte de tous leurs biens, et toutes autres qu'il plaira à Votre Majesté d'infliger. »

Au bas de cette pièce est la décision du roi de Portugal, dans cette forme :

Consulté au conseil de l'expédition des dépêches ; il a été délibéré d'une voix unanime que la récompense demandée par le suppliant était trop modique, et qu'on devait l'amplifier.

Voici maintenant la résolution du roi :

Conformément à l'avis de mon conseil, j'aggrave de la peine de mort celles énoncées contre les transgresseurs ; et afin que le suppliant s'applique avec plus de zèle au nouvel instrument faisant les effets qu'il dit, je lui accorde la première place qui vaquera dans mes colléges de Barcelos ou Santarem, et de premier professeur de mathématiques de mon Université de Coïmbre, avec 600 000 reis de pension (3 750 livres argent de France) pendant la vie du suppliant seulement.

Lisbonne, 17 avril 1709.

Ici le paraphe du roi.

« Il ne faut pas s'étonner, reprend l'auteur de l'*Art de voler*, si la machine de Lourenço n'a jamais été employée et si elle était tombée dans l'oubli. Elle représente sous une espèce de figure d'oiseau un corps de bâtiment soutenu par des tuyaux où le vent devait s'engouffrer, et se porter à des espèces de voiles attachées au-dessus du navire pour l'enlever ; à défaut du vent, on devait y suppléer en faisant usage de gros soufflets. Un grand nombre de morceaux d'ambre étaient attachés à un toit de fil de fer, afin, à ce que présumait l'auteur, d'attirer en l'air le bas du bâtiment qui, pour cet effet, était garni de nattes faites de paille de seigle. Deux sphères contenaient, suivant lui, le secret attractif, et une pierre d'aimant. Un gouvernail sur le derrière devait servir à diriger la marche. Des ailes attachées aux côtés n'avaient d'autre emploi que d'empêcher la machine de chavirer. Elle devait être montée par dix hommes. Le dessin que j'en ai reçu est bien conforme à celui que MM. Esnaut et Rapilli en ont fait graver. Les détails qu'ils y ont joints ne sont pas bien corrects, et c'est surtout mal à propos que le nom de Gusman se trouve joint à Barthélémy Lourenço[31]. »

La figure 293 représente la gravure dont parle David Bourgeois, et qui existe à notre bibliothèque impériale des estampes.

Pendant l'année 1768, un mécanicien, nommé Le Besnier, originaire de la province du Maine, fit, à Paris, diverses expériences d'une *machine à voler*. L'instrument dont il se servait, était composé de quatre ailes, ou pales, de taffetas, brisées en leur milieu, et pouvant se plier et se mouvoir à l'aide d'une charnière, comme un volet de fenêtre. Ces ailes étaient fixées sur ses épaules, et Le

Besnier les faisait mouvoir alternativement, au moyen des pieds et des mains.

Fig. 293.

Le *Journal des savants* du 13 septembre 1768, décrit ainsi l'appareil du serrurier du Maine.

« Ces ailes sont chacune un châssis oblong de taffetas, attachées à chaque bout de deux bâtons que l'on ajustait sur les épaules. Ces châssis se pliaient du haut en bas comme des battants de volets brisés. Ceux de devant étaient remués par les mains, et ceux de derrière par les pieds, en tirant chacun une ficelle qui leur était attachée.

L'ordre du mouvement était tel, que, quand la main droite faisait baisser l'aile droite de devant, le pied gauche faisait remuer l'aile gauche de derrière, ensuite la main gauche et le pied droit faisaient baisser l'aile gauche de devant et la droite de derrière.

Ce mouvement en diagonale paraissait très-bien imaginé, parce que c'est celui qui est naturel aux quadrupèdes et aux hommes quand ils marchent, ou lorsqu'ils nagent. On trouvait néanmoins qu'il manquait deux choses à cette machine pour la rendre d'un plus grand usage : la première, qu'il faudrait y ajouter une grande pièce très-légère, qui, étant appliquée à quelque partie choisie du corps, pût contre-balancer dans l'air le poids de l'homme ; la seconde, que l'on y ajustât une queue qui servît à soutenir et à conduire celui qui volerait ; mais on trouvait bien de la difficulté à donner le mouvement et la direction à cette espèce de gouvernail, après les expériences qui avaient été inutilement faites autrefois par plusieurs personnes. »

Le Besnier ne prétendait pas s'élever de terre, ni planer longtemps en l'air, mais il assurait qu'en partant d'un lieu médiocrement élevé, il pourrait se transporter aisément d'un endroit à un autre, de manière à franchir, par exemple, un bois ou une rivière.

La figure 294 représente cet appareil de Le Besnier.

Fig. 294. — Les ailes de Le Besnier.

Le *Journal des savants* ajoute que Le Besnier fit usage de ses ailes avec un certain succès, et qu'un baladin, qui en acheta une paire à l'inventeur s'en servit heureusement à la foire de Guibray.

Il n'en fut pas de même d'un certain Bernon, qui, à Francfort, se cassa le cou, en essayant de voler.

La tradition rapporte que, sous Louis XIV, un danseur de corde, nommé Alard, annonça qu'il ferait devant le roi, à Saint-Germain, une expérience de vol aérien. Il devait s'élancer de la terrasse, et se rendre, par la voie de l'air, jusque dans le bois du Vésinet. Il paraît qu'il se servait d'une sorte de pales ou plans inclinés, à l'aide desquels il comptait s'abaisser doucement vers la terre. Il partit ; mais l'appareil répondant mal aux vues de sa construction, le maladroit Dédale tomba au pied de la terrasse, et se blessa dangereusement.

À une époque plus rapprochée de la nôtre, le marquis de Baqueville eut, à Paris, un sort à peu près semblable. Il avait construit d'énormes ailes, pareilles à celles qu'on donne aux anges ; il annonça qu'il traverserait la Seine en volant, et viendrait s'abattre dans le jardin des Tuileries. L'hôtel du marquis de Baqueville était situé sur le quai des Théatins, au coin de la rue des Saints-Pères. Il s'élança de sa fenêtre, et s'abandonna à l'air. Il paraît que dans les premiers instants, son vol fut assez heureux ; mais lorsqu'il fut parvenu au milieu de la Seine, ses mouvements devinrent incertains, et il finit par tomber sur un bateau de blanchisseuses. Le volume de ses ailes amortit un peu la chute : il en fut quitte pour une cuisse cassée.

En 1772, l'abbé Desforges, chanoine à Étampes, fit publier, par la voie des journaux, l'annonce de l'expérience publique d'une voiture volante de son invention. Au jour indiqué, un grand nombre de curieux répondirent à cet appel. On trouva le chanoine installé, avec sa voiture, sur la vieille tour de Guitel. Sa machine était une sorte de nacelle, munie de grandes ailes à charnières. Elle était longue de sept pieds, et large de trois et demi. Selon l'inventeur, tout avait été prévu ; la gondole, qui pouvait, au besoin, servir de bateau, devait faire trente lieues à l'heure ; ni les vents, ni la pluie, ni l'orage, ne devaient arrêter son essor.

Le chanoine entra dans sa voiture, et le moment du départ étant venu, il déploya ses ailes, qui furent mises en mouvement avec une grande vitesse. Mais, il ne put réussir à prendre son vol.

L'auteur anonyme d'un ouvrage intitulé *Essai sur l'art du vol aérien*, donne les détails qui vont suivre, sur le bateau volant du chanoine Desforges.

« M. Desforges, chanoine de Sainte-Croix, à Étampes, persuadé de la possibilité de voler, fit une voiture volante. Jaloux de son travail, le regardant moins comme un moyen de s'illustrer que comme celui de se procurer une plus grande fortune, il fit insérer, dans les papiers publics, qu'il avait trouvé l'art de voler ; mais il ajouta qu'il n'aurait pas plutôt exposé sa machine au grand jour, que sa simplicité la ferait bientôt imiter, qu'il n'était pas juste que le fruit de son travail fût perdu. En conséquence, il proposa que quand l'expérience aurait couronné du plus grand succès sa voiture volante, on lui délivrât une somme de cent mille livres, dont il demandait que la consignation fût faite chez un notaire, avant l'expérience.

Le public aime assez qu'on lui propose des expériences de ce genre, mais la somme était si forte qu'il se passa quelque temps avant que ce dépôt fut fait. Peut-être aussi que, persuadé que cette expérience n'aurait aucun succès, le public ne crut pas devoir s'en occuper. Alors le chanoine Desforges prit d'autres arrangements, qu'il proposa de nouveau. Il y a toujours de vrais citoyens qui ne méprisent aucune idée, quand elle semble tenir à une originalité qui est souvent une marque de génie. Ces citoyens se trouvèrent à Lyon, l'argent fut déposé en espèces chez un notaire de cette ville, et l'acte de dépôt et d'abandon, en cas de réussite, revêtu des formes les plus authentiques, fut envoyé au chanoine lui-même, qui n'eut plus qu'à se préparer à son expérience.

C'était dans l'été de 1772. L'expérience devait se faire à Étampes ; on y courut de toutes parts. Le chanoine se plaça effectivement dans sa voiture volante et fit mouvoir les ailes. Mais il parut aux spectateurs que plus il les agitait, plus sa machine semblait presser la terre, et vouloir s'identifier avec elle. Cette remarque sur la pression est indicative que la mécanique du chanoine avait un mouvement contraire à celui qu'il avait voulu lui donner et que peut-être elle aurait eu quelque effet s'il en avait changé la direction.

Quoi qu'il en soit, voici la description de sa machine, telle qu'il l'a faite lui-même. Elle avait la forme d'une nacelle ou gondole, elle était longue de sept pieds et large de trois et demi, sans compter les accessoires volatils ; elle était couverte pour mettre à l'abri de la pluie. Sa construction n'était qu'un assemblage, sans qu'il y entrât aucuns clous, Elle avait quatre charnières (apparemment celles qui servaient au mouvement des ailes) ; ces quatre charnières étaient les pièces les plus sujettes à se briser du char volant. Elles devaient se renouveler, toutes les fois que le char aurait fait trente-six mille lieues (il ne dit pas comment et de quoi étaient composées les ailes de sa voiture volante). Elle ne pesait que quarante-huit livres ; mais le conducteur pesait cent cinquante livres, M. Desforges lui permettant d'avoir une valise pesant, toute remplie, quinze livres, citait en totalité deux cent treize livres que la voiture devait porter. Elle était faite de manière que ni les grands vents, ni les orages, ni la pluie ne pouvaient la briser ni la culbuter. Elle pouvait, en cas de besoin, servir de bateau. Quant au conducteur, pour ne pas être incommodé par la trop grande affluence de l'air, M. Desforges lui appliquait sur l'estomac une grande feuille de carton. Il lui donnait aussi un bonnet de même matière pour lui couvrir toute la tête. Ce bonnet était pointu comme la tête d'un oiseau, et était garni de verres vis-à-vis des yeux pour pouvoir diriger sa route.

On pouvait, avec cette machine, faire trente-six mille lieues en quatre mois, en ne faisant que trois cents lieues par jour, et trente lieues par heure, ce qui ne donnerait que dix heures de travail par jour[32]. »

Eh dépit de ces beaux calculs, la machine s'obstina à refuser tout service. L'expérience annoncée n'eut donc pas lieu, et la comédie italienne joua, à propos de cette tentative avortée, un vaudeville historique, intitulé le *Cabriolet volant*, qui fit courir tout Paris.

La dernière machine de ce genre est le *bateau volant* dont Blanchard faisait l'exhibition de 1780 à 1783, dans l'hôtel de la rue Taranne où se trouve aujourd'hui un établissement de bains, et qui appartenait alors à l'abbé Viennay, son protecteur déclaré.

Blanchard travailla plusieurs années à son bateau volant ; mais jamais il n'en fit une expérience sérieuse. Il montra longtemps sa machine dans les jardins de l'hôtel de la rue Taranne, toujours au moment de procéder à une expérience de vol aérien, et ne se décidant jamais à la faire. Il avait construit deux appareils différents, qu'il modifiait d'ailleurs sans cesse. C'était d'abord son *bateau volant*, espèce de nacelle aérienne munie de rames, dont il voulait faire usage dans son ascension au Champ-de-Mars le 2 mars 1784, mais dont il ne put tirer aucun parti.

Blanchard, outre ce premier système, avait construit une paire d'ailes qu'il appliquait à son corps, et qui lui permettait de s'élever jusqu'à 80 mètres de hauteur, au moyen d'un contre-poids.

Pour se servir de ce dernier appareil, que représente la figure 295, il se plaçait à terre, et s'élevait à 80 pieds de hauteur, au moyen d'un contre-poids de 20 livres, qui glissait le long d'un mât.

Mais pour voler il aurait fallu supprimer ce contre-poids, et là était la difficulté. Pendant plusieurs années, il chercha, sans y parvenir, le moyen de se délivrer de cette entrave. C'était comme un danseur de corde qui voudrait jeter son balancier. Or il ne put jamais en venir là.

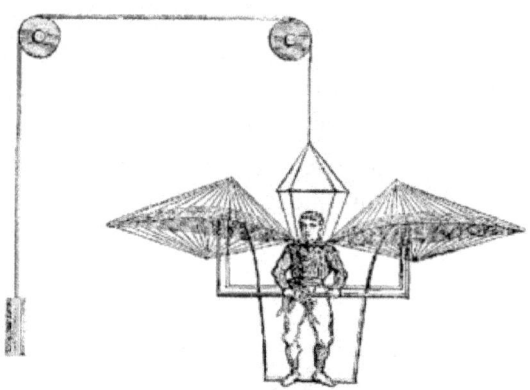

Fig. 295. — Machine volante de Blanchard.

Le mauvais résultat des nombreux essais entrepris pendant le dernier siècle, pour construire des machines aériennes, fit abandonner, de guerre lasse, ce genre de recherches. Si le succès eût couronné d'aussi puériles tentatives, on aurait obtenu une machine pouvant peut-être satisfaire, quelques instants, la curiosité publique, mais incapable, en fin de compte, de répondre à aucun objet d'application sérieuse. D'ailleurs le géomètre Lalande démontra l'impossibilité de réussir dans cette voie. Dans une lettre adressée, en 1782, au *Journal des savants*, Lalande prouva mathématiquement que pour élever et soutenir un homme dans les airs, sans autre point d'appui que lui-même, il faudrait le munir de deux ailes de cent quatre-vingts pieds de long et d'autant de large, c'est-à-dire de la dimension des voiles d'un vaisseau, masse évidemment impossible à soutenir et à manœuvrer, avec les seules forces d'un homme.

La découverte des aérostats, en 1783, vint couper court à tous les essais de ce genre. À partir de ce moment, les volateurs cédèrent la place aux aéronautes.

Louis Figuier

« Je rends, écrivait Blanchard, au *Journal de Paris*, à l'occasion de sa première ascension en ballon au Champ-de-Mars, le 2 mars 1784, un hommage pur et sincère à l'immortel Monlgolfier, sans le secours duquel j'avoue que le mécanisme de mes ailes ne m'aurait peut-être jamais servi qu'à agiter un élément indocile qui m'aurait obstinément repoussé sur la terre comme la lourde autruche, moi, qui comptais disputer à l'aigle le chemin des nues, »

Cependant, les anciennes expériences, relatives au vol aérien, ne furent pas inutiles, lorsqu'on songea à donner à l'aéronaute le moyen de se séparer de son ballon au milieu des airs, c'est-à-dire lorsqu'on voulut créer le parachute, appareil propre à favoriser la descente du navigateur dans les cas périlleux ou embarrassants. Ce dernier problème fut plus facilement résolu, grâce aux données fournies par les anciennes expériences, concernant le vol aérien.

Nous venons de dire que Blanchard avait adapté son *bateau volant* au ballon à gaz hydrogène, qui lui servit à faire son ascension au Champ-de-Mars, le 2 mars 1784, mais que cette machine ne lui fut d'aucune utilité. En effet, le jeune écervelé, Dupont de Chambon, qui voulait, comme nous l'avons raconté, le forcer à le prendre pour compagnon de voyage, et qui l'avait menacé de son épée, avait, dans ce tumulte, brisé une des ailes. Mais, n'eût-il pas été endommagé, cet appareil n'aurait jamais servi à rien de bon pour notre aéronaute.

Bien que cet appareil n'eût point fonctionné, Blanchard avait fait exécuter d'avance, des gravures qui représentaient son aérostat portant le *bateau volant*. Comme une sorte de parachute, qui s'ouvrait au moment de la descente, figure par-dessus le bateau muni de rames, nous le reproduisons ici (fig. 296), à titre de document curieux.

Le physicien qui, le premier, conçut et mit en pratique le parachute actuel, est Sébastien Lenormand, qui devint, plus tard, professeur de technologie au Conservatoire des Arts et Métiers de Paris. C'est à Montpellier qu'il en fit, en 1783, la première expérience.

Voici le principe physique sur lequel repose le parachute.

Tous les corps, quelles que soient leur nature et leur forme, tombent dans le vide avec la même vitesse. On fait souvent, dans les cours de physique, une expérience qui démontre clairement ce fait. Dans un tube de verre, de trois à quatre mètres de longueur, fermé à ses deux extrémités, on place divers corps, de poids très-différents, tels que du plomb, du papier, des barbes de plumes, etc., ensuite on fait le vide dans ce tube, à l'aide de la machine pneumatique. Lorsque le tube est parfaitement privé d'air, on le retourne brusquement, de manière à le placer dans la verticale. On voit alors tous les corps, tombant dans l'intérieur du tube, venir, au même instant, en frapper le fond.

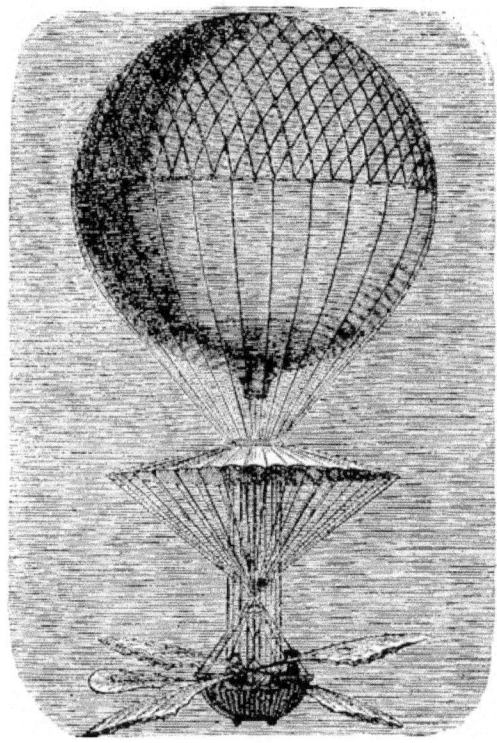

Fig. 296. — Bateau volant de Blanchard suspendu à un aérostat.

Ainsi, dans un espace vide, tous les corps tombent avec la même vitesse ; quand la force de la pesanteur n'est combattue par aucune résistance qui puisse contrarier ses effets, elle s'exerce avec la même énergie sur tous les corps, quels que soient leur forme et leur poids. Dans le vide, un boulet ne tomberait pas plus vite qu'une plume, une montagne, qu'une pierre.

Les choses se passent autrement dans l'atmosphère. La cause de cette différence est due à l'air, qui oppose à la chute des corps, une résistance dont tout le monde connaît les effets. Les corps ne peuvent tomber, sans déplacer de l'air, et par conséquent sans perdre de leur mouvement, en le partageant avec lui. Aussi, la résistance de l'air croît-elle avec la vitesse, et l'on exprime cette loi en physique, en disant que la résistance de l'air croît comme le carré de la vitesse du mobile : c'est-à-dire que, pour une vitesse double, la résistance de l'air est quatre fois plus forte ; pour une vitesse triple, neuf fois plus considérable, etc. Il résulte de là que si une masse pesante vient à tomber d'une grande hauteur, la résistance de l'air devient suffisante, pour rendre uniforme le mouvement accéléré, qui est, comme on le sait, particulier à la chute des corps graves.

La résistance de l'air croît aussi avec la surface du corps qui tombe. Si cette surface est très-grande, le mouvement uniforme s'établissant plus près de l'origine du mouvement, la vitesse constante de la chute en est considérablement retardée. Ainsi, en donnant à la surface d'un corps tombant au milieu de l'air, un développement suffisant, on peut ralentir à son gré la rapidité de sa chute. Selon la plupart des physiciens, un développement de surface de cinq mètres suffit pour rendre très-lente la descente d'un poids de cent kilogrammes.

C'est sur ces deux principes qu'est fondée la construction de l'appareil connu sous le nom de *parachute*. Pour donner plus de sécurité aux ascensions, on a eu l'idée de suspendre au-dessous des aérostats, un de ces instruments, destinés à devenir, dans les cas périlleux, un moyen de sauvetage. Si, par un événement quelconque, le ballon n'offre plus les garanties suffisantes de sécurité, l'aéronaute, se plaçant dans la petite nacelle du parachute, coupe la corde qui le retient. Débarrassé de ce poids, l'aérostat s'élance dans les régions supérieures, le parachute se développe, et ramène à terre la nacelle, par une chute douce et modérée.

C'est en 1783, avons-nous dit, que Lenormand fit sa première expérience.

Lenormand avait lu, dans quelques relations de voyage, que, dans certains pays, des esclaves, pour amuser leur roi, se laissent tomber, d'une assez grande hauteur, munis d'un parasol, sans se faire de mal, parce qu'ils sont retenus par la couche d'air comprimée par le parasol. Il lui vint à l'esprit de répéter lui-même cette expérience, et le 26 novembre 1783, il se laissa aller de la hauteur d'un premier étage, tenant de chaque main un parasol de trente pouces. Les extrémités des baleines de ces parasols étaient rattachées au manche, par des ficelles, afin que la colonne d'air ne les fît pas rebrousser en arrière. La chute lui parut insensible.

En faisant cette expérience, Lenormand fut aperçu par un curieux, qui en rendit compte à l'abbé Bertholon, alors professeur de physique à Montpellier. Ce dernier ayant demandé à Lenormand quelques explications à ce sujet, Lenormand lui offrit de répéter devant lui l'expérience, en faisant tomber de cette manière différents animaux, du haut de la tour de l'Observatoire de Montpellier.

Ils firent ensemble ce nouvel essai. Lenormand disposa un parasol de trente pouces, comme il l'avait fait la première fois, et il attacha au bout du manche divers animaux dont la grosseur et le poids étaient proportionnés au diamètre du parasol. Les animaux touchèrent terre, sans éprouver la moindre secousse.

« D'après cette expérience, dit Lenormand, je calculai la grandeur du parasol capable de garantir d'une chute, et je trouvai qu'un diamètre de quatorze pieds suffisait, en supposant que l'homme et le parachute n'excèdent pas le poids de deux cents livres ; et qu'avec ce parachute, un homme peut se laisser tomber de la hauteur des nuages sans risquer de se faire de mal[33]. »

Ce fut pendant la tenue des états du Languedoc, c'est-à-dire vers la fin de décembre 1783, que Lenormand fit cette expérience. Il se laissa aller du haut de la tour de l'Observatoire de Montpellier, armé de son parachute, (fig. 297). Montgolfier qui était alors à Montpellier fut témoin de cette expérience saisissante et il approuva beaucoup le nom de *parachute* que Lenormand donna à cet appareil.

Peu de temps après, Blanchard, dans ses ascensions publiques, répétait sous les yeux des Parisiens, et comme objet de divertissement, l'expérience que Lenormand avait exécutée à Montpellier. Il attachait à un vaste parasol, divers animaux, qu'il lançait du haut de son ballon, et qui arrivaient à terre sans le moindre mal. Mais, bien que ces expériences eussent toujours réussi, Blanchard n'eut jamais la pensée de rechercher si le parachute développé et agrandi, pourrait devenir pour l'aéronaute un moyen de sauvetage.

Fig. 297. — Sébastien Lenormand fait la première expérience du parachute, en se jetant du haut de la tour de l'Observatoire de Montpellier.

Cette pensée audacieuse s'offrit à l'esprit de deux prisonniers.

Jacques Garnerin, qui devint plus tard l'émule et le rival heureux de Blanchard, avait été témoin, à Paris, des expériences que ce dernier exécutait avec différents animaux qu'il faisait descendre en parachute, du haut de son ballon. Envoyé en 1793 à l'armée du Nord, comme commissaire de la Convention nationale, Garnerin fut fait prisonnier, dans un combat d'avant-postes à Marchiennes.

Pendant la longue captivité qu'il subit, en Hongrie, dans les prisons de Bude, l'expérience de Lenormand lui revint en mémoire, et il résolut de la mettre à profit pour recouvrer sa liberté. Mais il ne put réussir à cacher les préparatifs de sa fuite ; on s'empara des pièces qu'il commençait à disposer, et il dut renoncer à mettre son projet à exécution.

Un autre prisonnier poussa plus loin la tentative. Ce fut Drouet, le maître de poste de Sainte-Menehould, qui avait arrêté Louis XVI, pendant sa fuite à Varennes.

Drouet avait été nommé, par le département de la Marne, membre de la Convention. En 1793, il fut envoyé, comme commissaire, à l'armée du Nord ; et il se trouvait à Maubeuge, lors du blocus de cette ville par les Autrichiens. Craignant de tomber au pouvoir des assiégeants, il se décida à revenir à Paris, et partit pendant la nuit, avec une escorte de dragons. Mais son cheval s'étant abattu, il fut pris par les Autrichiens, qui l'emmenèrent prisonnier à Bruxelles, puis à Luxembourg. Lorsque les alliés abandonnèrent les Pays-Bas, en 1794, ils transportèrent Drouet à la forteresse de Spielberg, en Moravie.

C'est là, qu'inspiré par le souvenir des petits parachutes qu'il avait vu jeter par Blanchard au Champ-de-Mars, pour lancer des animaux du haut de son ballon, il essaya de s'échapper, à l'aide d'un moyen semblable. Il fabriqua avec les rideaux de son lit, une sorte de vaste parasol, et réussit à cacher son travail aux soldats qui le gardaient. La nuit étant venue, il se laissa aller du haut de la citadelle. Mais il se cassa le pied en tombant, et fut ramené dans sa prison, d'où il ne sortit qu'un an après, pour être échangé, avec quelques autres représentants du peuple, contre la fille de Louis XVI.

Nous consignerons ici, en passant, un événement du même ordre, bien qu'il se rapporte à une époque antérieure, car il se passa sous Louis XIII.

Il y avait à Chambéry, en 1860, une exposition des Beaux-Arts. La première chose que l'on rencontrait, en entrant dans le vestibule, était un cadre renfermant trois petits chefs-d'œuvre de calligraphie. De ces trois dessins à la plume, l'un était le portrait du cardinal de Richelieu, l'autre, celui de Morozzo, trésorier général de Savoie, le troisième, celui du Titien. On lisait au-dessous du

portrait du cardinal de Richelieu : « *Fait par Lavin à la Bastille.* »
Voici maintenant l'histoire de ces trois dessins à la plume.

Lavin était un habitant de la Savoie, qui avait un talent extraordinaire comme calligraphe. Par malheur, il se laissa aller à tirer de son talent un parti criminel. Il contrefit les mandats du Trésor public, et se rendit à Paris, pour essayer de mettre en circulation ces faux mandats. Mais il ne réussit qu'à se faire arrêter et conduire à la Bastille. De la Bastille, il fut transporté au fort de Miolan, puis condamné à mort.

Grâce à des protecteurs amis des arts, sa peine fut commuée en une détention perpétuelle. C'est pour occuper ses loisirs dans sa prison, et remercier le trésorier général de la Savoie, Morozzo, qui avait intercédé en sa faveur, qu'il exécuta le portrait de ce dernier, ainsi que celui du cardinal de Richelieu. Ensuite, il fit, en quatre jours, le portrait du Titien, avec de petites pailles taillées en forme de plumes.

Il espérait que ces trois petits chefs-d'œuvre lui feraient obtenir sa grâce ; mais son attente fut déçue. Voyant que sa prison ne s'ouvrait pas, Lavin résolut de l'ouvrir lui-même. La porte était bien fermée et bien gardée, mais il lui restait la fenêtre.

Le fort Miolan est placé au-dessus de l'Isère, qu'il domine d'une grande hauteur ; de sorte qu'on ne jugeait pas à propos de placer de sentinelle au bord de l'eau, c'est-à-dire au pied du rempart. Lavin réussit à se procurer un parapluie, dont il attacha fortement les bords au manche ; puis, un soir, profitant de la solitude et de l'obscurité, il se lança dans le vide, tenant son parapluie ouvert, et plaçant bien perpendiculairement le manche, auquel il se tenait fortement accroché. Il tomba, sans se faire aucun mal, dans le fleuve même, d'où il se tira facilement.

Malheureusement pour lui, il fut repris, et réintégré au fort. Il y vécut jusqu'à l'âge de 92 ans, faisant toujours des dessins à la plume, tout aussi remarquables que les trois chefs-d'œuvre qui figuraient à l'Exposition de Chambéry.

Mais revenons à Garnerin.

Fig. 298. — Jacques Garnerin.

Rendu à la liberté, en 1797, Jacques Garnerin en profita pour mettre à exécution le projet qu'il avait conçu dans les prisons de Bude. Il voulut reconnaître si le parachute, avec les dimensions et la forme qu'il avait calculées, ne pourrait pas être utile, comme moyen de sauvetage dans les voyages aérostatiques. Il exécuta cette courageuse expérience, le 22 octobre 1797.

À 5 heures du soir, Jacques Garnerin s'éleva du parc de Monceaux. La petite nacelle dans laquelle il s'était placé, était surmontée d'un parachute replié, suspendu lui-même à l'aérostat. L'affluence des curieux était considérable, un morne silence régnait dans la foule, l'intérêt et l'inquiétude étaient peints sur tous les visages. Lorsqu'il eut dépassé la hauteur de 1 000 mètres, on le vit couper la corde qui rattachait le parachute à son ballon. Ce dernier se dégonfla et tomba, tandis que la nacelle et le parachute étaient précipités vers la terre, avec une prodigieuse vitesse.

L'instrument s'étant développé, la vitesse de la chute fut très-amoindrie. Mais la nacelle éprouvait des oscillations énormes, qui résultaient de ce que l'air accumulé au-dessous du parachute, et ne rencontrant pas d'issue, s'échappait tantôt par un bord, tantôt par un autre, et provoquait des oscillations et des secousses effrayantes. Un cri d'épouvante s'échappa du sein de la foule ; plusieurs femmes s'évanouirent.

Fig. 299. — Descente de Jacques Garnerin en parachute, le 22 octobre 1797.

Heureusement, on n'eut à déplorer aucun accident fâcheux. Arrivée à terre, la nacelle heurta fortement le sol, mais ce choc n'eut point d'issue funeste. Garnerin monta aussitôt à cheval, et s'empressa de revenir au parc de Monceaux, pour rassurer ses amis et recevoir les félicitations que méritait son courage. L'astronome Lalande s'empressa d'aller annoncer ce succès à l'Institut, qui se trouvait assemblé, et la nouvelle y fut reçue avec un intérêt extrême.

On trouvera peut-être ici avec plaisir, le récit de cette belle expérience, que Garnerin donna lui-même dans le *Journal de Paris*.

« On ne saurait croire, dit Garnerin, tous les obstacles qu'il me fallut vaincre pour arriver à l'expérience du parachute, que j'ai faite au parc de Monceaux. J'ai été obligé de construire mon parachute en deux jours et deux nuits. Pour que le parachute fût prêt le jour indiqué, je fus non-seulement contraint de renoncer aux projets de précaution que commandait la prudence dans un essai de cette importance, mais je fus encore obligé de supprimer beaucoup des agrès nécessaires à ma sûreté… Le 1er brumaire, jour indiqué pour l'expérience, j'éprouvai encore d'autres contre-temps. À 2 heures, je n'avais pas encore reçu une goutte d'acide sulfurique, pour obtenir le gaz inflammable propre à remplir mon aérostat. L'opération commença plus tard ; un vent violent contrariait les manœuvres ; à 4 heures et demie, je doutais encore que mon ballon pût m'enlever avant la nuit. Le ballon d'essai, qui devait m'indiquer la direction que j'allais suivre, manqua ; en suspendant le parachute au ballon, le tuyau qui lui servait de manche se rompit, et le cercle qui le tenait se cassa. Malgré tous ces accidents, je partis, emportant avec moi cent livres de lest, dont je jetai subitement le quart dans l'enceinte même, pour franchir les arbres sur lesquels je craignais d'être porté par le vent. Je dépassai rapidement la hauteur de trois cents toises, d'où j'avais promis de me précipiter avec mon parachute.

« Je fus porté sur la plaine de Monceaux, qui me parut très-favorable pour consommer l'expérience aux yeux des spectateurs. Aller plus loin, c'eût été en diminuer le mérite pour eux, et c'était prolonger trop longtemps leur inquiétude sur l'événement. Tout combiné, je prends mon couteau et je tranche la corde fatale au-dessus de ma tête. Le ballon fit explosion sur-le-champ, et le parachute se déploya en prenant un mouvement d'oscillation qui lui fut communiqué par l'effort que je fis en coupant la corde, ce qui effraya beaucoup le public.

« Bientôt j'entendis l'air retentir de cris perçants. J'aurais pu ralentir ma descente en me débarrassant d'un lest de 73 livres qui restait dans ma nacelle ; mais j'en fus empêché par la crainte que les sacs qui le contenaient ne tombassent sur la foule de curieux que je voyais au-dessous de moi. L'enveloppe du ballon arriva à terre longtemps avant moi.

« Je descendis enfin sans accident dans la plaine de Monceaux où je fus embrassé, caressé, porté, froissé et presque étouffé par une multitude immense qui se pressait autour de moi.

« Tel fut le résultat de l'expérience du parachute, dont je conçus l'idée dans mon cachot de la forteresse de Bude, en Hongrie, où les Autrichiens m'ont retenu comme otage et prisonnier d'État.

« Je laisse aux témoins de cette scène le soin de décrire l'impression que fit sur les spectateurs le moment de ma séparation du ballon et de ma descente en parachute ; il faut croire que l'intérêt fut bien vif, car on m'a rapporté que les larmes coulaient de tous les yeux, et que des dames, aussi intéressantes par leurs charmes que par leur sensibilité, étaient tombées évanouies. »

À la suite de la lettre de Garnerin, publiée dans le *Journal de Paris*, venaient des réflexions du journaliste qui retracent trop bien l'esprit de l'époque et le style du jour, pour que nous ne donnions pas à la lettre de Garnerin ce curieux complément.

« On a tremblé, on a pleuré, écrit le rédacteur du *Journal de Paris*, on s'est évanoui, à la vue du péril imminent que courait le jeune et intéressant physicien. Nous achevions de lire la relation de son voyage et de sa captivité, et, du point de Montmartre où nous nous étions rendus le 1er brumaire, nous avons fermé les yeux au moment où l'aéronaute a coupé la corde : *Malheureux !* nous sommes-nous écrié, *c'est toi, ce n'est pas la Parque qui tranche le fil de tes jours*. Nous sommes rentré sans avoir eu le courage d'aller apprendre le résultat, en cherchant tristement à deviner comment un jeune homme échappé aux horreurs de la plus longue et de la plus barbare captivité, et dont la vie pouvait être encore utile à la République, avait pu avoir seulement la pensée de l'immoler en une minute, à quoi, à qui, et par quel motif ? Qu'il réussisse, on dira : Il a pourtant réussi, et voilà tout. Qu'il périsse, on dira : Qu'allait-il faire dans cette galère ?

« O Éléonore, qui vîtes partir des prisons de Bude ce Français devenu votre amant, avec espoir de le revoir un jour, eussiez-vous consenti à cette hasardeuse expérience ?

« Et vous, ami Horace, qui n'étiez pas le plus brave des Romains, sans pourtant être un Panurge, qu'eussiez-vous dit de l'auteur d'un pareil spectacle ?

« Vous traitiez de téméraire à triple cuirasse celui qui, le premier, brava les flots de la mer sur un bon navire ; qu'eussiez-vous dit de l'enthousiaste Garnerin, s'élançant de la terre aux nues dans un frêle ballon, et s'en précipitant à l'aide de la plus frêle égide, d'un maudit parachute non même achevé ni perfectionné ? — O Horace ! pour parler bon français, vous eussiez dit : Cet homme a bien le diable au corps ! C'est pour le coup que s'appliquerait votre mot : *Nil mortalibus arduum est, cœlum ipsum petimus stultitia.* Nous cherchions donc à nous expliquer cette inexplicable audace, et nous avons trouvé cette explication dans la relation que vient de donner le citoyen Garnerin de sa détention en Hongrie.

« Nous avons admiré un jeune homme de 25 ans qui accepte du comité du salut public, en 1793, une commission hasardeuse, qui fait la revue du camp de Ransonnet, qui se bat à Marchiennes, qui est pris par les Anglais, qui, interrogé par eux, fait les réponses dignes d'un fier républicain, livré ensuite par les Anglais aux Autrichiens, conduit à Bude, endurant dix-huit mois les traitements les plus barbares, n'ayant pas changé de paille et n'ayant pas montré un instant de faiblesse, pas perdu un atome de la dignité française, etc. ; et nous avons cessé d'appeler folie la descente de Monceaux.

« Ce jeune homme, nous sommes-nous dit, n'aura pas voulu qu'un autre qu'un Français eût la gloire de l'expérience du parachute. Cela lui a suffi : gloire nationale d'une part, engagement personnel d'une autre. Et de là nous avons conclu que, quand même sa belle Éléonore eût été présente, elle n'y eût fait œuvre. Il n'y a amours qui tiennent contre une âme sincèrement éprise du nom français, sous quelque face qu'elle se présente. »

Dès sa seconde ascension, Garnerin apporta au parachute un perfectionnement indispensable, qui lui donna toutes les conditions nécessaires de sécurité. Il pratiqua au sommet, une ouverture circulaire, surmontée d'un tuyau de 1 mètre de hauteur. L'air accumulé dans la concavité du parachute, s'échappe par cet orifice. De cette manière, sans nuire aucunement à l'effet de l'appareil, on évite ces oscillations qui avaient fait courir à Garnerin un si grand danger.

Les descentes en parachute se multiplièrent à cette époque. Ce spectacle extraordinaire attirait toujours une foule immense au Champ-de-Mars, où Garnerin l'exécutait. Les journaux racontaient chacune de ces représentations émouvantes, et des vaudevilles de circonstance les transportaient au théâtre.

Voici le couplet final de l'une de ces pièces de théâtre :

Enchantés de notre voyage,
À braver les hasards du vent
Nous avons, dans un badinage.
Voulu retracer ce moment.
Mais comme, en faisant cet ouvrage,
Il nous manquait votre talent,
Pour prévenir notre culbute,
Prêtez-nous votre parachute.

Le parachute dont on se sert aujourd'hui est le même appareil que Garnerin a construit et employé en 1797. C'est une sorte de vaste parasol, de cinq mètres de rayon, formé de trente-six fuseaux de taffetas, cousus ensemble, et réunis, au sommet, à une rondelle de bois. Quatre cordes, partant de cette rondelle, soutiennent la nacelle ou plutôt la corbeille d'osier, dans laquelle se place l'aéronaute. Trente-six petites cordes, fixées aux bords du parasol, viennent s'attacher à la corbeille ; elles sont destinées à l'empêcher de se rebrousser par l'effort de l'air. La distance de la corbeille au sommet de l'appareil est d'environ dix mètres.

Lors de l'ascension, l'appareil est fermé, mais seulement aux trois quarts environ ; un cercle de bois léger de 1^m, 50 de rayon, concentrique au parachute, le maintient un peu ouvert, de manière à favoriser, au moment de la descente, l'ouverture et le développement de la machine, par l'effet de la résistance de l'air. Une ouverture circulaire est pratiquée au sommet de la concavité.

La figure 301 représente le parachute au moment où l'aérostat s'élève. La figure 302 montre ce même parachute déployé, lorsque l'aéronaute ayant coupé la corde qui le suspendait au ballon, il s'est ouvert, par le seul effet de la résistance de l'air.

Fig. 301. — Parachute fermé (ascension).

Le parachute qui avait été inventé par Garnerin, pour offrir à l'aéronaute un moyen de sauvetage, n'a cependant jamais répondu à
cette intention. On ne connaît pas un seul cas dans lequel le parachute ait servi à terminer une ascension périlleuse. Il est en effet, assez difficile de comprendre comment on pourrait, au milieu
des airs, descendre de la nacelle du ballon, dans la petite corbeille
d'osier placée sous le parachute, et qui se trouve suspendue à la
nacelle par une corde. Il n'y a pas d'acrobate capable d'accomplir ce
tour de force, c'est-à-dire de descendre de la nacelle du ballon à la
nacelle du parachute, quand il se trouve en l'air, à 2 000 de hauteur.

Fig. 302. — Parachute ouvert (descente).

Cet appareil n'a donc jamais servi qu'à donner au public le spectacle émouvant d'un homme se précipitant dans l'espace à une prodigieuse hauteur. C'est ainsi que Jacques Garnerin, Élisa Garnerin, madame Blanchard, et plus tard, c'est-à-dire en 1850, Poitevin et Godard, leurs courageux émules, ont montré souvent à Paris, le spectacle toujours nouveau et toujours admiré, de leur descente au milieu des airs. Aucun événement fâcheux n'a signalé ces belles et courageuses expériences. Elisa Garnerin, nièce du célèbre aéronaute de ce nom, se faisait surtout remarquer par son ardeur à ce périlleux exercice. Tout Paris admirait son adresse et son courage.

Fig. 300. — Elisa Garnerin.

Dans une seule occasion une descente en parachute eut une issue funeste, mais on ne doit l'attribuer qu'à l'imprévoyance et à
l'ignorance de l'opérateur : nous voulons parler de la mort de M.
Cocking.

M. Coçking était un amateur anglais qui s'était mis en tête de
créer un nouveau parachute. M. Green, qu'il avait accompagné
dans quelques ascensions, eut le tort d'ajouter foi à sa prétendue
découverte, et le tort, plus grand encore, de se prêter à l'expérience.
Il était cependant bien facile de comprendre par avance que le projet de M. Cocking était tout simplement une folie. Voici, en effet,
la disposition qu'il avait imaginée. Le parachute employé par les
aéronautes, est un véritable parasol, dont la concavité regarde la
terre ; en tombant, il pèse sur l'air atmosphérique, et s'appuie dès
lors sur un support résistant. M. Cocking prenait le contre-pied de
cette disposition ; il renversait le parasol dont la concavité regardait le ciel. C'était une disposition merveilleusement choisie pour
précipiter la chute au lieu de la retarder.

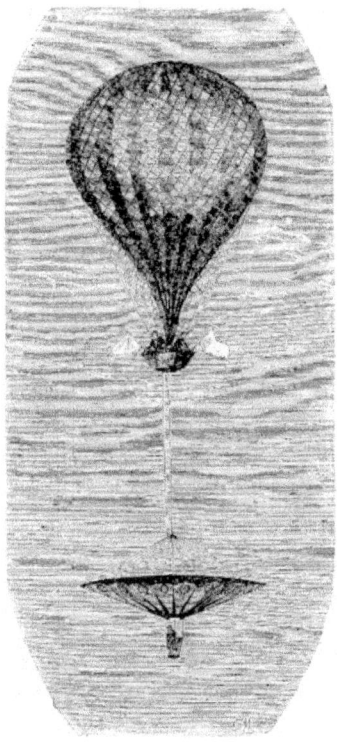

Fig. 303. — Parachute renversé de Cocking.

L'événement ne le prouva que trop. Dans une ascension faite au Wauxhall de Londres, le 27 septembre 1836, M. Green s'était embarqué, tenant M. Cocking et son déplorable appareil suspendus, par une corde, à la nacelle de son ballon. Parvenu à une hauteur de 1 200 mètres, M. Green coupa la corde, et il dut considérer avec terreur la chute épouvantable du malheureux qu'il venait de lancer dans l'éternité.

En une minute et demie, l'aéronaute fut précipité à terre, d'où on le releva sans vie. Il alla se briser près de l'auberge de la *Tête du Tigre* à Lee, à quelques milles de Londres.

On raconte que M. Cocking était au moment de renoncer à son entreprise, lorsque quelques paroles indirectes de désapprobation, le déterminèrent à braver le danger qui l'attendait. Le directeur du

Wauxhall, M. Gye, l'avait presque dissuadé de son entreprise, lorsqu'un des assistants s'écria :

« À quoi bon ces réflexions ! M. Cocking s'est tellement avancé auprès du public, qu'il vaudrait mieux, pour lui, mourir que de reculer ! »

Ce fut l'arrêt de mort du malheureux aéronaute, qui se décida aussitôt à partir. Et comme on lui offrait, au, moment de s'élancer dans l'air, un verre de vin d'Espagne :

« Non, dit-il, j'ai besoin de tout mon sang-froid. Mais, si j'en reviens, quelle bonne bouteille je viderai ! »

La mort de Cocking fit voir sous un triste jour l'esprit mercantile des Anglais. L'aubergiste de la *Tête du Tigre*, montrait pour trois pence, le parachute, à demi brisé, et pour la même somme, le cadavre de l'infortuné aéronaute. L'aubergiste gagna 250 francs à cette exhibition funèbre.

CHAPITRE XII

APPLICATION DES AÉROSTATS AUX SCIENCES. — VOYAGE SCIENTIFIQUE DE ROBERTSON ET SACCHAROFF. — VOYAGE DE MM. BIOT ET GAY-LUSSAC.

Un temps considérable s'était écoulé depuis l'invention des aérostats, et les sciences n'en avaient encore retiré aucun profit. Aussi l'enthousiasme qui avait d'abord accueilli cette découverte, avait-il fait place à une indifférence et à un découragement extrêmes. On fondait si peu d'espoir sur l'application des aérostats aux sciences physiques, que vingt ans se passèrent sans amener une seule tentative dans cette voie. Ce n'est, en effet, qu'en 1803, que s'accomplit la première ascension exécutée dans un but scientifique. Le physicien Robertson en fut le héros.

Tout Paris a vu, sous l'Empire et sous la Restauration, le physicien Robertson montrant dans la rue de la Paix, à l'ancien couvent des Capucines, son cabinet de fantasmagorie. Les débuts de sa carrière avaient été plus brillants. Flamand d'origine, Robertson passa à Liège, lieu de sa naissance, la première partie de sa jeunesse. Il se disposait à entrer dans les ordres, et s'occupait à Louvain des études relatives à sa profession future, lorsque les événements de la révolution française le détournèrent de ce projet. Il vint à Paris, et se consacra à l'étude des sciences physiques. Il s'est vanté d'avoir fait connaître le premier, en France, les travaux de Volta sur l'électricité. Tout ce que l'on peut dire, c'est que, lorsque Volta vint à Paris exposer ses découvertes, Robertson l'accompagnait auprès des savants de la capitale, et avait avec lui des relations quotidiennes.

Peu de temps après, Robertson obtint au concours la place de professeur de physique au collège du département de l'Ourthe, qui faisait alors partie de la France. Mais son esprit aventureux et inquiet s'accommodait mal de la rigueur des règles de la maison : il abandonna sa place et revint à Paris. Après avoir essayé inutilement de diverses carrières, excité par les succès de Blanchard, il embrassa la profession d'aéronaute. Ses connaissances assez étendues en physique, lui devinrent d'un grand secours dans cette carrière nouvelle ; elles lui donnèrent les moyens d'exécuter la première ascension que l'on ait faite dans un intérêt véritablement scientifique.

Le beau voyage que Robertson exécuta a Hambourg, le 18 juillet 1803, avec son compatriote Lhoest, fit beaucoup de bruit en Europe. Les aéronautes demeurèrent cinq heures et demie dans l'air, et descendirent à vingt-cinq lieues de leur point de départ. Ils s'élevèrent jusqu'à la hauteur de 7 400 mètres, et se livrèrent à différentes opérations de physique. Entre autres faits, ils crurent reconnaître qu'à une hauteur considérable dans l'atmosphère, les phénomènes du magnétisme terrestre perdent sensiblement de leur intensité, et qu'à cette élévation l'aiguille aimantée oscille avec plus de lenteur qu'à la surface de la terre, phénomène qui indiquerait, s'il est vrai, un affaiblissement dans les propriétés magnétiques de notre globe à mesure que l'on s'élève dans les régions supérieures.

Robertson a écrit un exposé assez étendu de son ascension. Il est contenu dans un travail adressé à l'Académie de Saint-Pétersbourg et reproduit dans ses*Mémoires récréatifs scientifiques et anecdotiques*.

« Depuis trop longtemps, écrit Robertson, les ascensions, si coûteuses pour les physiciens, ont été sacrifiées à la frivolité et à l'amusement de la multitude, tandis qu'elles pouvaient avoir un but plus noble et plus utile, celui d'ajouter quelque chose à nos connaissances météorologiques et physiques. Pour obtenir dés résultats utiles et pouvoir s'élever dans les régions les plus hautes de l'atmosphère, il fallait un aérostat dont la capacité fût assez grande pour se prêter à l'effet de la dilatation et de la raréfaction de l'atmosphère, sans perdre son gaz hydrogène. Je trouvai tous ces avantages dans un ballon sphérique de 30 pieds 6 pouces de diamètre, que des circonstances particulières m'avaient procuré à Paris. Ce ballon a été construit avec les plus grands soins à Meudon, sous la surveillance de M. Conté ; il était destiné pour les armées.

« L'expérience fixée au 22 juin fut contrariée par un ouragan ; le 18 juillet, par un temps calme, un ciel pur et le plus beau jour de la nature, je la répétai à mes frais dans le jardin d'un ami. Pour obtenir mon gaz, j'employai le zinc pour utiliser le résidu, le sulfate de zinc étant alors très-recherché à Hambourg. Je commençai l'opération à 5 heures du matin et à 8 heures l'aérostat était plein aux deux tiers, et pouvait enlever 455 livres, sans compter le poids de la machine et du filet.

« Je partis, dit-il, à 9 heures du matin, accompagné de M. Lhoest, mon condisciple et compatriote français, établi dans cette ville ; nous avions 140 livres de lest. Le baromètre marquait 28 pouces, le thermomètre de Réaumur 16°. Malgré un faible vent du nord-ouest, l'aérostat monta si perpendiculairement et si haut, que dans toutes les rues chacun croyait l'avoir à son zénith. Pour accélérer notre élévation, je détachai un parachute de soie d'une forme parabolique, et ayant dans sa périphérie des cases dont le but était d'éviter les oscillations. L'animal qu'il soutenait, enfermé dans une corbeille, descendit avec une lenteur de deux pieds par seconde, et d'une manière presque uniforme. Dès l'instant où le baromètre commença à descendre, nous ménageâmes notre lest avec beaucoup de prudence, afin d'éprouver d'une manière moins sensible les différentes températures par lesquelles nous allions passer.

« À 10 heures 15 minutes, le baromètre était à 19 pouces, et le thermomètre à 3 degrés au-dessus de zéro. Sentant arriver graduellement toutes les incommodités d'un air raréfié, nous commençâmes à disposer quelques expériences sur l'électricité atmosphérique... L'électricité des nuages que j'ai obtenue trois fois a toujours été vitrée.

« Nous fûmes souvent détournés dans ces différents essais par la surveillance qu'il fallait accorder à l'aérostat, dont le taffetas se distendait avec violence, quoique l'appendice fût ouvert ; le gaz en sortait en sifflant et devenait visible en passant dans une atmosphère plus froide ; nous fûmes même obligée, crainte d'explosion, de donner deux issues au gaz hydrogène en ouvrant la soupape. Comme il restait encore beaucoup de lest, je proposai à mon compagnon de monter encore ; aussi zélé et plus robuste que moi, il m'en témoigna le plus grand désir, quoiqu'il se trouvât fort incommodé. Nous jetâmes du lest pendant quelque temps ; bientôt le baromètre indiqua un mouvement progressif ; enfin, le froid augmenta, et nous ne tardâmes pas à le voir descendre avec une extrême lenteur. Pendant les différents essais dont nous nous occupions, nous éprouvions une anxiété, un malaise général ; le bourdonnement d'oreilles dont nous souffrions depuis longtemps augmentait d'autant plus que le baromètre dépassait les 13 pouces. La douleur que nous éprouvions avait quelque chose de semblable à celle que l'on ressent lorsque l'on plonge la tête dans l'eau. Nos poitrines paraissaient dilatées et manquaient de ressort ; mon pouls était précipité. Celui de M. Lhoest l'était moins ; il avait, ainsi que moi, les lèvres grosses, les yeux saignants ; toutes les veines étaient arrondies et se dessinaient en relief sur mes mains. Le sang se portait tellement à la tête, qu'il me fit remarquer que son chapeau lui paraissait trop étroit. Le froid augmenta d'une manière sensible ; le thermomètre descendit assez brusquement jusqu'à 2 degrés et vint se fixer à 5 degrés et demi au-dessous de la glace, tandis que le baromètre était à 12 pouces 4/100. À peine me trouvai-je dans cette atmosphère, que le malaise augmenta ; j'étais dans une apathie morale et physique ; nous pouvions à peine nous défendre d'un assoupissement que nous redoutions comme la mort. Me défiant de mes forces, et craignant que mon compagnon de voyage ne succombât au sommeil, j'avais attaché une corde à ma cuisse, ainsi qu'à la sienne ; l'extrémité de cette corde passait dans nos mains. C'est dans cet état, peu propre à des expériences délicates, qu'il fallut commencer les observations que je me proposais[34]. »

Ici Robertson donne le détail des expériences qu'il fit sur l'électricité et le magnétisme. À la hauteur qu'il occupait dans l'atmosphère, les phénomènes de l'électricité statique lui paraissaient sensiblement affaiblis ; le verre, le soufre et la cire d'Espagne ne s'électrisaient que très-faiblement par le frottement. La pile de Volta fonctionnait avec moins d'énergie qu'à la surface de la terre. En même temps, il crut reconnaître que les oscillations de l'aiguille aimantée diminuaient d'intensité, ce qui l'amena à admettre l'affaiblissement du magnétisme terrestre à mesure que l'on s'élève dans les hautes régions de l'air. Nous ne rapporterons pas ces expériences, car nous les trouverons bientôt réfutées ou expliquées par M. Biot.

Fig. 304. — E. G. Robertson.

« À 11 heures et demie, continue Robertson, le ballon n'était plus visible pour la ville de Hambourg, du moins personne ne nous a assuré nous avoir observés à cette heure-là. Le ciel était si pur sous nos pieds, que tous les objets se peignaient à nos yeux dans un diamètre de plus de vingt-cinq lieues avec la plus grande précision, mais dans la proportion de la plus petite miniature. À 11 heures 25 minutes, la ville de Hambourg ne paraissait plus que comme un point rouge à nos yeux ; l'Elbe se dessinait en blanc, comme un ruban très-étroit. Je voulus faire usage d'une lunette de Dollon ; mais ce qui me surprit, c'est qu'en la prenant, je la trouvai si froide que je fus obligé de l'envelopper dans mon mouchoir pour la maintenir. Lorsque nous étions à notre plus grande élévation, il s'éleva du côté de l'est quelques nuages sous nos pieds, mais à une distance telle, que mon ami crut que c'était un incendie de quelque ville. La lumière, étant différemment réfléchie par les nuages que sur la terre, leur fait prendre des formes arrondies, et leur donne une couleur blanchâtre et éblouissante comme la neige ; beaucoup d'objets tels que des habitations, des lacs ou des bois, nous paraissaient des concavités.

« Ne pouvant supporter aussi longtemps que nous l'aurions désiré la position pénible où nous nous trouvions, nous descendîmes après avoir perdu beaucoup de gaz et de lest. Notre descente nous offrit le spectacle de la terreur que peut inspirer un aérostat aussi grand que le nôtre, dans un pays où l'on n'a jamais vu de semblables machines : elle s'effectuait justement au-dessus d'un pauvre village appelé Badenbourg, placé au milieu des bruyères du Hanovre ; notre apparition y jeta l'alarme, et l'on s'empressa de ramener les bestiaux des campagnes.

« Pendant que notre aérostat descendait avec assez, de vitesse, nous agitions nos chapeaux, nos banderoles, et nous appelions à nous les habitants ; mais notre voix augmentait leur terreur. Ces villageois nous prenaient pour un oiseau qu'ils croyaient invulnérable, et que le préjugé leur fait connaître sous le nom d'*oiseau de fer* ou *aigle d'acier*. Ils couraient en désordre, jetant des cris affreux ; ils abandonnaient leurs troupeaux, dont les beuglements augmentaient encore l'alarme. Lorsque l'aérostat toucha la terre, chacun s'était enfermé chez soi. Ayant appelé inutilement à plusieurs reprises, et craignant que la frayeur ne les portât à quelques violences, nous jugeâmes qu'il était prudent de remonter, et je m'y déterminai avec d'autant plus de plaisir que je désirais faire un troisième essai sur l'électricité, que deux fois j'avais trouvée positive.

« Cette seconde ascension épuisa tout à fait notre lest ; nous en pressentions le besoin, car le ballon ayant longtemps nagé dans une atmosphère raréfiée, était flasque et avait perdu beaucoup de gaz ; nous fîmes cependant encore dix lieues. Je prévis que notre descente serait extrêmement accélérée ; comme il ne me restait plus de lest, je rassemblai tout ce qu'il y avait dans la nacelle, tels que les instruments de physique, le baromètre même, le pain, les cordes, les bouteilles, les effets et jusqu'à l'argent que nous avions sur nous ; je déposai tous ces objets dans trois sacs, qui avaient contenu le sable, je les attachai à une corde que je fis descendre à cent pieds au-dessous de la gondole. Ce moyen nous préserva de la secousse. Le poids parvint à terre avant l'aérostat, qui se trouva allégé de plus de cinquante livres. Il descendit plus lentement, sur la bruyère, entre Wichtenbeck et Hanovre, après avoir parcouru vingt-cinq lieues en cinq heures et demie. »

En quittant l'Allemagne, Robertson se rendit en Russie. Le bruit de ses expériences sur le magnétisme terrestre décida l'Académie des sciences de Saint-Pétersbourg à les faire répéter, par l'auteur lui-même. Avec le concours de cette Académie, Robertson, assisté d'un savant moscovite, M. Saccharoff, exécuta à Saint-Pétersbourg, une nouvelle ascension. Les expériences auxquelles ils se livrèrent ensemble confirmèrent son assertion relativement à l'affaiblissement de l'action magnétique de la terre.

Les résultats annoncés par Robertson et Saccharoff, soulevèrent beaucoup d'objections parmi les savants de Paris. Dans une séance de l'Institut, Laplace proposa de faire vérifier au moyen des aérostats le fait annoncé par ces expérimentateurs, relativement à l'affaiblissement de la force magnétique de notre globe. Berthollet et plusieurs autres académiciens appuyèrent la demande de Laplace.

Cette proposition ne pouvait être faite dans des circonstances plus favorables, puisque Chaptal était alors ministre de l'intérieur. Aussi la décision fut-elle prise à l'instant même, et l'on désigna, pour exécuter l'ascension, MM. Biot et Gay-Lussac, qui étaient les plus jeunes et les plus ardents professeurs de l'époque. Conté, l'ancien direteur de l'*École aérostatique de Meudon*, se chargea de construire et d'appareiller l'aérostat. Les dispositions qu'il prit pour rendre le voyage aussi sûr que commode, ne laissaient rien à désirer.

Aussi, le jour fixé pour l'ascension, les deux académiciens n'eurent-ils qu'à se rendre au jardin du Luxembourg, munis de leurs instruments.

Cependant, au moment du départ, il survint un accident qui nécessita l'ajournement du voyage. L'aérostat s'était trouvé plus tôt prêt que les aéronautes, et ceux-ci avaient cru pouvoir sans danger le faire attendre. Mais les piquets auxquels étaient fixées les cordes qui le retenaient, étaient plantés sur un terrain récemment remué, et par conséquent peu solide ; une pluie abondante tombée pendant la nuit l'avait détrempé, de sorte que les piquets ne purent résister longtemps à la force ascensionnelle de l'aérostat, qui s'élançant de terre se mit à parcourir une certaine distance. En arrivant au Luxembourg, MM. Biot et Gay-Lussac furent tout surpris de voir le ballon en l'air, et un grand nombre de personnes occupées à ramener le fugitif. Heureusement on put saisir ses lisières et on le ramena sur le sol. Il fallut néanmoins remettre l'ascension à un autre jour et choisir un local plus convenable.

On se décida pour le jardin du Conservatoire des Arts et Métiers, et c'est de là que MM. Biot et Gay-Lussac partirent, le 20 août 1804, pour accomplir une ascension scientifique restée depuis fort célèbre.

Le but principal que se proposaient Biot et Gay-Lussac, c'était de rechercher si la propriété magnétique éprouve quelque diminution appréciable quand on s'éloigne de la terre. L'examen attentif auquel les deux savants soumirent, pendant presque toute la durée du voyage, les mouvements de l'aiguille aimantée, les amena à conclure que la propriété magnétique ne perd rien de son intensité, quand on s'élève dans les régions supérieures. À 4 000 mètres de hauteur, les oscillations de l'aiguille aimantée coïncidaient en nombre et en amplitude avec les oscillations reconnues à la surface de la terre. Ils expliquèrent l'erreur dans laquelle, selon eux, Robertson était tombé, par la difficulté que présente l'observation de l'aiguille magnétique au milieu des oscillations continuelles de l'aérostat. Ils constatèrent aussi, contrairement aux assertions de Robertson, que la pile de Volta et les appareils d'électricité statique, fonctionnent aussi bien à une grande hauteur dans l'atmosphère, qu'à la surface du sol. L'électricité qu'ils recueillirent était négative, et sa quantité s'accroissait avec la hauteur. L'observation de l'hygromètre leur fit reconnaître que la sécheresse croissait également avec l'élévation. Enfin MM. Biot et Gay-Lussac firent différentes observations thermométriques, mais elles ne furent point suffisantes pour amener à quelque conclusion rigoureuse relativement à la loi de décroissance de la température dans les régions élevées.

En raison de l'importance exceptionnelle du voyage aérostatique de MM. Biot et Gay-Lussac, nous mettrons le texte exact de leur récit sous les yeux de nos lecteurs. Voici donc cette pièce originale, dont la rédaction est de M. Biot :

« Depuis que l'usage des aérostats est devenu facile et simple, les physiciens désiraient qu'on les employât pour faire les observations qui demandent que l'on s'élève à de grandes hauteurs, loin des objets terrestres. Le ministère de M. Chaptal offrait particulièrement une occasion favorable pour réaliser ces projets utiles aux sciences. MM. Berthollet et Laplace ayant bien voulu s'y intéresser, ce ministre s'empressa de concourir à leurs vues, et nous nous offrîmes, M. Gay-Lussac et moi, pour cette expédition. Nous venons de faire notre premier voyage, et nous allons en rendre compte à la classe ; empressement d'autant plus naturel que plusieurs de ses membres nous ont éclairés de leurs expériences et de leurs conseils.

Notre but principal était d'examiner si la propriété magnétique éprouve quelque diminution appréciable quand on s'éloigne de la terre. Saussure, d'après des expériences faites sur le *col du Géant*, à 3 435 mètres de hauteur, avait cru y reconnaître un affaiblissement très-sensible et qu'il évaluait à 1/5. Quelques physiciens avaient même annoncé que cette propriété se perd entièrement, quand on s'éloigne de la terre dans un aérostat. Ce fait étant lié de près à la cause des phénomènes magnétiques, il importait à la physique qu'il fût éclairci et constaté ; du moins, c'est ainsi qu'ont pensé plusieurs membres de la classe, et l'illustre Saussure lui-même, qui recommande beaucoup cette observation sur laquelle il est revenu plusieurs fois dans ses voyages aux Alpes.

Pour décider cette question, il ne faut qu'un appareil fort simple. Il suffit d'avoir une aiguille aimantée, suspendue à un fil de soie très-fin. On détourne un peu l'aiguille de son méridien magnétique, et on la laisse osciller ; plus les oscillations sont rapides, plus la force magnétique est considérable. C'est Borda qui a imaginé cette excellente méthode, et M. Coulomb a donné le moyen d'évaluer la force d'après le nombre des oscillations. Saussure a employé cet appareil dans son voyage sur le col du Géant, Nous en avons emporté un semblable dans notre aérostat. L'aiguille dont nous nous sommes servis avait été construite avec beaucoup de soin par l'excellent artiste Fortin ; et M. Coulomb avait bien voulu l'aimanter lui-même par la méthode d'Œpinus. Nous avons essayé, à plusieurs reprises, sa force magnétique, lorsque nous étions encore à terre. Elle faisait vingt oscillations en cent quarante et une secondes de la division sexagésimale ; et comme nous avons obtenu ce même résultat un grand nombre de fois, à des jours différents, sans trouver un écart d'une demi-seconde, on peut le regarder comme très-exact. Nous nous servions, pour observer, de deux excellentes montres à secondes qui nous avaient été prêtées par M. Lépine, habile horloger.

Outre cet appareil nous avons emporté une boussole ordinaire de déclinaison et deux boussoles d'inclinaison : la première pour observer la direction du méridien magnétique ; la seconde pour connaître les variations d'inclinaison. Ces appareils, beaucoup moins sensibles que le premier, étaient seulement destinés à nous indiquer des différences, s'il en était survenu qui fussent très-considérables. Afin de n'avoir que des résultats comparables, nous avions placé tous ces instruments dans la nacelle, lorsque nous avons observé, à terre, les oscillations de la première aiguille. Du reste, il n'entrait pas un morceau de fer dans la construction de notre nacelle, ni dans celle de notre aérostat. Les seuls objets de cette matière que nous emportâmes (un couteau, des ciseaux, deux canifs) furent descendus dans un panier au-dessous de la nacelle, à 8 ou 10 mètres de distance (vingt-cinq ou trente pieds), en sorte que leur influence ne pouvait être sensible en aucune manière.

Outre cet objet principal, dans ce premier voyage, nous nous proposions aussi d'observer l'électricité de l'air, ou plutôt la différence d'électricité des différentes couches atmosphériques. Pour cela, nous avions emporté des fils métalliques de diverses longueurs, depuis 20 jusqu'à 100 mètres (60 à 300 pieds). En suspendant ces fils à côté de notre nacelle, à l'extrémité d'une tige de verre, ils devaient nous mettre en communication avec les couches inférieures et nous permettre de puiser leur électricité. Quant à la nature de cette électricité, nous avions, pour la déterminer, un petit électrophore, chargé très-faiblement, et dont la résine avait été frottée à terre avant le départ.

Nous avions aussi projeté de rapporter de l'air puisé à une grande hauteur. Nous avions pour cela un ballon de verre fermé, dans lequel on avait fait exactement le vide, en sorte qu'il suffisait de l'ouvrir pour le remplir d'air. On devine aisément que nous nous étions munis de baromètres, de thermomètres, d'électromètres et d'hygromètres. Nous avions avec nous des disques de métal pour répéter les expériences de Volta, ou l'électricité développée par le simple contact. Enfin, nous avions emporté divers animaux, comme des grenouilles, des oiseaux et des insectes.

« Nous partîmes, du jardin du Conservatoire des Arts, le 6 fructidor, à 10 heures du matin, en présence d'un petit nombre d'amis. Le baromètre était à 0^m,765 (28$^{po.}$,31) ; le thermomètre, à 16°,5 de la division centigrade (13°,2 de Réaumur) ; et l'hygromètre à 80°,8, par conséquent assez près de la plus grande humidité. M. Conté, que le ministre de l'intérieur avait chargé, dès l'origine, de tous les préparatifs, avait pris toutes les mesures imaginables pour que notre voyage fût heureux, et il le fut en effet.

« Nous l'avouerons, le premier moment où nous nous élevâmes ne fut pas donné à nos expériences. Nous ne pûmes qu'admirer la beauté du spectacle qui nous environnait. Notre ascension, lente et calculée, produisit sur nous cette impression de sécurité que l'on éprouve toujours quand on est abandonné à soi-même, avec des moyens sûrs. Nous entendions encore les encouragements qui nous étaient donnés, mais nous n'en avions pas besoin : nous étions parfaitement calmes et sans la plus légère inquiétude. Nous n'entrons dans ces détails que pour montrer que l'on peut accorder quelque confiance à nos observations.

« Nous arrivâmes bientôt dans les nuages. C'étaient comme de légers brouillards, qui ne nous causèrent qu'une faible sensation d'humidité. Notre ballon s'étant gonflé entièrement, nous ouvrîmes la soupape pour abandonner du gaz, et en même temps nous jetâmes du lest pour nous élever plus haut. Nous nous trouvâmes aussitôt au-dessus des nuages, et nous n'y rentrâmes qu'en descendant.

« Ces nuages, vus de haut, nous parurent blanchâtres, comme lorsqu'on les voit de la surface de la terre. Ils étaient tous exactement à la même élévation ; et leur surface supérieure, toute mamelonnée et ondulante, nous offrait l'aspect d'une plaine couverte de neige.

« Nous nous trouvions alors vers 2 000 mètres de hauteur. Nous voulûmes faire osciller notre aiguille, mais nous ne tardâmes pas à reconnaître que l'aérostat avait un mouvement de rotation très-lent, qui faisait varier sans cesse la position de la nacelle par rapport à la direction de l'aiguille, et nous empêchait d'observer le point où les oscillations finissaient. Cependant la propriété magnétique n'était pas détruite ; car, en approchant de l'aiguille un morceau de fer, l'attraction avait encore lieu. Ce mouvement de rotation devenait sensible quand on alignait les cordes de la nacelle sur quelque objet terrestre, ou sur les flancs des nuages, dont les contours nous offraient des différences très-sensibles. De cette manière nous nous aperçûmes bientôt que nous ne répondions pas toujours au même point. Nous espérâmes que ce mouvement de rotation, déjà très-peu rapide, s'arrêterait avec le temps, et nous permettrait de reprendre nos oscillations.

« En attendant, nous fîmes d'autres expériences ; nous essayâmes le développement de l'électricité par le contact des métaux isolés ; elle réussit comme à terre. Nous apprêtâmes une colonne électrique avec vingt disques de cuivre et autant de disques de zinc ; nous obtînmes, comme à l'ordinaire, la saveur piquante. Tout cela était facile à prévoir, d'après la théorie de Volta, et puisque l'on sait d'ailleurs que l'action de la colonne électrique ne cesse pas dans le vide ; mais il était si facile de vérifier ces faits, que nous avions cru devoir le faire. D'ailleurs tous ces objets pouvaient nous servir de lest au besoin. Nous étions alors à 2 724 mètres de hauteur, selon notre estime.

« Vers cette élévation, nous observâmes les animaux que nous avions emportés ; ils ne paraissaient pas souffrir de la rareté de l'air ; cependant le baromètre était à 20 pouces 8 lignes : ce qui donnait une hauteur de 2 622 mètres. Une abeille violette (*Apis violacea*), à qui nous avions donné la liberté, s'envola très-vite et nous quitta en bourdonnant. Le thermomètre marquait 13° de la division centigrade (10°, 4 Réaumur). Nous étions très-surpris de ne pas éprouver de froid ; au contraire, le soleil nous échauffait fortement ; nous avions ôté les gants que nous avions mis d'abord, et qui ne nous ont été d'aucune utilité. Notre pouls était fort accéléré : celui de M. Gay-Lussac, qui bat ordinairement soixante-deux pulsations par minute, en battait quatre-vingts ; le mien, qui donne ordinairement soixante-dix-neuf pulsations, en donnait cent onze. Cette accélération se faisait donc sentir, pour nous deux, à peu près dans la même proportion. Cependant notre respiration n'était nullement gênée, nous n'éprouvions aucun malaise, et notre situation nous semblait extrêmement agréable.

« Cependant nous tournions toujours, ce qui nous contrariait fort, parce que nous ne pouvions pas observer les oscillations magnétiques tant que cet effet avait lieu. Mais en nous alignant, comme je l'ai dit, sur les objets terrestres, et sur les flancs des nuages, qui étaient bien au-dessous de nous, nous nous aperçûmes que nous ne tournions pas toujours dans le même sens ; peu à peu le mouvement de rotation diminuait et se reproduisait en sens contraire. Nous comprîmes alors qu'il fallait saisir ce passage d'un des états à l'autre, parce que nous restions stationnaires dans l'intervalle. Nous profitâmes de cette remarque pour faire nos expériences. Mais comme cet état stationnaire ne durait que quelques instants, il n'était pas possible d'observer, de suite, vingt oscillations comme à terre ; il fallait se contenter de cinq ou de six au plus, en prenant bien garde de ne pas agiter la nacelle, car le plus léger mouvement, celui que produisait le gaz quand nous le laissions échapper, celui même de notre main quand nous écrivions, suffisait pour nous faire tourner. Avec toutes ces précautions, qui demandaient beaucoup de temps, d'essais et de soins, nous parvînmes à répéter dix fois l'expérience dans le cours du voyage, à diverses hauteurs. En voici les résultats dans l'ordre où nous les avons obtenus.

Hauteurs	calculées.	Nombre des oscillations.		Temps.
2 897	mètres	....	5 ...	35^s
3 038	—	....	5 ...	35^s
Id.	—	....	5 ...	35^s
Id.	—	....	5 ...	35^s
2 862	—	....	10 ...	70^s
3 143	—	....	5 ...	35^s
3 665	—	....	5 ...	35^s,5
3 589	—	....	10 ...	68^s

| 3 742 | — | .... | 5 | ... | 35^s |
| 3 977 | — | (2040 toises) | 10 | ... | 70^s |

« Toutes ces observations, faites dans une colonne de plus de 1 000 mètres de hauteur, s'accordent à donner 35^s pour la durée de cinq oscillations. Or, les expériences faites à terre donnent 35^s 1/4 pour cette durée. La petite différence d'un quart de seconde n'est pas appréciable, et dans tous les cas elle ne tend pas à indiquer une diminution.

« On en peut dire autant de l'expérience qui a donné une fois 68 degrés pour dix oscillations, ce qui fait 34 pour chacune ; elle n'indique pas non plus un affaiblissement.

« Il nous semble donc que ces résultats établissent avec quelque certitude la proposition suivante :

« *La propriété magnétique n'éprouve aucune diminution appréciable depuis la surface de la terre jusqu'à 4 000 mètres de hauteur : son action dans ces limites se manifeste constamment par les mêmes effets et suivant les mêmes lois.*

« Il nous reste maintenant à expliquer la différence de ces résultats avec ceux des autres physiciens dont nous avons parlé. Et d'abord, quant aux expériences de Saussure, il nous semble, si nous osons le dire, qu'il s'y est glissé quelque erreur. On le voit clairement par les nombres mêmes qu'il a rapportés[35]. Lorsqu'il voulut déterminer la force magnétique de son aiguille à Genève, il trouva pour le temps de vingt oscillations, 302^s, 290^s, 300^s, 280^s, résultats très-peu comparables, puisque leur différence va jusqu'à 12^s. Au contraire, dans les expériences préliminaires que nous avons faites à terre avant de partir, nous n'avons jamais trouvé une demi-seconde de différence sur le temps de vingt oscillations. De plus, il existe encore une autre erreur dans le calcul fait par Saussure pour comparer les forces magnétiques sur la montagne et dans la plaine ; et d'après tout cela, il n'est pas étonnant que ses résultats diffèrent de ceux que nous avons obtenus. Mais il nous semble que les nôtres sont préférables, parce qu'ils paraissent s'accorder davantage, et parce que nous nous sommes élevés beaucoup plus haut.

« Quant à cette autre observation faite par quelques physiciens, relativement aux irrégularités de la boussole, quand on s'élève dans l'atmosphère, il nous semble qu'on peut facilement l'expliquer par ce que nous avons dit précédemment sur la rotation continuelle de l'aérostat. En effet, ces observateurs ont dû tourner comme nous, puisque la seule impulsion du gaz qui s'échappe en ouvrant la soupape suffit pour produire cet effet. S'ils n'ont pas fait cette remarque, l'aiguille, qui ne tournait pas avec eux, leur a paru incertaine et sans aucune direction déterminée ; mais ce n'est qu'une illusion produite par leur propre mouvement.

« Enfin il nous reste à prévenir un doute que l'on pourrait élever sur nos expériences : on pourrait craindre que nos montres ne se fussent dérangées dans le voyage, de sorte qu'il aurait pu arriver quelque variation dans la force magnétique sans que nous l'eussions aperçue. Mais, puisque nous n'y avons observé aucune différence, il faudrait, dans cette supposition, que la force magnétique et la marche de notre montre eussent varié en sens contraire, précisément dans le même rapport et de manière à se compenser exactement ; hypothèse extrêmement improbable et même tout à fait inadmissible.

« Nous n'avons pas pu observer aussi exactement l'inclinaison de la barre aimantée ; ainsi nous ne pouvons pas affirmer avec autant de certitude qu'elle n'éprouve absolument aucune variation. Cependant cela est très-probable, puisque la force horizontale n'est point altérée. Mais nous sommes assurés du moins que ces variations, si elles existent, sont très-peu considérables ; car nos barres magnétiques, équilibrées avant le départ, ont constamment gardé pendant tout le voyage leur situation horizontale : ce qui ne serait pas arrivé si la force qui tendait à les incliner eût changé sensiblement.

« Enfin la déclinaison avait été aussi l'objet de nos recherches ; mais le temps et la disposition de nos appareils ne nous ont pas permis de la déterminer exactement. Cependant il est également probable qu'elle ne varie pas d'une manière sensible. Au reste, nous avons maintenant des moyens précis pour la mesurer avec exactitude dans un autre voyage : nous pourrons aussi évaluer exactement l'inclinaison.

« Pour ne pas interrompre cet exposé, nous avons passé sous silence quelques autres expériences moins importantes, auxquelles il est nécessaire de revenir.

« Nous avons observé nos animaux à toutes les hauteurs ; ils ne paraissaient souffrir en aucune manière. Pour nous, nous n'éprouvions aucun effet, si ce n'est cette accélération du pouls dont j'ai déjà parlé. À 3 400 mètres de hauteur, nous donnâmes la liberté à un petit oiseau que l'on nomme un *verdier*, il s'envola aussitôt, mais revint presque à l'instant se poser sur nos cordages ; ensuite prenant de nouveau son vol, il se précipita vers la terre, en décrivant une ligne tortueuse peu différente de la verticale. Nous le suivîmes des yeux jusque dans les nuages, où nous le perdîmes de vue. Mais un pigeon, que nous lâchâmes de la même manière, à la même hauteur, nous offrit un spectacle beaucoup plus curieux ; remis en liberté sur le bord de la nacelle, il y resta quelques instants, comme pour mesurer l'étendue qu'il avait à parcourir ; puis il s'élança en voltigeant d'une manière inégale, en sorte qu'il semblait essayer ses ailes, mais après quelques battements il se borna à les étendre et s'abandonna tout à fait. Il commença à descendre vers les nuages en décrivant de grands cercles, comme font les oiseaux de proie. Sa descente fut rapide, mais réglée ; il entra bientôt dans les nuages, et nous l'aperçûmes encore au-dessous.

« Nous n'avions pas encore essayé l'électricité de l'air, parce que l'observation de la boussole, qui était la plus importante et qui exigeait que l'on saisît des occasions favorables, avait absorbé presque toute notre attention ; d'ailleurs nous avons toujours eu des nuages au-dessous de nous, et l'on sait que les nuages sont diversement électrisés. Nous n'avions pas alors les moyens nécessaires pour calculer leur distance d'après la hauteur du baromètre, et nous ne savions pas jusqu'à quel point ils pourraient nous influencer. Cependant, pour essayer au moins notre appareil, nous tendîmes un fil métallique de 80 mètres (240 pieds) de longueur, et, après l'avoir isolé de nous, comme je l'ai dit plus haut, nous primes de l'électricité à son extrémité supérieure, et nous la portâmes à l'électromètre : elle se trouva résineuse. Nous répétâmes deux fois cette observation dans le même moment : la première, en détruisant l'électricité atmosphérique par l'influence de l'électricité vitrée de l'électrophore ; la seconde, en détruisant l'électricité vitrée tirée de l'électrophore, au moyen de l'électricité atmosphérique. C'est ainsi que nous pûmes nous assurer que cette dernière était résineuse.

Fig. 305. — Gay-Lussac et Biot font des expériences de physique
à 4 000 mètres de hauteur.

« Cette expérience indique une électricité croissante avec les
hauteurs, résultat conforme à ce que l'on avait conclu par la théorie,
d'après les expériences de Volta et de Saussure. Mais maintenant
que nous connaissons la bonté de notre appareil, nous espérons
vérifier de nouveau ce fait par un plus grand nombre d'essais dans
un autre voyage.

« Nos observations du thermomètre nous ont indiqué au
contraire une température décroissant de bas en haut, ce qui est
conforme aux résultats connus. Mais la différence a été beaucoup
plus faible que nous ne l'aurions attendu ; car, en nous élevant à
2 000 toises, c'est-à-dire bien au-dessus de la limite inférieure des
neiges éternelles à cette latitude, nous n'avons pas éprouvé une
température plus basse que 10°,5 au thermomètre centigrade (8°,4

Réaumur) ; et, au même instant, la température de l'Observatoire, à Paris, était de 17°,5 centigrades (14° Réaumur).

« Un autre fait assez remarquable, qui nous est aussi donné par nos observations, c'est que l'hygromètre a constamment marché vers la sécheresse, à mesure que nous nous sommes élevés dans l'atmosphère, et, en descendant, il est graduellement revenu vers l'humidité. Lorsque nous partîmes, il marquait 80°,8 à la température de 16°,5 du thermomètre centigrade ; et à 4 000 mètres de hauteur, quoique la température ne fût qu'à 10°,5, il ne marquait plus que 30°. L'air était donc beaucoup plus sec dans ces hautes régions qu'il ne l'est près de la surface de la terre.

« Pour nous élever à ces hauteurs, nous avions jeté presque tout notre lest : il nous en restait à peine quatre ou cinq livres. Nous avions donc atteint la hauteur à laquelle l'aérostat pouvait nous porter tous deux à la fois. Cependant, comme nous désirions vivement terminer tout à fait l'observation de la boussole, M. Gay-Lussac me proposa de s'élever seul à la hauteur de 6 000 mètres (3 000 toises), afin de vérifier nos premiers résultats ; nous devions déposer tous les instruments en arrivant à terre, et n'emporter dans la nacelle que le baromètre et la boussole. Lorsque nous eûmes pris ce parti, nous nous laissâmes descendre, en perdant aussi peu de gaz qu'il nous était possible. Nous observâmes le baromètre en entrant dans les nuages. Il nous donna 1 223 mètres (600 toises) pour leur élévation. Nous avons déjà remarqué qu'ils paraissaient tous de niveau, en sorte que cette observation indique pour cet instant leur hauteur commune. Lorsque nous arrivâmes à terre, il ne se trouva personne pour nous retenir, et nous fûmes obligés de perdre tout notre gaz pour nous arrêter. Si nous eussions pu prévoir ce contre-temps, nous ne nous serions pas pressés de descendre sitôt. Nous nous trouvâmes vers une heure et demie dans le département du Loiret, près du village de Mériville, à dix-huit lieues environ de Paris.

« Nous n'avons point abandonné le projet de nous élever à 6 000 mètres et même plus haut, s'il est possible, afin de pousser jusque-là nos expériences sur la boussole. Nous allons préparer promptement cette expédition, qui se fera dans peu de jours, puisque l'aérostat n'est nullement endommagé. M. Gay-Lussac s'élèvera d'abord ; ensuite, s'il le croit lui-même nécessaire, je m'élèverai seul à mon tour pour vérifier ses observations. Lorsque nous aurons ainsi terminé ce qui concerne la boussole, nous désirons entreprendre de nouveau plusieurs voyages ensemble, pour faire, s'il est possible, des recherches exactes sur la qualité et la nature de l'électricité de l'air à diverses hauteurs, sur les variations de l'hygromètre, et sur la diminution de la chaleur en s'éloignant de la terre ; objets qui paraissent devoir être utiles dans la théorie des réfractions.

« Nous ne désespérons pas non plus de pouvoir observer des angles pour déterminer trigonométriquement notre position dans l'espace ; ce qui donnerait des notions précises sur la marche du baromètre, à mesure qu'on s'élève. Le mouvement de l'aérostat est si doux, que l'on peut y faire les observations les plus délicates ; et l'expérience de notre premier voyage, ainsi que l'usage de nos appareils, nous permettra de recueillir en peu de temps un grand nombre de faits. Tels sont les désirs que nous formons aujourd'hui, si nous sommes assez heureux pour que les recherches que nous venons de faire paraissent à la classe de quelque utilité. »

Le voyage aérostatique exécuté par MM. Biot et Gay-Lussac, avait laissé beaucoup de points à éclaircir ; il fallait confirmer les premières observations, et les vérifier en s'élevant à une plus grande hauteur. Pour atteindre ce dernier but, avec l'aérostat qui avait servi aux premières expériences, un seul observateur devait s'élever. Il fut décidé que Gay-Lussac exécuterait cette nouvelle ascension.

Dans ce second voyage, Gay-Lussac confirma et étendit les résultats qu'il avait obtenus avec Biot, relativement à la permanence de l'action magnétique du globe. Il prit un assez grand nombre d'observations thermométriques, et essaya de déterminer, à leur aide, la loi de décroissance de température dans les hautes régions de l'air. L'observation de l'hygromètre n'amena à aucune conclusion satisfaisante.

Parvenu à la hauteur de 6 500 mètres, Gay-Lussac recueillit de l'air dans ces régions extrêmes, qu'aucun homme n'avait encore atteintes, avant lui ! Il s'était muni d'un grand ballon de verre, fermé par un robinet de cuivre fixé sur une garniture du même métal, et tenant bien le vide. Il avait fait le vide dans le ballon au moyen de la machine pneumatique, et l'avait emporté dans sa nacelle. En l'ouvrant à la hauteur maximum où il était parvenu, il remplit ce vase de l'air de ces régions.

L'analyse chimique de cet air faite le lendemain, prouva qu'il avait la même composition que l'air pris à la surface de la terre.

C'était là un résultat d'une importance fondamentale à cette époque. En effet, bien des personnes admettaient alors la présence du gaz hydrogène dans les hautes régions de l'air. Les observations de Biot et Gay-Lussac dissipèrent cette erreur. On savait par les expériences de Berthollet et d'Humphry Davy, que l'air, sous toutes les latitudes, et pris à une faible hauteur au-dessus de la mer, présente partout la même composition. De Saussure, dans sa célèbre ascension au mont Blanc, avait rapporté de l'air atmosphérique, qu'il avait analysé, et qui s'était montré parfaitement identique, dans sa composition, avec l'air de la plaine. Mais le mont Blanc n'a que 4 810 mètres. Il importait donc d'analyser de l'air recueilli dans une région plus élevée encore. Un aérostat donnait seul le moyen de pénétrer dans ces régions extrêmes. Tel fut précisément le résultat scientifique auquel conduisit l'ascension aérostatique de Gay-Lussac. L'air recueilli par Gay-Lussac à 6 500 mètres de hauteur, fut analysé par lui avec le plus grand soin, dans son laboratoire de l'École polytechnique, par le procédé *eudiométrique* dont on lui doit l'invention, et cet air présenta une composition parfaitement la même que celle de l'air pris à la surface du sol, à Paris, Ce résultat fut ainsi désormais acquis à la physique du globe.

Nous donnerons ici un court extrait de la relation faite par Gay-Lussac de la célèbre ascension du 16 septembre 1804.

« Tous nos instruments étant prêts, dit Gay-Lussac, le jour de mon départ fut fixé au 29 fructidor. Je m'élevai, ce jour-là en effet, du Conservatoire des Arts et Métiers, à 9 heures et 40 minutes, le baromètre étant à 76°,525, l'hygromètre à 57°,5 et le thermomètre à 27°,75. M. Bouvard, qui fait tous les jours des observations météorologiques à Paris, avait jugé le ciel très-vaporeux, mais sans nuages. À peine me fus-je élevé de 1 000 mètres, que je vis, en effet, une légère vapeur répandue dans toute l'atmosphère au-dessous de moi, et qui me laissait voir confusément les objets éloignés.

« Parvenu à la hauteur de 3 032 mètres, je commençai à faire osciller l'aiguille horizontale, et j'obtins, cette fois, vingt oscillations en 83^s tandis qu'à terre et d'ailleurs dans les mêmes circonstances, il lui fallait 84^s,43 pour en faire le même nombre. Quoique mon ballon fût affecté du mouvement de rotation que nous avions déjà reconnu dans notre première expérience, la rapidité du mouvement de notre aiguille me permit de compter jusqu'à vingt, trente et même quarante oscillations.

« À la hauteur de 3 863 mètres, j'ai trouvé que l'inclinaison de mon aiguille, en prenant le milieu de l'amplitude de ses oscillations, était sensiblement de 31″ comme à terre. Il m'a fallu beaucoup de temps et de patience pour faire cette observation, parce que, quoique emporté par la masse de l'atmosphère, je sentais un petit vent qui dérangeait continuellement la boussole, et, après plusieurs tentatives infructueuses, j'ai été obligé de renoncer à l'observer de nouveau. Je crois, néanmoins, que l'observation que je viens de présenter mérite quelque confiance.

« Quelque temps après, j'ai voulu observer l'aiguille de déclinaison ; mais voici ce qui était arrivé. La sécheresse, favorisée par l'action du soleil dans un air raréfié, était telle que la boussole s'était tourmentée au point de faire plier le cercle métallique sur lequel étaient tracées les divisions, et de se courber elle-même. Les mouvements de l'aiguille ne pouvaient plus se faire avec la même liberté; mais indépendamment de ce contre-temps, j'ai remarqué qu'il était très-difficile d'observer la déclinaison de l'aiguille avec cet appareil. Il arrivait, en effet, que lorsque j'avais placé la boussole de manière à faire coïncider avec une ligne fixe l'ombre du fil horizontal qui servait de style, le mouvement que j'avais donné à la boussole en avait aussi imprimé un à l'aiguille, et lorsque celle-ci était à peu près revenue en repos, l'ombre du style ne coïncidait plus avec la ligne fixe. Il fallait encore mettre la boussole dans une position horizontale ; et pendant le temps qu'exigeait cette opération, tout se dérangeait de nouveau. Sans vouloir persister à faire des observations auxquelles je ne pouvais accorder aucune confiance, j'y ai renoncé entièrement ; et libre de tout autre soin, j'ai donné toute mon attention aux oscillations de l'aiguille horizontale. Je me suis pourtant convaincu, en reconnaissant les défauts de notre boussole, qu'il est impossible d'en employer une autre plus convenable, qui déterminerait la déclinaison avec assez de précision. Je fais remarquer que, pour tenter cette expérience, j'avais descendu isolément les autres aiguilles dans des sacs de toile, à 15 mètres au-dessous de la nacelle.

« Pour qu'on puisse voir facilement l'ensemble de tous les résultats que j'ai obtenus, je les ai réunis dans le tableau qui est à la fin de ce mémoire ; et ils y sont tels qu'ils se sont présentés à moi, avec les indications correspondantes du baromètre, du thermomètre et de l'hygromètre. Les hauteurs ont été calculées d'après la formule de M. Laplace, par M. Gouilly, ingénieur des ponts et chaussées, qui a bien voulu prendre cette peine ; le baromètre n'ayant pas varié sensiblement le jour de mon ascension depuis 10 heures jusqu'à 3, on a pris, pour calculer les diverses élévations auxquelles j'ai fait des observations, la hauteur du baromètre, 76,508, qui a eu lieu à terre à 3 heures, hauteur qui, conformément aux observations faites par M. Bouvard à l'Observatoire, est plus grande de $0^m,43$ que celle qui avait été observée au moment du départ. Les hauteurs du baromètre dans l'atmosphère ont été ramenées à celles qu'aurait indiquées un baromètre à niveau constant placé dans les mêmes circonstances, et l'on a pris pour chaque hauteur la moyenne entre les observations des deux baromètres. La température à terre ayant également peu varié entre 10 et 3 heures, on l'a supposée constante et égale à 30°,75 du thermomètre centigrade.

« En fixant maintenant les yeux sur le tableau, on voit d'abord que la température suit une loi irrégulière relativement aux hauteurs correspondantes ; ce qui provient, sans doute, de ce qu'ayant fait des observations tantôt en montant, tantôt en descendant, le thermomètre aura suivi trop lentement ces variations. Mais si l'on ne considère que les degrés du thermomètre qui forment entre eux une série continue décroissante, on trouve une loi plus régulière. Ainsi la température à terre étant de 27°,75, et à la hauteur de 3 691 mètres de 8°,5, si l'on divise la différence des hauteurs par celle des températures, on obtient d'abord $191^m,7$ (98 toises) d'élévation pour chaque degré d'abaissement de température. En faisant la même opération pour la température 5°,25, et O°,5 ainsi que pour celles 0°,6 et 9°,5, on trouve, dans l'un et dans l'autre cas, $141^m,6$ ($72^{tois.},6$) d'élévation pour chaque degré d'abaissement de température : ce qui semble indiquer que vers la surface de la terre la chaleur suit une loi moins décroissante que dans le haut de l'atmosphère, et qu'ensuite, à de plus grandes hauteurs, elle suit une progression arithmétique décroissante. Si l'on suppose que depuis la surface de la terre, où le thermomètre était à 30°,75, jusqu'à la hauteur de 6 977 mètres (3 580 toises) où il était descendu à — 9°,5, la chaleur a diminué comme les hauteurs ont augmenté, à chaque degré d'abaissement de température correspondra une élévation de 173^m,3 (88$^{tois.}$,9).

« L'hygromètre a eu une marche assez singulière. À la surface de la terre il n'était qu'à 57°,5, tandis qu'à la hauteur de 3 032 mètres, il marquait 62° ; de ce point, il a été continuellement en descendant, jusqu'à la hauteur de 5 267 mètres où il n'indiquait plus que 27°,5, et de là à la hauteur de 6 884 mètres il est remonté graduellement à 34°,5. Si l'on voulait, d'après ces résultats, déterminer la loi de la quantité d'eau dissoute dans l'air à diverses élévations, il est clair qu'il faudrait faire attention à la température ; en y joignant cette considération, on verrait qu'elle suit une progression extrêmement décroissante.

« Si l'on considère maintenant les oscillations magnétiques, on remarque que le temps pour dix oscillations faites à diverses hauteurs est tantôt au-dessus, tantôt au-dessous de celui de 42^s, 16 qu'elles exigent à terre. En prenant une moyenne entre toutes les oscillations faites dans l'atmosphère, dix oscillations exigeraient 42^s, 20, quantité qui diffère bien peu de la précédente ; mais en ne considérant que les dernières observations qui ont été faites aux plus grandes hauteurs, le temps pour dix oscillations serait un peu au-dessous de 42^s, 16, ce qui indiquerait, au contraire, que la force magnétique a un peu augmenté. Sans vouloir tirer aucune conséquence de ce léger accroissement apparent, qui peut très-bien tenir aux erreurs qu'on peut commettre dans ce genre d'expériences, je dois conclure que l'ensemble des résultats que je viens de présenter confirme et étend le fait que nous avions observé, M. Biot et moi, et qui prouve que, de même que la gravitation universelle, la force magnétique n'éprouve point de variations sensibles aux plus grandes hauteurs où nous puissions parvenir.

« La conséquence que nous avons tirée de nos expériences pourra paraître un peu trop précipitée à ceux qui se rappelleront que nous n'avons pu faire des expériences sur l'inclinaison de l'aiguille aimantée. Mais si l'on remarque que la force qui fait osciller une aiguille horizontale est nécessairement dépendante de l'intensité et de la direction de la force magnétique elle-même, et qu'elle est représentée par le cosinus de l'angle d'inclinaison de cette dernière force, on ne pourra s'empêcher de conclure avec nous, que, puisque la force horizontale n'a pas varié, la force magnétique ne doit pas avoir varié non plus, à moins qu'on ne veuille supposer que la force magnétique a pu varier précisément en sens contraire et dans le même rapport que le cosinus de son inclinaison, ce qui n'est nullement probable. Nous aurions d'ailleurs, à l'appui de notre conclusion, l'expérience de l'inclinaison qui a été faite à la hauteur de 3 863 mètres (1 982 toises), et qui prouve qu'à cette élévation l'inclinaison n'a pas varié d'une manière sensible.

« Parvenu à la hauteur de 4 511 mètres, j'ai présenté à une petite aiguille aimantée, et dans la direction de la force magnétique, l'extrémité inférieure d'une clef ; l'aiguille a été attirée, puis repoussée par l'autre extrémité de la clef que j'avais fait descendre parallèlement à elle-même. La même expérience, répétée à 6 107 mètres, a eu le même succès : nouvelle preuve bien évidente de l'action du magnétisme terrestre.

« À la hauteur de 6 561 mètres, j'ai ouvert un de nos deux ballons de verre, et à celle de 6 636 j'ai ouvert le second ; l'air y est entré dans l'un et dans l'autre avec sifflement. Enfin, à 3 heures 11 secondes, l'aérostat était parfaitement plein, et n'ayant plus que 15 kilogrammes de lest, je me suis déterminé à descendre. Le thermomètre était alors à 9°,5 au-dessous de la température de la glace fondante, et le baromètre à 32,88 ; ce qui donne pour ma plus grande élévation au-dessus de Paris, 6 977^m,37, ou 7 016 mètres au-dessus du niveau de la mer.

« Quoique bien vêtu, je commençais à sentir le froid, surtout aux mains, que j'étais obligé de tenir exposées à l'air. Ma respiration était sensiblement gênée, mais j'étais encore bien loin d'éprouver un malaise assez désagréable pour m'engager à descendre. Mon pouls et ma respiration étaient très-accélérés : ainsi respirant fréquemment dans un air très-sec, je ne dois pas être surpris d'avoir eu le gosier si sec, qu'il m'était pénible d'avaler du pain. Avant de partir, j'avais un léger mal de tête, provenant des fatigues du jour précédent et des veilles de nuit, et je le gardai toute la journée sans m'apercevoir qu'il augmentât. Ce sont là toutes les incommodités que j'ai éprouvées.

« Un phénomène qui m'a frappé de cette grande hauteur, a été de voir des nuages au-dessus de moi et à une distance qui me paraissait encore très-considérable. Dans notre première ascension, les nuages ne se soutenaient pas à plus de 1 169 mètres, et au-dessus le ciel était de la plus grande pureté. Sa couleur au zénith était même si intense, qu'on aurait pu la comparer à celle du bleu de Prusse ; mais dans le dernier voyage que je viens de faire, je n'ai pas vu de nuages sous mes pieds ; le ciel était très-vaporeux et sa couleur généralement terne. Il n'est peut-être pas inutile d'observer que le vent qui soufflait le jour de notre première ascension était le nord-ouest, et que dans la dernière c'était le sud-est.

« Dès que je m'aperçus que je commençais à descendre, je ne songeai plus qu'à modérer la descente du ballon et à la rendre extrêmement lente. À 3 heures 45 minutes, mon ancre toucha terre et se fixa, ce qui donne trente-quatre minutes pour le temps de ma descente. Les habitants d'un petit hameau voisin accoururent bientôt, et pendant que les uns prenaient plaisir à ramener à eux le ballon en tirant la corde de l'ancre, d'autres, placés au-dessous de la nacelle, attendaient impatiemment qu'ils pussent y mettre les mains pour la prendre et la déposer à terre. Ma descente s'est donc faite sans la plus légère secousse et le moindre accident, et je ne crois pas qu'il soit possible d'en faire une plus heureuse. Le petit hameau à côté duquel je suis descendu s'appelle Saint-Gougon, il est situé à six lieues nord-ouest de Rouen.

« Arrivé à Paris, mon premier soin a été d'analyser l'air que j'avais rapporté. Toutes les expériences ont été faites à l'École polytechnique, sous les yeux de MM. Thénard et Gresset, et je m'en suis rapporté autant à leur jugement qu'au mien. Nous observions tour à tour les divisions de l'eudiomètre sans nous communiquer, et ce n'était que lorsque nous étions parfaitement d'accord que nous les écrivions. Le ballon dont l'air a été pris à 6 636 mètres a été ouvert sous l'eau, et nous avons tous jugé qu'elle avait au moins rempli la moitié de sa capacité ; ce qui prouve que le ballon avait très-bien tenu le vide, et qu'il n'y était pas entré d'air étranger. Nous avions bien l'intention de peser la quantité d'eau entrée dans le ballon pour la comparer à sa capacité ; mais n'ayant pas trouvé dans l'instant ce qui nous était nécessaire, et notre impatience de connaître la nature de l'air qu'il renfermait étant des plus vives, nous n'avons pas fait cette expérience. Nous nous sommes d'abord servis de l'eudiomètre de Volta, et nous l'avons analysé comparativement avec de l'air atmosphérique pris au milieu de la cour d'entrée de l'École polytechnique. »

Ici Gay-Lussac décrit les procédés d'analyse qu'il a mis en usage et qui lui ont permis d'établir l'identité de composition de cet air avec l'air pris à la surface de la terre ; il continue en ces termes :

« L'identité des analyses des deux airs faites par le gaz hydrogène prouve directement que celui que j'avais rapporté ne contenait pas de ce dernier gaz ; néanmoins je m'en suis encore assuré, en ne brûlant avec les deux airs qu'une quantité de gaz hydrogène inférieure à celle qui aurait été nécessaire pour absorber tout le gaz oxygène ; car j'ai vu que les résidus de la combustion des deux airs avec le gaz hydrogène étaient exactement les mêmes.

« Saussure fils a aussi trouvé, en se servant du gaz nitreux, que l'air pris sur le col du Géant contenait à un centième près, autant d'oxygène que celui de la plaine ; et son père a constaté la présence de l'acide carbonique sur la cime du mont Blanc. De plus, les expériences de MM. Cavendish, Maccarty, Berthollet et Davy, ont confirmé l'identité de composition de l'atmosphère sur toute la surface de la terre. On peut donc conclure généralement que la constitution de l'atmosphère est la même depuis la surface de la terre jusqu'aux plus grandes hauteurs auxquelles on puisse parvenir.

« Voilà les deux principaux résultats que j'ai recueillis dans mon premier voyage : j'ai constaté le fait que nous avions observé, M. Biot et moi, sur la permanence sensible de l'intensité de la force magnétique lorsqu'on s'éloigne de la surface de la terre, et de plus, je crois avoir prouvé que les proportions d'oxygène et d'azote qui constituent l'atmosphère ne varient pas non plus sensiblement dans des limites très-étendues. Il reste encore beaucoup de choses à éclaircir dans l'atmosphère, et nous désirons que les faits que nous avons recueillis jusqu'ici puissent assez intéresser l'Institut pour l'engager à nous faire continuer nos expériences. »

En terminant la relation de son beau voyage, Gay-Lussac exprimait comme on vient de le lire, le vœu que l'Académie lui donnât les moyens de continuer cette série d'expériences intéressantes.

Malheureusement ce vœu ne fut pas alors accompli. Après le voyage de MM. Biot et Gay-Lussac, les seules ascensions effectuées dans l'intérêt exclusif des sciences, se réduisent à une courte excursion aérienne faite en Amérique par M. de Humboldt, qui n'apprit rien de nouveau sur la physique du globe. Il faut franchir un intervalle de près de cinquante ans pour trouver des ascensions exécutées dans un intérêt purement scientifique. Nous aurons à signaler plus loin les belles ascensions aérostatiques faites en vue de l'étude de la constitution physique de l'air en France, par MM. Barral et Bixio, en 1850 ; et en Angleterre, par M. Glaisher en 1864. Mais avant d'en venir là, nous devons continuer de présenter, selon l'ordre historique, la marche et le développement de l'aérostation.

CHAPITRE XIII

L'AÉROSTATION DANS LES FÊTES PUBLIQUES. — LE BALLON DU COURONNEMENT. — NÉCROLOGIE DE L'AÉROSTATION. — MORT DE MADAME BLANCHARD. — ZAMBECCARI. — HARRIS. — SADLER. — OLIVARI. — MOSMENT. — BITTORF. — ÉMILE DESCHAMPS. — LE LIEUTENANT GALE.

Nous avons à suivre l'aérostation dans une dernière phase de son histoire, où son programme s'est malheureusement modifié. Il est à remarquer que l'aérostation, qui avait été prise, au début, sous le patronage des Académies et des savants, fut, à partir de cette époque, entièrement délaissée par eux. L'Académie des sciences de Paris, en 1783, avait engagé tous les savants français, à lui faire parvenir les résultats de leurs observations sur les aérostats : elle voulait centraliser elle-même ce genre de recherches. En 1784, l'Académie de Dijon, à l'instigation de Guyton de Morveau, avait procédé à de longues et coûteuses expériences, sur la question de la direction des aérostats. En 1802, l'Académie de Saint-Pétersbourg avait encouragé Robertson, et l'Académie des sciences de Paris avait provoqué, comme nous venons de le dire, les expériences aérostatiques de Biot et de Gay-Lussac. Mais à partir de ce moment, dégoûtée sans doute du peu de résultats positifs fournis par une méthode et un instrument d'observation dans lesquels on avait mis un moment tant d'espoir, la science sérieuse tourne, pour ainsi dire, le dos à l'aérostation. Du domaine des études sérieuses, elle tombe alors dans celui de l'exploitation. Désormais elle se préoccupe d'étonner plutôt que d'instruire, et lorsqu'elle vise par moments à des succès moins vulgaires, c'est sur le côté problématique de la découverte de Montgolfier, sur le problème de la direction des ballons, qu'elle concentre ses efforts. Le règne des aéronautes de profession succède à celui des courageux explorateurs, émules de Pilâtre et de Montgolfier. Le métier remplace la science ; il a, comme elle, ses célébrités, et c'est ici qu'il faut citer les noms de madame Blanchard, de Jacques Garnerin, d'Elisa Garnerin, sa nièce, de Robertson fils, de Margat, de Charles Green et Georges Green, son fils. Cette carrière, semée de périls, avait tout au moins l'avantage d'être lucrative : Robertson est mort millionnaire, Jacques Garnerin laissa une fortune considérable, et Blanchard avait recueilli des sommes immenses dans ses pérégrinations à travers les deux mondes.

Rapporter en détail les différentes ascensions exécutées par ces aéronautes nous amènerait à étendre le cadre, déjà long, de cette Notice. Aussi nous bornerons-nous à signaler ceux de ces événements qui ont marqué l'empreinte la plus vive dans les souvenirs du public. À ce titre il faut parler d'abord de l'ascension du ballon lancé à Paris, à l'époque du couronnement de l'empereur Napoléon Ier.

Sous le Directoire et sous le Consulat, les grandes fêtes publiques qui se donnaient à Paris, étaient presque toujours terminées par quelque ascension aérostatique. Le soin de l'exécution de cette partie du programme était confié par le gouvernement à Jacques Garnerin, qui s'en acquittait avec autant de talent que de zèle. Jacques Garnerin était l'aéronaute officiel de l'Empire ; comme Dupuis-Delcourt fut, plus tard, l'aéronaute officiel de Louis-Philippe, et Eugène Godard, celui de l'empereur Napoléon III. L'ascension qui eut lieu à l'époque du couronnement de Napoléon, est restée justement célèbre ; le gouvernement mit 30 000 fr. à la disposition de Garnerin pour lancer, après les réjouissances de la journée, un aérostat de dimensions colossales.

Le 16 décembre 1804, à 11 heures du soir, au moment où un superbe feu d'artifice venait de lancer dans les airs sa dernière fusée, le ballon construit par Garnerin s'éleva de la place Notre-Dame. Trois mille verres de couleur illuminaient ce globe immense, qui était surmonté d'une couronne impériale richement dorée, et portant, tracée en lettres d'or sur sa circonférence, cette inscription : *Paris, 25 frimaire an XIII, couronnement de l'empereur Napoléon par Sa Sainteté Pie VII.* La colossale machine monta rapidement et disparut bientôt au bruit des applaudissements de la population parisienne.

Le lendemain, à la pointe du jour, quelques habitants de Rome aperçurent un petit point lumineux brillant dans le ciel au-dessus de la coupole de Saint-Pierre. D'abord très-peu visible, il grandit rapidement et laissa apercevoir enfin un globe radieux planant majestueusement au-dessus de la ville éternelle. Il resta quelque temps stationnaire, puis il s'éloigna dans la direction du sud.

C'était le ballon lancé la veille du parvis Notre-Dame. Par le plus extraordinaire des hasards, le vent, qui soufflait, cette nuit-là, dans la direction de l'Italie, l'avait porté à Rome dans l'intervalle de quelques heures.

Le ballon continua sa route dans la campagne romaine. Cependant il s'abaissa bientôt, toucha le sol, remonta, retomba pour se relever une dernière fois, et vint s'abattre enfin dans les eaux du lac Bracciano. On s'empressa de retirer des eaux la machine à demi submergée, et l'on put y lire cette inscription :*Paris, 25 frimaire an XIII, couronnement de l'empereur Napoléon par Sa Sainteté Pie VII.* Ainsi le messager céleste avait visité dans le même jour les deux capitales du monde ; il venait annoncer à Rome le couronnement de l'empereur, au moment où le pape était à Paris, au moment où Napoléon s'apprêtait à poser sur sa tête la couronne d'Italie.

Une autre circonstance vint ajouter encore au merveilleux de l'événement. Le ballon, en touchant la terre dans la campagne de Rome, s'était accroché aux restes d'un monument antique. Pendant quelques minutes, il parut devoir terminer là sa route ; mais le vent l'ayant soulevé, il se dégagea et remonta, laissant seulement accrochée à l'un des angles du monument une partie de la couronne impériale.

Ce monument était le tombeau de Néron.

On devine sans peine que ce dernier fait donna lieu, en France et en Italie, à toute espèce de réflexions et de commentaires. On ne se fit pas scrupule d'établir des rapprochements et de faire des allu-

Louis Figuier

sions sans fin à propos de cette couronne impériale qui était venue se briser sur le tombeau d'un tyran.

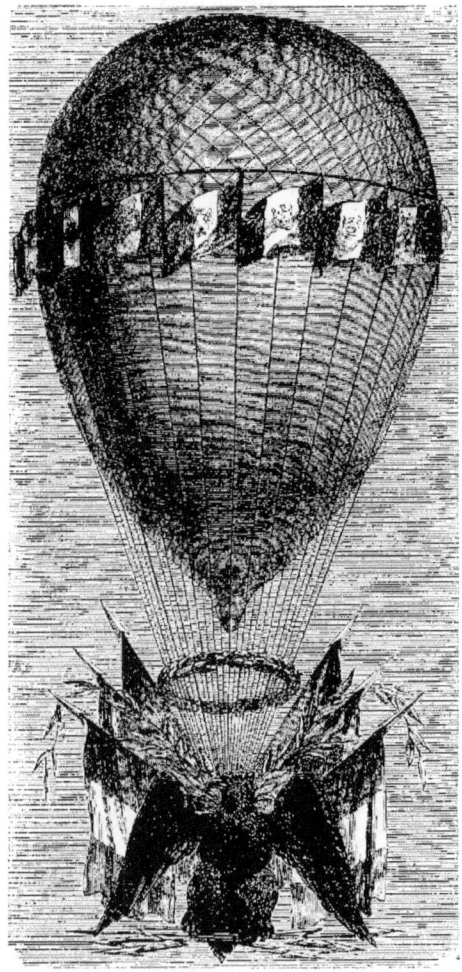

Fig. 306. — Le ballon lancé par Garnerin le jour du couronnement de l'empereur Napoléon Iᵉʳ.

Tous ces bruits vinrent aux oreilles de Napoléon, qui ne cacha pas son mécontentement et la mauvaise humeur qu'il en ressentait. Il demanda qu'il ne fût plus question devant lui de Garnerin ni de son ballon ; et, à dater de ce jour, Garnerin cessa d'être employé comme aéronaute officiel.

Quant au ballon qui avait causé tant de rumeurs, il fut suspendu à Rome, à la voûte du Vatican, où il demeura jusqu'en 1814. On composa une longue inscription latine, qui rappelait tous les détails de son miraculeux voyage. Seulement, l'inscription ne disait rien de l'épisode du tombeau.

Fig. 307. — Madame Blanchard.

Dans cette période d'exhibitions industrielles, l'aérostation a eu ses désastres aussi bien que ses triomphes, et nous ne pouvons nous dispenser de rappeler les faits principaux qui résument la nécrologie de cet art périlleux. L'événement qui, sous ce rapport, a le plus vivement impressionné le public, est, sans contredit, la mort de madame Blanchard.

Madame Blanchard était la veuve de l'aéronaute de ce nom. Après avoir amassé une fortune considérable dans le cours de ses innombrables ascensions, Blanchard avait tout perdu, et était mort dans la misère. Cet homme, qui avait recueilli des millions, disait à sa femme, peu de temps avant sa mort :

« Tu n'auras après moi, ma chère amie, d'autre ressource que de te noyer ou de te pendre. » Mais sa veuve fut mieux avisée ; elle rétablit sa fortune en embrassant la carrière de son mari. Elle fit un très-grand nombre de voyages aériens, et finit par acquérir une telle habitude de ces périlleux exercices, qu'il lui arrivait souvent de s'endormir pendant la nuit dans son étroite nacelle, et d'attendre ainsi le lever du jour, pour opérer sa descente. Dans l'ascension qu'elle fit à Turin, en 1812, elle eut à subir un froid si excessif, que les glaçons s'attachaient à ses mains et à son visage.

Ces dangers ne faisaient que redoubler son ardeur. En 1817, elle exécutait à Nantes sa cinquante-troisième ascension, lorsque, ayant voulu descendre dans la plaine, à quatre lieues de la ville, elle tomba au milieu d'un marais. Comme son ballon s'était accroché aux branches d'un arbre, elle y aurait péri, si l'on ne fût venu la dégager. Cet événement était le présage de la catastrophe qui lui coûta la vie.

Le 6 juillet 1819, madame Blanchard s'éleva, au milieu d'une fête donnée au Tivoli de la rue Saint-Lazare ; elle emportait avec elle un parachute muni d'une couronne de flammes de Bengale, afin de donner au public le spectacle d'un feu d'artifice, descendant du milieu des airs. Elle tenait à la main une *lance à feu*, pour allumer ses pièces. Un faux mouvement mit l'orifice du ballon en contact avec la lance à feu : le gaz hydrogène s'enflamma. Aussitôt une immense colonne de feu s'éleva au-dessus de la machine, et frappa d'effroi les nombreux spectateurs, réunis à Tivoli et dans le quartier Montmartre.

On vit alors distinctement madame Blanchard essayer d'éteindre l'incendie en comprimant l'orifice inférieur du ballon ; puis, reconnaissant l'inutilité de ses efforts, elle s'assit dans la nacelle et attendit. Le gaz brûla pendant plusieurs minutes, sans se communiquer à l'enveloppe du ballon. La rapidité de la descente était très-modérée, et il n'est pas douteux que, si le vent l'eût dirigée vers la campagne, madame Blanchard serait arrivée à terre sans accident. Malheureusement il n'en fut pas ainsi : le ballon vint s'abattre sur Paris ; il tomba sur le toit d'une maison de la rue de Provence. La nacelle glissa sur la pente du toit, du côté de la rue.

« À moi ! » cria madame Blanchard. Ce furent ses dernières paroles. En glissant sur le toit, la nacelle rencontra un crampon de fer ; elle s'arrêta brusquement, et par suite de cette secousse, l'infortunée aéronaute fut précipitée hors de la nacelle, et tomba, la tête la première, sur le pavé. On la releva le crâne fracassé ; le ballon, entièrement vide, pendait, avec son filet, du haut du toit, jusque dans la rue.

Fig. 308. — Mort de madame Blanchard, le 16 juillet 1819, dans la rue de Provence, à Paris.

Un autre martyr de l'aérostation fut le comte François Zambeccari, noble habitant de Bologne.

Zambeccari s'était consacré de bonne heure à l'étude des sciences. À vingt-cinq ans, il prit du service dans la marine royale d'Espagne. Mais il eut le malheur, en 1787, pendant le cours d'une expédition contre les Turcs, d'être pris avec son bâtiment. Il fut envoyé au bagne de Constantinople, et languit pendant trois ans, dans cet asile du malheur. Au bout de ce temps, il fut mis en liberté, sur les réclamations de l'ambassade d'Espagne.

Pendant les loisirs de sa captivité, Zambeccari avait étudié la théorie de l'aérostation ; de retour à Bologne, il composa, sur cette question, un petit ouvrage qu'il soumit à l'examen des savants de son pays. Ses travaux furent appréciés par le gouvernement pontifical, qui mit différentes sommes à sa disposition, pour lui permettre de continuer ses recherches. Zambeccari se servait d'une lampe à esprit-de-vin dont il dirigeait à volonté la flamme : il espérait, à l'aide de ce moyen, guider à son gré la machine, une fois qu'elle se trouverait en équilibre dans l'atmosphère.

Le système employé par Zambeccari est décrit dans un rapport adressé à la *Société des sciences* de Bologne, le 22 août 1804. Zambeccari employait une lampe à esprit-de-vin, de forme circulaire, percée sur son pourtour de vingt-quatre trous garnis d'une mèche et surmontés de sortes d'éteignoirs, ou écrans, qui permettaient d'arrêter, à volonté, la combustion sur un des points de la lampe. Il est probable, quoique le rapport n'en dise rien, que le calorique ne se transmettait pas directement à l'air situé dans le voisinage du gaz, mais que l'on chauffait une enveloppe destinée à communiquer ensuite le calorique à l'air, et de là au gaz hydrogène. Dans ce rapport, signé de trois professeurs de physique de Bologne, Saladini, Canterzani et Avanzini, on s'attache à combattre les craintes qu'occasionnait l'existence d'un foyer près du gaz hydrogène. On prétend que Zambeccari s'est dirigé à volonté au moyen de son appareil, et qu'il a pu décrire un cercle en planant au-dessus de la ville de Bologne. Des extraits de ce rapport sont donnés au tome IV, p. 314, des *Souvenirs d'un voyage en Livonie*, de Kotzebue.

Nous n'avons pas besoin de faire remarquer l'imprudence excessive que présentait ce système. Placer une lampe à esprit-de-vin allumée, dans le voisinage d'un gaz combustible, c'était provoquer volontairement les dangers dont Pilâtre de Rozier avait été la victime.

L'événement ne justifia que trop ces craintes. Pendant la première ascension que Zambeccari exécuta à Bologne, son aérostat vint heurter contre un arbre ; la lampe se brisa par le choc, l'esprit-de-vin se répandit sur ses vêtements, et s'enflamma. Zambeccari fut couvert de feu, et c'est dans cette situation effrayante que les spectateurs le virent disparaître au delà des nuages. Il réussit néanmoins à arrêter les progrès de cet incendie, et redescendit, mais couvert de cruelles blessures.

En dépit de cet accident, Zambeccari persista dans son projet fatal.

Toutes ses dispositions étant prises, l'ascension, dans laquelle il devait faire l'essai de son appareil, fut fixée aux premiers jours de septembre 1804. Il avait reçu du gouvernement, une avance de huit mille écus. Des obstacles et des difficultés de tout genre vinrent contrarier les préparatifs de son voyage. Malgré le fâcheux état où se trouvait son ballon à moitié détruit par le mauvais temps, il se décida à partir.

« Le 7 septembre, dit Zambeccari, le temps parut se lever un peu ; l'ignorance et le fanatisme me forcèrent d'effectuer mon ascension, quoique tous les principes que j'ai établis moi-même dussent me faire augurer un résultat peu favorable. Les préparatifs exigeaient au moins douze heures, et comme il me fut impossible de les commencer avant une heure après midi, la nuit survint lorsque j'étais à peine à moitié, et je me vis sur le point d'être encore privé des fruits que j'attendais de mon expérience. Je n'avais que cinq jeunes gens pour m'aider : huit autres que j'avais instruits, et qui m'avaient promis leur assistance, s'étaient laissé séduire et m'avaient manqué de parole. Cela, joint au mauvais temps, fut cause que la force ascendante du ballon n'augmentait pas en proportion de la consommation des matières employées à le remplir. Alors mon âme s'obscurcit, je regardai mes huit mille écus comme perdus. Exténué de fatigue, n'ayant rien pris de toute la journée, le fiel sur les lèvres, le désespoir dans l'âme, je m'enlevai à minuit, sans autre espoir que la persuasion où j'étais que mon globe, qui avait beaucoup souffert dans ses différents transports, ne pourrait me porter bien loin[36]. »

Zambeccari avait pris pour compagnons de voyage deux de ses compatriotes, Andreoli et Grassetti. Il se proposait de demeurer quelques heures en équilibre, dans l'atmosphère, et de redescendre au lever du jour. Mais après avoir plané quelque temps, tout à coup ils se trouvèrent emportés avec une rapidité inconcevable vers les régions supérieures. Le froid excessif qui régnait à cette hauteur et l'épuisement où se trouvait Zambeccari, qui n'avait pris aucune nourriture depuis vingt-quatre heures, lui occasionnèrent une dé- faillance ; il tomba dans la nacelle dans une sorte de sommeil sem- blable à la mort. Il en arriva autant à son compagnon Grassetti. Andreoli, seul, qui, au moment de partir, avait eu la précaution de faire un bon repas et de se gorger de rhum, resta éveillé, bien qu'il souffrît considérablement du froid. Il reconnut, en examinant le baromètre, que l'aérostat commençait à descendre avec une assez grande rapidité ; il essaya alors de réveiller ses deux compagnons, et réussit, après de longs efforts, à les remettre sur pied. Il était 2 heures du matin ; les aéronautes avaient jeté, comme inutile, la lampe à esprit-de-vin destinée à les diriger. Plongés dans une obs- curité presque totale, ils ne pouvaient examiner le baromètre qu'à la faible lueur d'une lanterne. Mais la bougie ne pouvant brûler dans un air aussi raréfié, sa lumière s'affaiblit peu à peu, et elle finit par s'éteindre. Ils se trouvèrent alors dans une obscurité complète.

Fig. 309. — Zambeccari.

L'aérostat continuait de descendre lentement, à travers une couche épaisse de nuages blanchâtres. Ces nuages dépassés, Andreoli crut entendre dans le lointain le sourd mugissement des flots. Ils prêtèrent l'oreille tous les trois, et reconnurent que c'était le bruit de la mer. En effet, ils tombaient dans l'Adriatique,

Il était indispensable d'avoir de la lumière, pour examiner le baromètre et reconnaître quelle distance les séparait encore de l'élément terrible qui les menaçait. Andreoli réussit, mais avec infiniment de peine, à l'aide du briquet, à rallumer la lanterne. Il était 3 heures, le bruit des vagues augmentait de minute en minute, et les aéronautes reconnurent avec effroi qu'ils étaient à quelques mètres à peine au-dessus de la surface des flots. Zambeccari saisit un gros sac de lest ; mais, au moment de le jeter, la nacelle s'enfonça dans la mer, et ils se trouvèrent tous dans l'eau.

Aussitôt ils rejetèrent loin d'eux tout ce qui pouvait alléger la machine : toute la provision de lest, leurs instruments, et une partie de leurs vêtements. Déchargé d'un poids considérable, l'aérostat se releva tout d'un coup. Il remonta avec une telle rapidité, il s'éleva à une si prodigieuse hauteur, que Zambeccari, pris de vomissements subits, perdit connaissance. Grassetti eut unehémorrhagie du nez, sa poitrine était oppressée et sa respiration presque impossible. Comme ils étaient trempés jusqu'aux os, au moment où la machine les avait emportés, le froid les saisit, et leur corps se trouva en un instant couvert d'une couche de glace. La lune leur apparaissait comme enveloppée d'un voile de sang. Pendant une demi-heure, la machine flotta dans ces régions immenses, et se trouva portée à une incommensurable hauteur. Au bout de ce temps, elle se mit à redescendre, et ils retombèrent dans la mer.

Ils se trouvaient à peu près au milieu de l'Adriatique, la nuit était obscure et les vagues fortement agitées. La nacelle était à demi enfoncée dans l'eau, et ils avaient la moitié du corps plongée dans la mer. Quelquefois les vagues les couvraient entièrement. Heureusement le ballon, encore à demi gonflé, les empêchait de s'enfoncer davantage. Mais l'aérostat, flottant sur les eaux, formait une sorte de voile où s'engouffrait le vent, et pendant plusieurs heures ils se trouvèrent ainsi traînés et ballottés à la surface des flots.

Malgré l'obscurité de la nuit, ils crurent un moment apercevoir à une faibledistance un bâtiment qui se dirigeait de leur coté ; mais bientôt le bâtiment s'éloigna à force de voiles et laissa les malheureux naufragés dans une angoisse épouvantable, mille fois plus cruelle que la mort.

Le jour parut enfin. Ils se trouvaient vis-à-vis de Pezzaro, à une lieue environ de la côte. Ils se flattaient d'y aborder, lorsqu'un vent de terre, qui se leva tout à coup, les repoussa vers la pleine mer. Il était grand jour et ils ne voyaient autour d'eux que le ciel et l'eau et une mort inévitable. Quelques bâtiments se montraient par intervalles ; mais du plus loin qu'ils apercevaient cette machine flottante et qui brillait sur l'eau, les matelots, saisis d'effroi, s'empressaient de s'éloigner. Il ne restait aux malheureux naufragés d'autre espoir que celui d'aborder sur les côtes de la Dalmatie, qu'ils entrevoyaient à une grande distance.

Cet espoir était bien faible, et ils auraient infailliblement péri, si un navigateur plus instruit sans doute que les précédents, reconnaissant la machine pour un ballon, n'eût envoyé en toute hâte sa chaloupe. Les matelots jetèrent un câble, les aéronautes l'attachèrent à la nacelle, et ils furent de cette manière hissés, à demi morts, sur le bâtiment. Débarrassé de ce poids, le ballon fit effort pour remonter dans les airs ; on essaya de le retenir ; mais la chaloupe était fortement secouée, le danger devenait imminent et les matelots se hâtèrent de couper la corde. Aussitôt le globe s'éleva et se perdit dans les nues.

Il était 8 heures du matin, quand ils arrivèrent à bord du vaisseau. Grassetti donnait à peine quelques signes de vie, ses deux mains étaient mutilées. Zambeccari, épuisé par le froid, la faim et tant d'angoisses horribles, était aussi presque sans connaissance, et, comme Grassetti, il avait les mains mutilées. Le brave marin qui commandait le navire prodigua à ces malheureux tous les soins que réclamait leur état. Il les conduisit au port de Ferrada, d'où ils furent transportés ensuite dans la ville de Pola. Les blessures que Zambeccari avait reçues à la main avaient pris tant de gravité, qu'un chirurgien dut lui pratiquer l'amputation de trois doigts.

Quelques mois après, Kotzebue eut occasion de voir Zambeccari, qui, guéri de ses blessures, était revenu à Bologne. Dans ses *Souvenirs d'un voyage en Livonie*, Kotzebue raconte une visite qu'il fit à l'intrépide aéronaute, et il ne cesse d'admirer son héroïsme et son courage : « C'est un homme, dit-il, dont la physionomie annonce bien ce qu'il a fait depuis longtemps ; ses regards sont des pensées. »

Après avoir couru de si terribles danger, Zambeccari aurait dû être dégoûté à jamais de semblables entreprises. Il n'en fut rien ; car, à peine remis, il recommença ses ascensions. Comme sa fortune ne lui permettait pas d'entreprendre les dépenses nécessaires à la construction de ses ballons, et que ses compatriotes lui refusaient tout secours, il s'adressa au roi de Prusse, qui lui procura les moyens de poursuivre ses projets.

Le 21 septembre 1812, Zambeccari fit, à Bologne, une nouvelle expérience. Mais elle eut cette fois une issue fatale. Son ballon s'accrocha à un arbre, la lampe à esprit-de-vin, à laquelle il n'avait pas renoncé, mit le feu à la machine, et l'infortuné aéronaute fut précipité, à demi consumé.

La mort de madame Blanchard et celle de Zambeccari ne sont pas les seuls malheurs qui aient attristé l'histoire de l'aérostation. Harris, ancien officier de la marine anglaise, avait embrassé la carrière de l'aérostation et il avait fait, avec M. Graham, plusieurs ascensions publiques. Il fit lui-même construire un ballon, auquel il ajouta de prétendues améliorations, qui avaient sans doute été mal conçues. Le fait est qu'il perdit la vie, dans les circonstances dramatiques que nous allons raconter.

Le 8 mai 1824, Harris partit du Wauxhall de Londres, accompagné d'une jeune dame qu'il aimait passionnément. Arrivé au plus haut de sa course, et voulant redescendre, il tira la corde qui aboutissait à la soupape, afin de perdre une partie du gaz et de descendre d'une manière lente et graduelle. Mais il y avait, sans doute, dans la soupape, quelque vice de construction, car une fois ouverte, elle ne put se refermer, et le gaz continua de s'échapper rapidement. Malgré tous ses efforts, Harris ne put parvenir à atteindre jusqu'à la soupape, et l'aérostat se mit à descendre avec une rapidité effrayante.

Il commença par jeter tous les sacs de lest qu'il avait emportés, et tout ce qui était susceptible d'alléger l'aérostat. Mais le ballon tombait toujours avec une vitesse excessive. Il jeta jusqu'à ses vêtements ; mais rien ne pouvait arrêter cette terrible chute, qui allait bientôt les briser tous les deux contre la terre.

Si le ballon n'eût porté qu'un voyageur, son salut était presque assuré. L'héroïsme de l'amour inspira, en ce moment, à Harris, un sacrifice suprême. Il embrassa sa compagne, et se précipita dans l'espace.

Fig. 310. — Mort de Harris.

La jeune dame, terrifiée, le vit tourner dans le vide, comme un oiseau frappé par le plomb du chasseur, et tomba évanouie dans la nacelle

Allégé de ce poids, le ballon, bien qu'il perdît toujours son gaz, descendit assez lentement, et arriva à terre sans occasionner la moindre secousse à la voyageuse, toujours évanouie dans la nacelle. Elle ne rouvrit les yeux qu'en se voyant entourée de paysans accourus pour lui porter secours. Le dévouement de Harris venait de l'arracher à une mort épouvantable.

Pendant la même année 1824 (le 29 septembre), un autre aéronaute anglais, Sadler, périt près de Bolton. Ayant prolongé son ascension trop longtemps, il avait épuisé tous ses sacs de sable. Il était nuit lorsqu'il opéra sa descente, que l'absence de lest l'empêcha de diriger à sa volonté. Il fut poussé par le vent, contre la cheminée d'un haut bâtiment, isolé dans la campagne. La violence de ce choc le précipita hors de la nacelle, sur le sol, où il fut brisé. Le malheureux aéronaute avait déjà fait, sans accident, plus de soixante ascensions.

La nécrologie de l'aérostation a encore à enregistrer les noms d'Olivari, mort à Orléans en 1802 ; de Mosment, qui périt à Lille en 1806 ; de Bittorf, mort à Manheim, en 1812.

Olivari était parti le 25 novembre 1802, dans une simple montgolfière de papier, fortifiée seulement par des bandes de toile. Une nacelle d'osier, suspendue au-dessous du réchaud, était remplie de boulettes de copeaux imprégnées de matières résineuses destinées à alimenter le foyer.

Cette provision de combustibles placée dans la nacelle, vint malheureusement à s'enflammer par quelques tisons tombés du réchaud. La nacelle prit feu, elle embrasa la montgolfière, et l'infortuné Olivari fut jeté dans l'espace, couvert de cruelles brûlures.

L'aéronaute Mosment avait coutume de s'élever debout, sur un plateau de bois, suspendu, en guise de nacelle, à son ballon de gaz hydrogène. Le 7 avril 1806, dans une ascension publique, il voulut lancer du haut des airs, un chien, attaché à un parachute. Les oscillations du ballon, subitement délesté de ce poids ; ou bien encore la résistance de l'animal, qui se débattait dans le parachute, firent perdre l'équilibre à l'aéronaute, toujours debout sur son plateau. On le retrouva le lendemain, à moitié recouvert de sable, dans un des fossés qui entourent la ville.

Comme Olivari, Bittorf périt, en Allemagne, dans une montgolfière. Malgré les dangers depuis longtemps reconnus à ce genre d'appareils, il ne faisait jamais usage que d'une montgolfière de papier, doublée de toile, de la dimension de 16 mètres de diamètre, sur 20 mètres de hauteur. Il fit sa dernière expérience, à Manheim, le 7 juillet 1812. Bittorf s'élevait à peine, lorsque la montgolfière prit feu ; il fut précipité sur une des dernières maisons de la ville, et se tua sur le coup.

Louis Figuier

On peut ajouter sur cette liste funèbre, le nom de l'aéronaute Emile Deschamps, qui, après avoir fait à Paris un grand nombre d'ascensions, périt à Nîmes, le 27 novembre 1853, par suite de la rupture subite de son ballon, occasionnée par la violence du vent.

Nous ne voudrions pas cependant que le récit de ces événements regrettables fit porter un jugement exagéré sur les dangers de l'aérostation. L'inexpérience, l'imprudence des aéronautes furent les seules causes de ces malheurs, qui ont été amenés surtout par l'usage des montgolfières, dont l'emploi, dans les voyages aériens, offre tant de difficultés et de périls. Mais si l'on réfléchit au nombre immense d'ascensions qui se sont effectuées depuis soixante ans, on n'aura pas de peine à admettre que la navigation de l'air n'offre guère plus de dangers que la navigation maritime. Selon M. Dupuis-Delcourt, on peut citer les noms de plus de quinze cents aéronautes, et parmi eux il en est plusieurs qui se sont élevés plus de cent fois dans l'atmosphère. On peut évaluer à quinze mille le nombre total d'ascensions qui ont été effectuées jusqu'à l'année 1867. Sur ce nombre, on n'en compte pas plus de quinze dans lesquelles les aéronautes aient trouvé la mort. Ces chiffres peuvent rassurer sur les périls qui accompagnent les ascensions aérostatiques. Seulement, il faut savoir que, dans ce métier, le moindre oubli de certaines précautions peut entraîner les plus déplorables suites.

S'il fallait citer un exemple qui démontrât une fois de plus, combien la circonspection et la prudence sont des qualités indispensables dans ces frivoles exercices, il nous suffirait de rappeler la mort de l'aéronaute Georges Gale, qui produisit à Bordeaux, en 1850, une sensation pénible.

Georges Gale, ancien lieutenant de la marine royale d'Angleterre, s'était associé avec un de ses compatriotes, Cliffort, qui possédait un ballon magnifique ; et ils se livraient ensemble à la pratique de l'aérostation. Tout Paris a admiré son adresse et son courage dans ses ascensions équestres, imitées de celles de M. Poitevin. C'est en faisant une ascension de ce genre, qu'il périt à Bordeaux, le 9 septembre 1850.

Georges Gale avait l'habitude, au moment de partir pour ses voyages aériens, de s'exciter par un abus de liqueurs alcooliques.

La consommation avait été ce jour-là plus considérable que de coutume ; son exaltation était telle que Cliffort en fut effrayé, et manifesta à son compatriote le désir de monter à sa place. Mais Gale repoussa sa proposition, et s'élança dans les airs.

Le voyage, qui dura près d'une heure, fut cependant exempt de tout accident, et à 7 heures du soir, l'aéronaute descendait dans la commune de Cestas. Quelques paysans accoururent, saisirent l'aérostat, et dessanglèrent le cheval. Cependant le vent soufflait avec violence, et le ballon, délesté d'un poids considérable, faisait violemment effort pour se relever. Gale, resté dans la nacelle, indiquait aux paysans les manœuvres à exécuter pour le retenir. Par malheur il parlait anglais, et cette circonstance, jointe à son exaltation et à son impatience naturelle, empêchait les paysans de bien exécuter ses indications. Une manœuvre mal comprise fit lâcher les cordes, et tout aussitôt le ballon, devenu libre, s'élança en ligne presque verticale, emportant l'aéronaute, qui, dans ce moment, debout dans la nacelle, fut renversé du choc. On vit alors Gale, la tête inclinée hors de la nacelle et paraissant suffoqué.

Nul ne peut dire ce qui se passa ensuite. Seulement, à 11 heures du soir, le ballon, encore à demi gonflé, fut retrouvé au milieu d'une lande, au delà de la Croix-d'Hinx. L'appareil n'était nullement endommagé, et tous les agrès étaient à leur place ; mais l'aéronaute n'y était plus, et toutes les recherches pour le retrouver près du ballon furent inutiles.

Le lendemain, à la pointe du jour, un pâtre qui menait ses vaches à une demi-lieue de cet endroit, s'aperçut qu'un de ses animaux s'enfonçait dans un fourré de bruyères, et y flairait avec bruit. Il s'approcha, et vit un homme étendu sur la terre. Le croyant endormi, il s'avança pour l'appeler ; mais il fut saisi d'horreur au spectacle qui s'offrit à lui. Le cadavre de l'infortuné aéronaute était couché sur la face, les bras brisés et ployés sous la poitrine. Le ventre était enfoncé, et les jambes fracturées en plusieurs endroits ; la tête n'avait plus rien d'humain : elle avait été à moitié dévorée par les bêtes fauves.

La mort n'a pas toujours été l'issue des événements dramatiques auxquels a donné lieu la pratique de l'aérostation. Nous placerons ici le récit de quelques-uns de ces épisodes, moins douloureux et

Louis Figuier

tout aussi intéressants.

Fig. 311. — Arban après sa chute dans l'Adriatique, avec son aérostat, est recueilli par deux pêcheurs italiens.

Arban, aéronaute français, avait plusieurs fois annoncé aux habitants de Trieste le spectacle d'une ascension ; mais, jusque-là, le mauvais temps l'avait empêché de mettre sa promesse à exécution. Cependant, le 8 septembre 1846, il se décida à accomplir le voyage.

Son aérostat fut transporté dans la cour de la caserne, et on le remplit de gaz hydrogène. Un ballon d'essai apprit que le vent soufflait du sud-ouest vers le nord-est, ce qui excluait toute crainte de le voir se diriger vers la mer.

Malheureusement on n'avait préparé qu'une quantité insuffisante de gaz hydrogène ; de sorte qu'au moment du départ, le ballon n'eut pas la force d'enlever la nacelle, avec l'aéronaute et les objets qu'il devait emporter. L'ascension avait été annoncée pour 4 heures ; il en était 6, et le ballon n'était pas parti. La foule s'impatientait ; elle faisait entendre des murmures et des plaintes.

Arban s'imagine alors que son honneur est compromis, et que le public l'accusera, s'il n'effectue pas son ascension, d'avoir voulu le tromper. Il prend aussitôt la résolution, téméraire, de partir sans la nacelle, en se tenant suspendu aux frêles cordages du filet du ballon. Sous un prétexte, il éloigne le commissaire de police autrichien, qui se serait opposé à son départ, dans de telles conditions. Il fait également retirer sa femme, qui devait partir avec lui, comme elle l'avait déjà fait, non sans courage, à Vienne et à Milan. Ensuite il détache la nacelle du ballon, lie ensemble les cordes qui la supportaient, se met à cheval sur ces cordes, et ordonne de lâcher le ballon.

Se retenant de la main gauche au filet, le courageux Arban salue de la main droite la population de Trieste, rassemblée autour de la caserne, stupéfaite de tant d'audace, et admirant cet homme intrépide, ou plutôt cet homme de cœur, qui donnait sa vie pour ne pas manquer à sa parole.

On le suivit longtemps des yeux ; puis on le perdit de vue dans les nuages. Seulement, le vent avait changé, et l'on voyait très-bien que le ballon planait au-dessus de l'Adriatique. Aussitôt, un grand nombre de barques et de canots sortirent du port, suivant la direction qu'avait prise l'aérostat. Mais la nuit arriva, et il fallut revenir, sans rapporter aucun renseignement sur le sort du malheureux aéronaute. Sa femme, désespérée, passa toute la nuit à l'attendre, à l'extrémité du môle.

Voici comment se termina cette tragique aventure. Toujours accroché aux cordages de l'aérostat, Arban flotta, pendant deux heures, au milieu des nuages, par-dessus l'Adriatique. Mais peu à peu, le ballon se dégonfla et descendit lentement. À 8 heures du soir, il rasait la surface des flots ; quelquefois même, il venait reposer sur l'eau. La masse d'étoffe légère qui composait le ballon, et le peu de gaz qu'il conservait encore, lui permettaient de se soutenir sur l'eau. Jusqu'à 11 heures du soir, l'infortuné aéronaute lutta, autant que ses forces le lui permettaient, pour se défendre contre les vagues. Par intervalles, le ballon se relevait, et poussé par le vent, glissait à la surface de l'eau. Le malheureux Arban était ainsi constamment ballotté entre la vie et la mort. Il se trouvait à deux kilomètres de Trao, sur la côte d'Italie.

Cette lutte épouvantable ne pouvait durer longtemps. Les forces du malheureux naufragé étaient à bout, quand il fut aperçu par deux pêcheurs, François Salvagno, de Chioga, et son fils, partis tous les deux pour pêcher dans les eaux de Trao. Ils firent force de rames pour arriver jusqu'à l'aéronaute, que ses efforts désespérés défendaient seuls encore contre une mort imminente. Ils le recueillirent dans leur barque.

Le lendemain, à 6 heures du matin, les deux pêcheurs entraient à Trieste, amenant dans leur barque, l'aéronaute miraculeusement sauvé, ainsi que les débris de sa machine. Il en fut quitte pour quelques jours de fièvre[37].

Les fastes de l'aérostation conservent le souvenir d'un événement, très-singulier, qui se passa à Nantes, en 1845. Il s'agit encore d'un héros, mais d'un héros malgré lui.

Un aéronaute de profession, nommé Kirsch, exécutait une ascension dans la ville de Nantes, en présence d'une foule considérable, qui se pressait aux environs de la promenade de la Fosse. Le ballon était gonflé et prêt à partir, lorsqu'une des cordes qui le retenaient fixé à un mât, vint à se rompre, et le ballon s'emporte, traînant après lui la nacelle, que l'on n'avait eu que le temps d'attacher par un seul bout. La nacelle se terminait par une ancre de fer, pendue au bout d'une corde.

Voilà donc l'aérostat, qui, poussé par le vent, et élevé seulement d'une trentaine de mètres au-dessus du sol, est traîné sur la place, qu'il balaye, en laissant pendre du haut en bas, d'abord la nacelle, puis l'ancre qui la termine, et qui rase le sol.

En ce moment, un jeune garçon de douze ans, nommé Guérin, apprenti charron, était tranquillement assis, avec ses camarades au bord d'une fenêtre, paisible spectateur de l'ascension. L'ancre du ballon accroche le bas du pantalon de l'apprenti, le déchire jusqu'à la hanche, et le saisissant par la ceinture, fait perdre terre au malheureux jeune homme, qu'elle entraîne dans les airs.

Ce fut à la consternation générale, que l'on vit l'aérostat tenant le pauvre Guérin suspendu par la ceinture, s'élever à plus de 300 mètres de hauteur. Une catastrophe semblait inévitable. Mais par un hasard providentiel, l'événement n'eut point d'issue funeste.

Le jeune Guérin jetait des cris de désespoir. Il était déjà porté à une hauteur si grande, que la foule rassemblée sur la place, ne lui apparaissait que comme une troupe de fourmis, et les maisons pas plus grandes que le pouce. Il se voyait entraîné vers la Loire. Comme il sentait que son pantalon, dans lequel l'ancre était accrochée, allait céder et le précipiter sur la terre, il avait saisi des deux mains la corde qui soutenait l'ancre. C'est dans cette situation épouvantable qu'il fut promené, pendant un quart d'heure, dans l'espace.

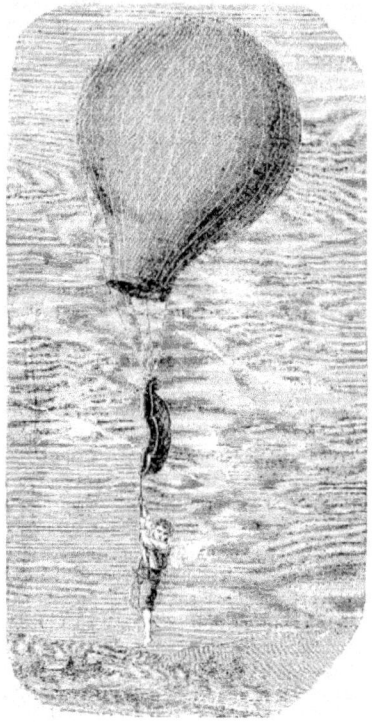

Fig. 312. — Le jeune Guérin, aéronaute malgré lui.

Il s'aperçut heureusement alors que le ballon commençait à se dégonfler, lui promettant une délivrance prochaine. Le courage et l'espoir lui revinrent. Seulement, la corde de l'ancre à laquelle il était suspendu, tournait rapidement sur elle-même ; de sorte que notre aéronaute forcé voyait les objets placés au-dessous de lui, exécuter une danse vertigineuse. Il descendait lentement aux environs d'une ferme située non loin de la ville.

La frayeur le reprit, quand il approcha de la terre. Il se demandait comment il allait supporter la chute contre le sol. Un bruit de voix se fit entendre à peu de distance.

« Par ici, mes amis, s'écriait l'enfant. Sauvez-moi ! je suis perdu !

— N'aie pas peur, tu es sauvé ! » lui répondent quelques personnes, accourues à ses cris.

Et sans même toucher le sol, il est reçu dans les bras de ses sauveurs.

Un des plus célèbres aéronautes de l'Angleterre, Green, a vu la mort d'aussi près que le jeune Guérin, d'une façon tout aussi involontaire, mais dans des circonstances bien différentes.

De tous les aéronautes de profession, M. Green est assurément celui qui a fait le plus d'ascensions : il en a exécuté plus de mille. Cependant celle que nous allons raconter faillit être, pour lui, la dernière.

M. Green emmenait avec lui tout amateur qui voulait payer sa place. Il partit, un jour, du Wauxhall de Londres, en compagnie d'un gentleman, qui avait dûment versé entre ses mains le prix du voyage. Commodément installé dans la nacelle, notre amateur semblait prendre le plus grand plaisir à cette excursion aérienne.

Tout à coup, le gentleman tire un couteau de sa poche, et, tranquillement, il se met en devoir de couper l'une des cordes qui soutiennent la nacelle.

Green s'était embarqué avec un fou.

Il saisit aussitôt la main de l'individu, s'empare du couteau, et le jette. Mais notre homme, tenace dans sa résolution, se dresse au bord de la nacelle, et s'apprête à faire dans le vide, un suprême plongeon.

Si notre fou eût exécuté son dessein, Green était perdu ; car le ballon, subitement délesté d'un grand poids, l'eût entraîné avec une rapidité effrayante, vers les plus hautes régions de l'air, où il eût trouvé la mort. Sa présence d'esprit le tira de ce péril. Sans se déconcerter, sans laisser paraître aucune émotion, il dit à son terrible compagnon de route :

« Vous voulez sauter, c'est bien ; je veux en faire autant, et comme vous, me précipiter dans l'espace. Mais nous sommes encore trop bas ; il faut nous élever plus haut, afin de mieux jouir d'une aussi belle chute. Laissez-moi faire, je vais accélérer notre ascension. »

Aussitôt, Green saisit la corde de la soupape, et la tire, d'un effort désespéré. Au lieu de monter, l'aérostat se vide, et ils descendent à grande vitesse. Dans cet intervalle, les idées du gentleman avaient sans doute pris une tournure moins funèbre, car, arrivé en bas, il sauta de la nacelle, sans dire un mot, et comme si rien ne s'était passé. Depuis ce jour, M. Green, avant de s'embarquer avec un inconnu, trouva prudent d'avoir avec lui quelques instants de sérieux entretien.

CHAPITRE XIV

LES ASCENSIONS AÉROSTATIQUES CÉLÈBRES. — UN VOYAGE DE NUIT EN BALLON. — GREEN PARCOURT EN BALLON LA DISTANCE DE L'ANGLETERRE AU DUCHÉ DE NASSAU. — VOYAGE DE BELGIQUE FAIT, EN 1850, PAR L'AÉROSTAT **LA VILLE DE PARIS**, MONTÉ PAR LES FRÈRES GODARD. — **LE GÉANT.** — M. NADAR ET LE SYSTÈME DU **PLUS LOURD QUE L'AIR.** — PREMIER VOYAGE DU **GÉANT.** — DESCENTE À MEAUX. — DEUXIÈME VOYAGE DU **GÉANT** ; CATASTROPHE DU HANOVRE. — AUTRES ASCENSIONS DU **GÉANT** EN BELGIQUE EN 1864 ET À PARIS EN 1867.

Le même aéronaute Green, dont nous venons de raconter l'étrange aventure avec un échappé de Bedlam, est célèbre dans l'histoire de l'aérostation, non-seulement par les mille ascensions qu'on lui attribue, mais parce qu'il fit, en 1836, le voyage aérien le plus long qui ait jamais été exécuté. Il se transporta de Londres à Weilberg, dans le duché de Nassau, et passa toute une nuit, perdu dans les airs.

L'aérostat qui servit à ce voyage mémorable, était un des plus grands que l'on eût encore vus : il cubait 2 500 mètres. Parti de Londres, le 7 novembre 1836, M. Green avait pour compagnons de voyage, MM. Holland et Monk-Mason. Ne sachant en quel pays le vent les porterait, ils s'étaient munis de passe-ports pour tous les États de l'Europe, et d'une bonne provision de vivres.

Le ballon s'éleva majestueusement à une heure et demie ; et entraîné par un vent faible du nord-ouest, il se dirigea au sud-est, sur les plaines du comté de Kent. À 4 heures, la mer se montra à nos voyageurs aériens, toute resplendissante des feux du soleil couchant.

Cependant le vent vint à changer presque subitement, et à tourner au nord ; de sorte que le ballon était poussé au-dessus de la mer d'Allemagne, et cela à la tombée de la nuit. M. Green jugea prudent d'aller chercher un courant d'air d'une direction plus favorable : il jeta un partie de son lest, et s'éleva ainsi dans une région supérieure, où il trouva un courant atmosphérique, qui, les ramenant en arrière, les conduisit, en quelques minutes, au-dessus de Douvres. Toujours poussés par le vent, ils s'engagèrent, par-dessus la mer, dans la direction du Pas-de-Calais.

Il était près de 5 heures de l'après-midi, lorsque les voyageurs aperçurent la première ligne des vagues se brisant sur la plage ; et le spectacle qui apparut à leurs yeux était vraiment sans égal. Derrière eux, se dressait la côte d'Angleterre, avec ses falaises blanches, à demi perdues dans les brumes lointaines, et reconnaissables seulement à l'éclat du phare de Douvres. À leurs pieds, l'Océan, dans toute sa sombre majesté, s'étendait jusqu'à l'horizon, déjà enveloppé dans les ombres du crépuscule.

La nuit arriva bientôt. Devant eux apparaissait une barrière de nuages, qui prenaient, dans l'obscurité naissante, toutes sortes d'aspects fantastiques : de bizarres parapets, des tours d'une hauteur interminable, des bastions, des murs crénelés, semblaient défendre la route des airs. Bientôt l'obscurité augmentant de plus en plus, ils flottèrent au sein de nuages épais, entourés de toutes parts, de brouillards, dont l'humide vapeur se condensait sur l'enveloppe de l'aérostat. Aucun bruit ne se faisait entendre, pas même celui des vagues.

Au bout d'une heure, le détroit était franchi. Déjà le phare de Calais était visible, et le bruit éloigné des tambours, battant aux environs de la ville, montait jusqu'à nos voyageurs. La nuit était si obscure que l'on ne pouvait obtenir quelque connaissance des pays que l'on traversait, que par le nombre de lumières apparaissant sur la terre, tantôt isolées, tantôt réunies. On ne distinguait les villes des villages, qu'aux masses de lumières agglomérées ou séparées. L'incertitude sur le lieu ou ils se trouvaient, augmentait à mesure que la nuit épaississait les ténèbres autour de nos voyageurs. Le ballon faisait plus de dix lieues à l'heure.

C'est ainsi que Green et ses compagnons, parcoururent une partie du continent du nord de l'Europe. Vers minuit, ils se trouvaient en

Belgique, au-dessus de Liège.

Remplie d'usines et de hauts fourneaux, située au milieu d'un canton très-peuplé, cette ville se montrait éblouissante de lumière. On distinguait sans peine les rues, les places et les grands édifices, éclairés par le gaz. Mais, à minuit, toute lumière s'éteint sur la terre ; bientôt tout rentra dans l'ombre, et nos voyageurs n'aperçurent plus rien.

Ils continuèrent, poussés par le vent, leur course aérienne à travers les ténèbres. La lune n'apparaissait pas, et les espaces célestes étaient aussi noirs que les régions inférieures. Les étoiles seules brillaient sur la voûte du ciel, comme le seul phare naturel de nos navigateurs errants. En avançant dans ce gouffre mystérieux, il leur semblait pénétrer dans une masse de marbre noir, qui s'ouvrait, s'amollissait, et cédait à leur approche.

Dans un aérostat, rien, pas même le plus léger balancement, ne trahit le mouvement ; l'immobilité semble parfaite. Joignez à cela l'effet de l'obscurité et du silence, un froid de glace, car il gelait à 10 degrés, l'ignorance absolue du lieu où l'on se trouvait, la crainte d'aller se briser contre quelque obstacle, comme une montagne ou le clocher d'une église, et vous comprendrez les préoccupations d'un voyage si aventureux.

Depuis plus de trois heures, les aéronautes se trouvaient dans cet état, flottant à une hauteur de 4 000 mètres, lorsque, tout à coup, une explosion se fait entendre ; la nacelle éprouve une forte secousse, la soie du ballon s'agite, et paraît tressaillir. Une seconde, une troisième explosion, se succèdent, accompagnées chaque fois, d'un ébranlement de la nacelle, qui menace de les précipiter tous dans l'abîme. D'où provenait cet étrange mouvement ? À la hauteur de 4 000 mètres à laquelle le ballon était porté, le gaz hydrogène de l'aérostat, placé dans un milieu excessivement raréfié, s'était extrêmement dilaté, comme il arrive toujours dans cette circonstance. L'étoffe du ballon, pressée par l'expansion du gaz intérieur, avait fait effort de toutes parts, et brisé une partie du filet, qui était rempli d'humidité, déjà raidie par le froid. Telle était la cause des bruits qui avaient retenti au-dessus de leur tête, en secouant affreusement la nacelle. Heureusement, cette crise n'eut aucune suite fâcheuse ; les voyageurs en furent quittes pour la peur.

Louis Figuier

Les premières lueurs du matin, si lentes à apparaître au mois de novembre, commencèrent enfin à se montrer, et les voyageurs purent savoir s'ils planaient sur la mer ou sur le continent. En effet, plus d'une fois, pendant la nuit, ils avaient entendu sortir, des vapeurs environnantes, des bruits qui ressemblaient tellement à celui des vagues qui se brisent sur une plage, que Green se croyait transporté sur les rives de la mer du Nord, ou au moment d'atteindre les parages, plus éloignés, de la mer Baltique. L'arrivée du jour dissipa ces craintes. Au lieu de la mer, on découvrit un pays cultivé, traversé par un fleuve majestueux, dont la ligne sinueuse partageait le paysage, et allait se perdre aux courbes lointaines de l'horizon.

Ce fleuve était le Rhin. Mais nos voyageurs ne connaissaient pas assez bien la carte de l'Europe, pour reconnaître, de cette hauteur, au seul aspect, le territoire qu'ils parcouraient. Ignorant la vitesse du vent qui les avait emportés, ils n'avaient aucun élément pour calculer leur distance de l'Angleterre. Seulement, comme ils avaient aperçu de grandes plaines couvertes de neige, ils se croyaient arrivés jusqu'en Pologne.

Ce lieu paraissant propice à l'atterrissement, ils se décidèrent à terminer là un voyage si accidenté. Green donna issue au gaz, jeta l'ancre au bas de la nacelle, et effectua sa descente sans accident. Il était 7 heures et demie du matin.

Alors apparurent les naturels du pays, qui jusque-là, s'étaient tenus prudemment cachés dans les taillis, observant les manœuvres de cet étrange équipage. Ils s'empressèrent de venir prêter mainforte aux voyageurs, et leur apprirent dans quel lieu ils étaient descendus.

C'était le duché de Nassau, et la ville la plus voisine était Weilberg.

On fit une réception d'honneur aux trois voyageurs anglais, qui, par reconnaissance, déposèrent dans les archives du palais ducal de Nassau, le pavillon qui avait orné leur nacelle, dans cette expédition aventureuse. Il prit place à côté d'un pavillon semblable que Blanchard y avait déposé, à la suite d'une ascension faite en 1785, et dans laquelle, partant de Francfort, il était descendu, par un singulier hasard, à deux lieues seulement du point où Green et ses compagnons avaient opéré leur atterrissement.

Ainsi se termina cette expédition nocturne, dans laquelle Green

CHAPITRE XIV

et ses compagnons parcoururent la plus grande étendue de pays que l'on eût encore franchie en ballon. Une portion considérable de cinq États de l'Europe, l'Angleterre, la France, la Belgique, la Prusse, et le duché de Nassau ; une longue suite de villes, Londres, Rochester, Cantorbéry, Douvres, Calais, Ypres, Courtray, Lille, Tournay, Bruxelles, Namur, Liège, Spa, Malmédy, Coblentz, et une foule de bourgs et de villages étaient venus se présenter successivement à leur horizon.

Après le voyage de Green, celui qui fut effectué, en France, le 6 octobre 1850, dans le ballon *la Ville-de-Paris*, dirigé par MM. Eugène Godard et Louis Godard, et dans lequel les voyageurs, au nombre de six, allèrent descendre en Belgique, mérite d'être signalé.

Le ballon *la Ville-de-Paris* était monté, outre MM. Eugène Godard et Louis Godard, par MM. Gaston de Nicolay, Julien Turgari, Louis Deschamps, régisseur de l'Hippodrome, et Maxime Mazen. Il partit à 5 heures et demie de l'Hippodrome, passa par-dessus Montmorency, Luzarches et la forêt de Chantilly. Ensuite, poussé par le vent, il traversa les départements de l'Oise et de la Somme, pour arriver en Belgique. Il descendit à 10 heures du soir à Gits, près Hooglède. Le voyage ne présenta d'ailleurs d'autre incident que la longueur de l'espace franchi.

Le ballon *la Ville-de-Paris*, qui avait servi au grand voyage de Belgique, et qui appartenait aux frères Godard, devait, peu de temps après, périr de mort violente. Il fut consumé par le feu, aux environs de Marseille, sans que l'on puisse bien s'expliquer la cause de l'événement. Nous croyons que les aimables Provençaux s'amusèrent à mettre le feu au ballon, pour faire une bonne farce. Voici, du reste, comment le *Nouvelliste de Marseille* rendit compte de l'événement :

« Une foule considérable occupait hier l'enceinte d'où le ballon de M. Godard devait s'élever dans les airs. La promenade du Prado était également remplie d'une affluence inouïe de curieux, attendant le départ de l'aérostat. Le temps était magnifique, mais un léger mistral se faisait sentir, aussi quand la *Ville-de-Paris* est montée, majestueusement balancée, sur la tête des nombreux spectateurs, elle a pris la direction de la mer et s'y portait avec une telle rapidité que, malgré les instances des autres voyageurs, au nombre de quatre, M. Godard a voulu opérer une descente, qui s'est heureusement effectuée dans la campagne de M. Peyssel, non loin de Sainte-Marguerite. Il était alors 4 heures 5 minutes. On s'est décidé néanmoins à faire une nouvelle ascension, et l'on s'est de nouveau pourvu de lest pour remonter et aller retomber derrière les collines de la Gineste.

Ces opérations terminées, on a essayé de monter ; mais le ballon, qui avait perdu beaucoup de gaz, n'a pu s'élever, même après avoir rejeté le lest, et il a fallu que deux des voyageurs consentissent à ne pas prendre part à l'ascension. En conséquence, madame Deschamps et M. Laugier sont restés à terre. M. Laugier, dans cette circonstance, ayant bien voulu se retirer en faveur de M. Crémieux, qui devait s'absenter et n'aurait pu prendre part à l'ascension projetée pour dimanche.

Ainsi allégé, l'aérostat s'éleva lentement, emportant MM. Godard, Deschamps et Crémieux ; il était alors 5 heures. On l'a vu suivre la même direction qu'auparavant et se perdre derrière les collines de Cassis. M. Godard se voyant en face de la mer, vers laquelle le vent poussait rapidement, fit les préparatifs de descente. On jeta d'abord une longue corde, dont l'effet est de ralentir la marche de l'aérostat par le frottement en traînant sur la terre. On lâcha du gaz et l'on jeta l'ancre en même temps.

On se trouvait, en ce moment, à une élévation de 100 mètres ; le vent soufflait avec force au milieu des montagnes, et l'ancre, qui ne put mordre aucune part dans une contrée dépouillée d'arbres et tout à fait aride, courait avec bruit sur les rochers, faisant jaillir une traînée d'étincelles. Cependant l'aérostat s'abaissait vers la terre, et la nacelle, rasant les inégalités du sol, éprouvait de fortes secousses. MM. Deschamps et Crémieux s'étaient couchés dans la nacelle par le conseil de M. Godard, qui restait debout, cherchant à manœuvrer de manière à arrêter la marche de l'aérostat. Un choc lance l'aéronaute en avant de la nacelle et le fait tomber à terre.

M. Godard se relève aussitôt, et, ne songeant qu'au danger de ses compagnons, court après le ballon, qui venait de parcourir 5 ou 6 kilomètres en quelques minutes, et leur crie de tirer la corde de la soupape, que M. Deschamps tenait d'une main, tandis qu'il se retenait de l'autre à la nacelle. En même temps, M. Crémieux, qui a montré dans cette circonstance un sang-froid admirable, s'occupait à couper les cordes de la nacelle, afin de la séparer du ballon, au moment où l'on se trouverait tout à fait près de terre.

Un nouveau choc a jeté M. Crémieux hors de la nacelle, sans que sa chute lui ait occasionné aucune blessure grave, et M. Deschamps s'est alors laissé glisser à terre. Entraîné quelque temps par une corde qui s'était embarrassée à ses pieds, il a reçu quelques blessures à la tête et une entorse. La *Ville-de-Paris* a continué sa marche encore quelque temps, et s'est abattue à une demi-heure de là, près Cassis.

Cependant M. Godard, inquiet sur le sort de ses deux compagnons, a continué de courir dans la direction qu'ils avaient suivie, et les a pu rejoindre, non loin d'une habitation isolée, où ils ont été transportés, et dans laquelle on leur a donné les soins que leur état réclamait.

Moins grièvement contusionné que ces messieurs, M. Godard est aussitôt parti pour Cassis, afin de se procurer une voiture pour les transporter à Marseille.

Arrivé au détour d'une colline, il aperçut à quelque distance une grande clarté qui éclatait tout à coup et sillonnait la campagne ; c'était la *Ville-de-Paris* qui brûlait, le gaz qu'elle contenait encore s'était enflammé, on ignore encore par quelle cause. Des paysans se trouvaient à l'entour de l'aérostat et ont pu annoncer à M. Godard, qui les a interrogés de loin, que son aérostat était entièrement consumé, sauf l'extrémité, et que l'explosion du gaz n'avait occasionné aucun mal aux rustiques spectateurs qui semblaient se réjouir autour de cet incendie comme autour d'un feu de joie. »

On a dit que le feu avait pu être mis au ballon, par une étincelle qui aurait jailli d'un caillou frappé par le fer de l'ancre. Comme jamais rien de semblable n'a été vu dans la descente d'un aérostat, nous persistons dans l'explication que nous avons présentée plus haut, à la charge des facétieux Provençaux.

Tout le monde connaît les aventures de l'aérostat construit par M. Nadar, et son désastre arrivé en 1863, dans les plaines du Hanovre. C'est par ce récit, que nous terminerons l'histoire des plus célèbres ascensions.

Et d'abord quelle a été l'origine de la construction du *Géant* ? Ce ballon, le plus colossal des ballons, a été fait pour tuer les ballons. Expliquons-nous.

Fig. 313. — Eugène Godard.

M. Nadar (Félix Tournachon), photographe connu antérieurement par ses œuvres de littérature légère et par ses dessins, est avant tout, un homme d'imagination et d'action. Nous lui trouvons plus d'un trait de ressemblance, avec l'un des héros, l'une des victimes de l'aérostation, Pilâtre de Rozier. Vers 1859, M. Nadar eut la pensée d'appliquer la photographie à l'aérostation. Il voulait réunir les ressources de l'aérostation et celles de la photographie ; en d'autres termes faire l'application de la photographie, non-seulement à l'art militaire, mais aussi à l'art de lever les plans.

Ce fut dans des ascensions faites par M. Louis Godard, à l'Hippodrome, que M. Nadar fit connaissance avec les ballons. M. Louis Godard lui offrit de l'accompagner dans son voyage aérien, et il saisit avec empressement cette occasion de s'élever au-dessus du commun des hommes. Depuis ce temps, l'intrepide amateur accompagna bien souvent les deux frères Eugène et Jules Godard, dans leurs ascensions.

Ce sont ces premiers voyages faits dans le ballon de l'Hippodrome qui inspirèrent à M. Nadar l'idée de la photographie aérostatique et militaire. Il pensa, qu'établi dans la nacelle d'un ballon captif, on pourrait tirer, tous les quarts d'heure, une épreuve photographique négative sur verre, qu'on ferait parvenir au quartier général, au moyen d'une boîte coulant jusqu'à terre, le long d'une petite corde, laquelle pourrait, au besoin, remonter des instructions. L'épreuve fixée et rendue positive, mise sous les yeux du général en chef, lui donnerait les indications que réclamerait la tactique, en constatant, au fur et à mesure, chaque mouvement des bataillons ennemis.

M. Nadar prit un brevet pour la *photographie aérostatique*. Cependant les premiers essais auxquels il se livra, dans un ballon captif, ne réussirent pas, soit en raison du mouvement du ballon, soit parce que la présence du gaz de l'éclairage nuisait à l'action photographique. On ne pouvait obtenir dans l'aérostat qu'une image, pâle et effacée, un positif sur verre faible et peu distinct.

Ces essais lui valurent, en 1859, une invitation de venir apporter son concours à l'armée d'Italie. Une personne, qu'il ne nomme pas, vint à Paris, dit M. Nadar[38], avec un crédit de 50 000 francs, ouvert par l'Empereur pour *un nouveau système de ballon utile à l'armée*, et voulut le décider à partir avec lui. L'insuccès d'une nouvelle tentative de photographie aérienne, détermina M. Nadar à refuser cette ouverture, et la personne en question emmena en Italie les trois Godard, dont l'aîné, Eugène, fut nommé aéronaute de l'Empereur.

Il fallait mentionner ces détails pour montrer que la vocation de M. Nadar, comme aéronaute, ne date pas d'hier. Avant de se jeter, tête baissée, dans les entreprises dont le *Géant* n'est que le précurseur, il avait fait ample connaissance avec le royaume de l'air.

« Mais plus je faisais d'ascensions, nous dit-il, plus j'appréciais cette force, pour ainsi dire incalculable, qui s'appelle le vent, et l'absolue et ridicule impossibilité de lutter contre le moindre courant avec cette surface énorme d'une part, si légère de l'autre, qui est un ballon. »

M. Nadar cherchait en vain dans sa tête, quelques moyens de réaliser la direction des aérostats ; il était obsédé par cette idée, lorsqu'il reçut la visite d'un confrère de la *Société des gens de lettres*, ancien enseigne de vaisseau, connu par ses romans maritimes, M. G.

de la Landelle, qui, depuis trois ans, s'occupait, de concert avec son ami, M. Ponton d'Amécourt, de la direction des ballons, et croyait avoir trouvé la solution la plus logique.

S'inspirant du jouet nommé *spiralifère ou papillon*, MM. de la Landelle et Ponton d'Amécourt avaient fait construire une série de modèles de petits*hélicoptères* (c'est le nom que leur a donné M. Babinet) ou mécanismes s'enlevant à 2 ou 3 mètres de hauteur, grâce à un mouvement d'horlogerie, qui fait tourner une hélice. Ces joujoux constituaient sur le *spiralifère* ou *papillon des enfants*, un certain progrès, puisqu'ils emportaient avec eux leur moteur, tandis que le premier doit être lancé par une ficelle, qu'on déroule rapidement.

Fig. 314. — Nadar.

Si modestes et rudimentaires qu'ils soient, ces petits instruments, disaient MM. de la Landelle et Ponton d'Amécourt, faisaient entrevoir la possibilité d'une navigation aérienne par l'hélice.

Nous ne discuterons pas pour le moment cette théorie, que nous aurons l'occasion d'examiner dans un chapitre spécial. Nous nous bornons au récit des faits.

M. de la Landelle venait donc proposer à M. Nadar de réunir leurs efforts. Après une courte hésitation, le pacte fut conclu entre les trois chercheurs.

Au mois d'août 1863, une réunion d'amis et de personnes s'intéressant au progrès, eut lieu dans les salons de M. Nadar, qui développa son plan, dans un chaleureux discours. Il exposa le même projet dans une sorte de manifeste, que publia, peu de jours après, le journal *la Presse*.

Ce projet n'était rien moins que la suppression des ballons et l'emploi d'une hélice pour s'élever et se diriger dans l'air, sans aucun autre moyen de s'y tenir en équilibre.

Depuis l'année 1784, les inventeurs s'évertuent à perfectionner l'aérostat, dans le but de le rendre dirigeable, et tous ces essais, qui remontent jusqu'aux Montgolfier, sont restés infructueux. On a tour à tour voulu reproduire le mode de progression du poisson dans l'eau et celui de l'oiseau dans les airs ; on a pris l'organisation de ces êtres pour modèles de divers navires aériens. Mais toujours on a été forcé de reconnaître que la nature emploie des moyens bien autrement puissants que ceux dont nos ingénieurs peuvent disposer. M. Nadar se proposait d'arrêter net ce débat, presque séculaire. Il voulait mettre tout le monde d'accord, en supprimant purement et simplement le ballon, qui lui semble gêner les mouvements d'un navire aérien, tout comme un boulet, attaché à la jambe d'un homme, paralyse ses efforts. M. Nadar a fait, avec esprit, dans les *Mémoires du Géant* le procès de cette machine volante. L'aérostat, pour lui, n'est qu'un monstre aveugle, impossible à gouverner, qui vous domine, au lieu de se laisser dominer par vous, qui va où le vent et Dieu le poussent, qui tombe où l'air et les circonstances le jettent.

Il y aurait beaucoup à dire contre cette proscription d'un engin admirable qui porte en lui le secret, vainement cherché pendant vingt siècles, par une foule de bons esprits : la merveilleuse faculté d'élever des poids quelconques à de prodigieuses hauteurs. Mais n'anticipons pas ; il ne s'agit ici que d'exposer les faits, et non de formuler des critiques.

M. Nadar voulait donc supprimer le ballon. Par quoi le remplaçait-il ? Par l'hélice, « la sainte hélice, » comme il l'a dit, et comme on l'a répété tant de fois.

L'emploi de l'hélice dans la navigation à vapeur, est basé sur l'inertie de l'eau, qui, avant de se déplacer, offre un point d'appui à un levier quelconque, et qui fournit, par conséquent, ce point d'appui au levier tournant qu'on appelle vis ou *hélice*, à l'égard de laquelle l'eau joue alors le rôle d'écrou. L'hélice, essayée dès 1687 par le mécanicien Duquet, et en 1777 par l'Américain David Bushnell, qui l'appliqua à la propulsion d'un bateau plongeur, fait des merveilles dans l'eau, depuis qu'on lui a donné pour moteur la machine à vapeur ; elle fera également des merveilles au sein de l'air, disaient les partisans du nouveau procédé de locomotion aérienne de MM. Ponton d'Amécourt et de la Landelle.

Revenons à M. Nadar. Le zélé défenseur du système de MM. Ponton d'Amécourt et de La Landelle, avait donc préconisé, devant son auditoire du boulevard des Capucines, et dans son *manifeste* imprimé dans *la Presse*, l'auto-locomotion aérienne par l'hélice.

On ne pouvait qu'applaudir à une tentative si digne d'intérêt. Mais quelle ne fut pas la surprise générale, quand on apprit que ce même aérostat, dont M. Nadar avait fait ressortir, avec tant de vivacité, les vices et les dangers, au point de vue de la navigation aérienne, que cet aérostat, honni, vilipendé, comme machine scientifique, condamné par la raison et le bon sens des nouveaux apôtres de l'*aviation*, était précisément l'appareil auquel il faisait un public et bruyant appel ; que c'était là l'échelle qu'il entendait prendre pour atteindre le but qu'il s'était proposé !

En effet deux mois après sa déclaration de guerre contre les aérostats, M. Nadar annonçait des ascensions publiques en plein Champ-de-Mars, dans un aérostat ordinaire. L'homme d'esprit et l'artiste ne sont que contradiction !

De sa résolution M, Nadar a donné l'explication suivante. Pour arriver à construire un bateau aérien à hélice, il faut le *nerf de la guerre*, qui est aussi le nerf des aérostats, *nervus rerum* : il faut de l'argent. Une compagnie d'actionnaires qui fournirait les fonds de cette entreprise, ne se constitue pas, s'était dit M. Nadar, du jour au lendemain. Je vais donc, tout de suite, faire des ascensions publiques, afin de me procurer les sommes indispensables à l'accomplissement du grand œuvre de l'*aéronef*.

Il y aurait beaucoup à répondre à cette manière de raisonner. Nous

avons trop bonne opinion de nos compatriotes, de leur dévouement à la science et au progrès, pour mettre en doute que les capitaux nécessaires à l'étude pratique de *l'aéronef*, eussent manqué à
l'appel chaleureux de deux inventeurs estimables, MM. la Landelle
et Ponton d'Amécourt, assurés du concours actif d'un homme intelligent et courageux, et s'appuyant sur les résultats de sérieuses
études préparatoires. M. Nadar n'a pas eu cette confiance dans les
sentiments généreux de ses contemporains. Nous croyons qu'il
s'est trompé. Mais en principe, nous n'aimons à blâmer personne.
Sachant combien de difficultés rencontre la plus simple des créa-
tions, combien est long quelquefois le chemin qui sépare d'un but,
en apparence très-rapproché, nous évitons de chicaner les gens sur
les moyens qu'ils croient les plus propres à les conduire à leur but,
surtout quand ce but sert la cause de la science et du progrès.

Il s'agissait donc, suivant le plan de campagne adopté par l'intrépide général, de confectionner un aérostat ordinaire, et de procéder à une ascension publique, dans un délai aussi rapproché que
possible, car on était déjà au mois d'août. M. Nadar raconte avec
une incroyable verve, dans les *Mémoires du Géant*, toutes les péripéties par lesquelles il dut passer avant de réaliser ce projet : —
comme quoi, avec 10 500 fr. qui étaient souscrits, il fallait payer
60 000 fr. de taffetas et un devis de 9 000 fr. de M. Louis Godard,
devis qui devait s'accroître ensuite dans des proportions considérables ; — comment, après avoir vainement demandé, pour la première ascension du *Géant*, le terrain des courses de Longchamp,
puis celui des courses de Vincennes (qu'on lui offrait, moyennant
la bagatelle de 10 000 francs, à l'effet de créer un nouveau prix de
courses chevalines en son honneur !), il obtint le Champ-de-Mars,
grâce à l'intervention de M. Victorien Sardou auprès du maréchal
Magnan, son voisin de campagne ; — enfin les dissentiments qui
existaient entre M. Nadar et son entrepreneur, Louis Godard, au
sujet de certaines parties importantes de la construction du *Géant*,
et principalement au sujet de la soupape, dont les dimensions,
beaucoup trop petites, furent, plus tard, cause de tant de malheurs.
Il faut lire tous ces détails dans le piquant ouvrage de M. Nadar.

Le *Géant* (fig. 315) méritait bien son nom, car c'est le plus grand
aérostat qui ait jamais été construit. Il est aussi grand que l'était
le *Flesselles*, cette monstrueuse montgolfière montée par Pilâtre de

Rozier, et qui s'éleva à Lyon, en 1784[39]. Composé de deux enve-loppes superposées en taffetas blanc, il ne cube pas moins de 6 000 mètres. Sa hauteur totale est de 40 mètres et il a fallu 7 000 mètres de soie pour le confectionner.

Fig. 315. — L'aérostat *le Géant*, construit en 1863.

La nacelle, placée au-dessous de l'aérostat, est à deux étages, ou plutôt se compose d'une plate-forme surmontant une sorte de ca-bine. Les dimensions de la nacelle ne sont que de 4 mètres de hau-teur sur 2^m, 30 de large. Construite en branches de bois de frêne et d'osier, elle pèse 1 200 kilogrammes.

La première ascension du *Géant* eut lieu au Champ-de-Mars, le 4 octobre1863. Elle avait attiré une foule immense : plus de cent mille personnes entrèrent, ce jour-là, dans l'enceinte. Elle s'accomplit, d'ailleurs, de la manière la plus heureuse. Seulement, la durée du voyage fut extrêmement courte, car les aéronautes descendirent à Meaux, à quelques lieues de Paris.

La seconde ascension eut lieu, le 18 octobre. Tout le monde sait que ce voyage se termina par une effroyable catastrophe. Après une excursion aérienne, qui avait été pleine de charmes pour les voyageurs, et dans laquelle ils avaient franchi plus de cent cinquante lieues, un accident arrivé à la soupape, l'empêcha de se refermer, de sorte que le ballon, arrivé près de terre, ne put se vider, par suite de l'occlusion de la soupape. Par malheur un vent furieux régnait à terre. Il emporta, de son souffle puissant, la colossale machine, qui fut traînée à travers la campagne, heurtant avec une violence inouïe, contre tous les obstacles qui se rencontraient devant elle. Pendant un quart d'heure, les malheureux voyageurs du *Géant*, emportés dans une course échevelée, virent cent fois la mort. Ce ne fut que par un miracle qu'ils en sortirent vivants, mais tous blessés ou meurtris.

On trouve dans les *Mémoires du Géant* un récit très-dramatique de la catastrophe du Hanovre, sa longueur nous empêche de le reproduire. Nous emprunterons la relation du même événement à l'un des compagnons de route de M. Nadar, à M. E. d'Arnoult, qui a consacré une courte et intéressante brochure au *Voyage du Géant*[40].

Avant d'arriver aux détails de la catastrophe, qui se produisit au moment de la descente, M. E. d'Arnoult résume ainsi la première partie du voyage de Paris jusqu'à Fresnoy.

« Le *Géant*, suivant une ligne absolument droite, s'était dirigé vers le nord-est, en passant à droite de Senlis, de Compiègne, de Noyon et à gauche de Chauny, en planant sur Saint-Quentin, où il avait laissé son compagnon de voyage l'*Aigle*, monté par M. Godard et M. Camille.

« À Fresnoy, jetant du lest, il s'était élevé à la hauteur de 2 000 mètres ; puis, redescendant, il avait tourné à l'est en suivant une ligne presque perpendiculaire à la première jusqu'à Avesne, où il reprit sa route vers le nord-est. À plusieurs lieues d'Arnheim, il traversa le Rhin, après avoir passé sur Jeumont, Eyquelines, Guische et Bois-le-Duc, et laissé sur sa gauche Malines à quatre lieues et Anvers à six.

« Le Rhin traversé, le *Géant* s'était trouvé à un peu moins de sept lieues du Zuyderzée. Là, se relevant à une très-grande altitude, il avait traversé l'Yssel et Deesburg et repris la direction de l'Est jusqu'aux frontières de Westphalie, d'où il sembla vouloir se diriger entièrement vers le nord-est jusqu'à Groeningue ; mais, encore une fois, le vent change et le ramène vers l'est jusqu'à Nienburg.

« D'après des calculs que tout porte à croire exacts, le *Géant* venait de parcourir trois cent soixante-dix lieues en seize heures et quelques minutes.

« Je reprends mon récit. Le projet de descendre étant bien résolu, les derniers sacs de lest furent rangés, les cordes et les ancres préparées, et Godard ouvrit la soupape.

— Le monstre se dégorge, dit Thirion !

« En effet, le ballon rendait son gaz avec un bruit énorme qui paraissait être le souffle de quelque animal gigantesque.

« Pendant cette réflexion de notre compagnon, nous descendions avec une rapidité de deux mètres par seconde.

— Aux cordes ! aux cordes ! tenez-vous bien ! criaient les deux Godard, qui semblaient être tout à fait dans leur élément, gare au choc !

« Chacun s'était cramponné aux cordes qui retenaient la nacelle au cercle placé au-dessous du ballon. Madame Nadar, vraiment magnifique de sang-froid, saisit de ses mains délicates deux grosses cordes. Nadar en fit autant, mais en embrassant sa femme de manière à la couvrir de son corps. J'étais à côté, vers le milieu de la claie servant de balcon, à genoux ; j'étreignais également deux cordes. À côté de moi étaient Montgolfier, Thirion et Saint-Félix. Le ballon descendait à nous donner le vertige ; nous arrivions, et l'air, si calme en haut, était, au ras du sol, agité par un grand vent.

— Nous jetons les ancres ! crie Godard, nous touchons, tenez-vous bien... Ah !...

« La nacelle venait de toucher terre avec une violence inouïe. Je ne sais comment il se fait que mes bras ne s'arrachèrent point.

« Après ce premier choc épouvantable, le ballon remonta ; mais la soupape était ouverte, il retomba, et nous eûmes une secousse, sinon plus terrible, au moins plus douloureuse que la première ; le ballon remonta, il chassait sur les ancres ; tout à coup nous crûmes être précipités à terre.

— Les amarres sont cassées ! cria Godard. Le ballon donna de la tête comme un cerf-volant qui tombe. Ce fut horrible.

« Nous chassions avec une vitesse de dix lieues à l'heure vers Nienburg. Trois gros arbres furent coupés par la nacelle comme par la hache d'un bûcheron ; une petite ancre restait encore ; on la jeta, elle s'agrafa au toit d'une maison dont elle enleva la charpente. Si le ballon nous traînait sur la ville, nous étions mis en pièces ; heureusement il s'éleva pour retomber 200 mètres plus loin avec les mêmes secousses pour la nacelle. Chacun de ces chocs nous disloquait les membres ; pour comble de malheur, la corde de la soupape se détacha, et celle-ci se refermant, il nous fallut perdre l'espoir de voir le ballon se dégrossir.

« Celui-ci s'élevait à 25, 30, 40 mètres du sol avec des bruissements affreux, puis il retombait toujours avec les mêmes coups de tête. Tout ce qui se trouvait à portée de la nacelle, était coupé, broyé, détruit. Un bouquet de petits arbres, une barrière se présentait au loin, « Gare ! » criait-on, et le temps de pousser ce cri et celui de se pencher à droite ou à gauche, nous arrivions sur un obstacle, un craquement se faisait entendre, nous étions passés ! Chaque minute amenait son danger, et quel danger ! La mort par écrasement après des mutilations qui, maintenant que cela est passé, nous effrayent, et qu'alors, je le déclare sur l'honneur, chacun regardait sans songer aucunement à s'y soustraire. — Si l'un de nous eût essayé de sauter de la nacelle, peut-être aurait-il réussi à se sauver ; mais alors c'était vouer tous les autres à une mort imminente, car le ballon, allégé d'autant, y aurait puisé de nouvelles forces ascensionnelles.

« Madame Nadar était soutenue par son mari, et ce fut, je l'avoue et l'affirme, notre plus grande souffrance morale de voir ce pauvre corps si affreusement ballotté, que chaque secousse produite par un choc sur le sol pliait presque en deux, et cependant la pauvre femme n'avait pas un cri, pas une plainte. Dans les terribles moments où la tension des cordes faisait craquer nos os, elle regardait son mari, nous regardait avec un regard si calme, si doux, que nous aurions voulu pouvoir être écrasés d'un seul coup pour le lui éviter. Tous, nous devinions une immense douleur physique dans ce corps si calme en apparence.

« Sur notre passage, tout fuyait sous le coup d'une terreur panique, les hommes et les animaux. Je vois encore les bœufs courant éperdus à travers la plaine ; les hommes qui les gardaient se couchaient à terre pour éviter de voir le monstre qui dévorait l'espace.

Les petites choses heurtent les grandes et s'y mêlent. Je me souviens, ainsi que mes compagnons de naufrage, d'un malheureux lièvre que notre nacelle leva dans les bruyères ; cette pauvre bête, en se sauvant, courait en droite ligne devant nous ; nous l'atteignîmes enfin, et elle fut broyée. Comme vous le pensez bien, nous n'eûmes pas le temps de nous apitoyer sur son sort. À chaque instant, des fondrières bordées de petits talus se présentaient ; chaque talus amenait une secousse, nous nous raidissions, c'était encore un péril de franchi ; mais il s'en présentait beaucoup d'autres encore. Au sortir d'une tourbière, dont les éclaboussures faillirent étouffer Fernand Montgolfier, qui eut la bouche et les yeux remplis d'une boue noirâtre, nous aperçûmes, à 300 mètres environ, la ligne en talus assez élevé d'un chemin de fer. Un train arrivait sur lequel nous devions infailliblement nous heurter. Sans nul doute la locomotive aurait été précipitée au bas du talus ; mais que serions-nous devenus ?

« Nous poussâmes tous ensemble instinctivement un grand cri, un de ces cris surhumains qui s'entendent à plusieurs lieues. Nous eûmes le bonheur d'être entendus par le convoi, qui s'arrêta et rétrograda même un peu. — Gare ! criâmes-nous. Le ballon fit un saut en l'air, il s'ensuivit une forte secousse, accompagnée d'un cliquetis de fer : c'étaient les fils du télégraphe qui venaient d'être arrachés. Nous éprouvâmes une seconde secousse, et nous fûmes portés sur les talus ; cette seconde fut suivie d'une troisième, d'une quatrième, et notre nacelle, comme un boulet de canon, coupant la barrière de charpente du chemin de fer, tombait dans un étang. Là, nous respirâmes un peu, en faisant cette réflexion que nous venions de l'échapper belle. En effet, si les fils de fer du télégraphe, au lieu d'avoir été soulevés parle ballon, s'étaient abaissés à notre niveau, ils nous prenaient tous sous le menton et nous enlevaient la tête en moins d'une seconde. Cela est si vrai, qu'une des grosses cordes de la nacelle a été coupée par un de ces fils aussi promptement et aussi facilement que l'aurait été un bout de fil à coudre.

« Le ballon continuait toujours à s'enlever avec des bonds terribles, par cette raison que la soie, remontant en dessous, comprimait le gaz et lui donnait ainsi une nouvelle force ascensionnelle. — Si l'on pouvait rouvrir la soupape ! avaient dit les Godard.

— Je vais essayer, répliqua Jules qui se tenait accroupi comme moi et à ma droite.

« Le ballon, pendant ces pourparlers, continuait sa course effrayante. Jules se leva, se hissa aux cordages ; une secousse le rejeta sur moi, brisé et les vêtements déchirés. Après quelques secondes de repos, il essaya de nouveau : vaine tentative ! Le ballon, comme s'il eût eu conscience des efforts que l'on tentait pour le maîtriser, s'agitait affreusement à chaque nouvel essai de l'intrépide jeune homme. Une troisième fois Jutes se redressa ; à ce moment nous nous oubliâmes nous-mêmes pour ne plus voir que lui ; une sorte d'électricité sembla nous animer pour lui crier courage et soutenir ses forces ; il en fallait alors de surhumaines.

« Nous rasions, un grand champ de bruyère, le ballon courait vite, mais sans trop remuer. Jules monta sur mes épaules, puis sur ma tête, des mains il se cramponna au cercle auquel tenaient les cordes du filet ; il fit un effort, bondit… le ballon aussi bondit de son côté. Un soupir à briser dix poitrines humaines fut poussé par chacun de nous : dans la position où Jules était placé, il suffisait de la moindre torsion des cordes pour l'écarteler ou le décapiter. Je ne puis me rendre compte du temps que nous restâmes ainsi en suspens. Le ballon se calma. Jules alors s'élança de nouveau sur le cercle où il s'arc-bouta des jambes ; il put retrouver la corde de la soupape à laquelle il se pendit et qu'il nous jeta. Louis Godard et Thirion s'en emparèrent et, réunissant leurs efforts, purent l'attacher solidement à l'une des poignées d'angle de la plate-forme. Nous entendîmes le gaz s'échapper, le ballon s'affaissa sans rien perdre toutefois de sa vitesse horizontale ; l'on monta à côté de Jules pour amarrer une autre corde à celle de la soupape dans le cas où la première viendrait à se rompre.

« Nous respirâmes un peu plus librement ; mais ce moment de répit ne fut pas de longue durée, car les buissons et les petits arbres se multipliaient, et c'étaient autant d'obstacles mortels que nous avions en face de nous. Je ne m'étais jamais imaginé le bruit terrible qui peut résulter des craquements du bois, comme nous pûmes nous en rendre compte ! Nous venions de subir encore de rudes assauts, en renversant une série de petites murailles dans les tour-bières, quand tout à coup nous aperçûmes comme une apparition infernale, juste droit devant nous, à plusieurs centaines de mètres, une maison rouge, trop grosse sans doute pour espérer la renver-ser. Nous nous regardâmes et, stupéfaits, nous n'eûmes d'autre pen-sée que celle de nous demander de quelle manière nous serions écrasés contre ce mur de briques. Sans pouvoir l'expliquer, je crois pouvoir affirmer que l'idée de se soustraire à cet écrasement en sautant de la nacelle ne vint à aucun de nous.

« Nous allions cependant avec une vitesse effrayante ; cent pas encore nous séparaient de cette maison, parallèlement à laquelle se trouvait à proximité un gros arbre. Un bienheureux coup de vent fit subitement dévier le ballon vers la droite et sur l'arbre qui brisa le coin où se tenait Louis Godard. Sa course reprit à travers des marais.

« Après quelques minutes pendant lesquelles nous remarquions avec satisfaction que le ballon se dégonflait, une voix s'écria : Une forêt ! Au même instant, d'horribles secousses produites par les nombreux petits arbres qui précèdent toute grande étendue de bois recommencèrent. Nous étions à bout de nos forces ; nos bras si violemment tendus depuis un temps trop long et que j'évalue à trente et quelques minutes, refusèrent de nous soutenir les cordes nous déchiraient les mains ; nous sentions peu à peu un affaissement complet envahir tout notre être physique. L'être moral tenait encore, bien qu'il fût déjà sous l'empire d'étranges hallucinations. Ainsi, par exemple, un instant Jules me cria du haut de son cercle : — Tenez-vous donc, d'Arnoult ! — Je me tiens, répondis-je. — Mais non ! Il avait raison, j'étais accroupi, mon bras droit passé autour d'une corde, mais ma main gauche, avec laquelle je croyais serrer fortement une autre corde, était ouverte, et sur le moment je n'étais pas encore bien convaincu que je ne serrais rien.

« Quelques minutes après, un cri déchirant se fit entendre, poussé par le jeune Montgolfier qui étouffait : Grâce ! cria le pauvre garçon. Nous approchions alors de la forêt ; un craquement épouvantable résonna dans l'air, suivi d'une secousse si forte, que je fus jeté en arrière dans la nacelle, dont la trappe était ouverte. Je tombai là au milieu de toutes sortes d'objets ; je me relevai, et ma tête dépassant l'ouverture de la cloison qui formait plafond, je crus apercevoir deux de mes compagnons étendus sur le sol. Une autre secousse me fit faire un haut-lecorps qui me fit sortir à demi de la maison. Je me cramponnai en m'élevant avec les bras ; une troisième secousse me lança en l'air. Je fis deux ou trois tours sur moi-même, et je tombai lourdement la tête la première à terre, où je restai étendu sans connaissance.

« Que le lecteur veuille bien me pardonner si je parle aussi souvent et aussi longuement de ce qui m'est personnel ; j'avoue que j'ignore entièrement comment mes compagnons sont sortis de la nacelle ; eux-mêmes encore aujourd'hui ne s'en rendent pas un compte bien exact. Thirion doit avoir été jeté par côté ; Monfgolfier, inanimé, coula sous la nacelle où il devait avoir le sort de Saint-Félix, tombé en même temps que lui ; Yon et Jules ont dû être précipités de leur cercle dans une des grandes secousses qui m'ont jeté dehors. Les trois derniers tombés pourtant, sont Louis Godard, Nadar et sa femme, qu'un instant nous crûmes perdus.

« Je me relevai tout étourdi de ma chute, et je sanglai mon genou le plus abîmé avec un morceau de mouchoir. La nacelle était loin, je la vis bondir, puis disparaître dans la forêt ; j'entendis deux grands cris et ce fut tout. Le ballon, comme un géant, dépassait la tête des grands arbres ; il oscillait, paraissant se débattre et vouloir courir encore. Plusieurs coups de feu partirent, vraisemblablement dirigés contre lui, car il se balança et tomba enfin en écrasant tout autour de lui. Le *Géant* était enfin terrassé ; je le vis de loin tomber avec regret ; j'éprouvai à son égard la même sensation pénible qu'éprouve le marin dont le navire sombre dans les flots, ou le cavalier dont le coursier s'affaisse expirant après une longue course. Je pensai avec raison que Thirion était l'auteur des coups de feu qui venaient d'achever le monstre ; déjà, dans la nacelle, il avait essayé de tirer, mais inutilement. — Un de sauvé ! m'écriai-je. Au même instant, j'aperçus Jules et Yon qui se dirigeaient vers le bois. — Et de quatre ! leur dis-je. Où sont les autres ? Chose étrange ! pendant le danger nous n'avions éprouvé aucune crainte, et maintenant, que nous étions saufs, une peur atroce nous étreignait le cœur.

Louis Figuier

Quels cadavres allions-nous trouver ? À cent pas en avant du bois, un gémissement nous fit regarder à terre, un corps humain s'y trouvait couché dans la terre et les bruyères ; un corps noir, lacéré, tellement méconnaissable, que je lui demandai qui il était :

— Saint-Félix, répondit une voix brisée, presque éteinte. Oh ! que je souffre ! À boire, à boire ! Une de nos cloches, dont le manche était brisé, se trouvait près de lui, je la ramassai, et, m'en servant comme d'un vase, j'allai la remplir d'eau à la rivière l'*Aller*, qui coulait à cinquante pas de là. Avec cette eau, je rafraîchis la bouche du malheureux, et y ajoutant quelque peu de teinture d'arnica, dont un flacon emporté par moi de Paris avait été miraculeusement préservé dans l'une de mes poches, je lui lavai le visage : sa figure n'avait plus rien d'humain ; la peau du front, de la joue droite, du menton était enlevée ; les yeux, tuméfiés, présentaient l'aspect de deux masses blanchâtres sanguinolentes, grosses comme des œufs de poule

« Son bras gauche cassé, avec la main presque entièrement dénudée, gisait à côté de lui, les vêtements en lambeaux laissaient, quand j'eus enlevé la tourbe et les terres qui les couvraient, la poitrine à l'état de plaie vive.

« Pendant que je me livrais à ces soins, Monlgolfier et Louis Godard arrivèrent ; Montgolfier, tout noir de tourbe, n'avait aucune contusion sérieuse ; Louis Godard avait la cuisse déchirée et les jambes ecchymosées, mais il ne faisait nulle attention à ses blessures et se préoccupait de ce qu'était devenue madame Nadar, qu'on ne retrouvait pas. Il m'apprit que Saint-Félix, en voulant sauter, avait été accroché sous la nacelle et traîné à plat ventre avec ce poids énorme sur lui pendant une courte distance. Saint-Félix respirait ; toutes ses blessures étaient couvertes de linges mouillés. Je demandai à Yon et à Montgolfier d'aller à une maison voisine chercher des gens pour y transporter notre malheureux compagnon ; puis je me dirigeai vers la rivière, où je bus de l'eau à pleines mains et me lavai le visage, car j'étais littéralement couvert de tourbe. Je me relevais, cherchant un endroit pour passer la rivière, quand je vis sur l'autre rive se dresser la tête de Nadar : il était fort pâle et paraissait souffrir beaucoup. Son premier mot, en m'apercevant, fut celui-ci :

— Ma femme ! Où est ma femme ?

« Je ne savais que lui dire, ignorant absolument ce qu'était devenue cette héroïque personne ! À tout hasard, je répondis : Elle est là, près de la nacelle cherchez-la !

— Ma femme ! ma femme ! ne cessait-il de crier avec un accent déchirant.

« Pour aller jusqu'à Nadar, il fallait passer la rivière peu large, mais assez profonde en cet endroit. Je fis donc signe à quelques paysans qui nous entouraient de nous prêter assistance. J'avoue que, malgré une pantomime fort expressive, aucun de ces gens ne parut me comprendre. J'employai alors, vis-à-vis d'eux, un moyen que j'ai rarement vu échouer. Je tirai une pièce d'or de mon porte-monnaie, et je la leur montrai. O prodige de la compréhension humaine ! À la vue de l'or, chaque paysan se précipita pour m'enlever et me faire passer la rivière sur son dos. Je choisis le plus fort d'entre tous, je m'accrochai à ses épaules, et voilà mon homme qui met un pied, puis deux dans la rivière, puis tout le corps, et nous disparaissons dans un trou.

« On nous repêche aussitôt, et comme toujours, on imagina le moyen de parer la catastrophe après qu'elle avait eu lieu. Les paysans ramassèrent une grande quantité de grosses branches que le ballon avait cassées et firent avec elles un pont volant assez solide pour que moi, Montgolfier et Yon, pussions passer à pied sec sur l'autre rive. Une large allée tracée par la nacelle dans les arbres et les broussailles se présenta ; nous la suivîmes pendant une centaine de pas,

« Là, au milieu d'un abattis prodigieux de branches d'arbres, se trouvaient la nacelle, couchée sur le côté, et le ballon affaissé à terre, presque dégonflé. Devant la nacelle, couchée sur les débris, madame Nadar, à laquelle les deux Godard et Thirion prodiguaient des soins. La malheureuse femme crachait le sang à pleine bouche et se plaignait d'une forte compression de la poitrine. Godard me dit qu'il l'avait trouvée gisante sous la nacelle ; nous nous occupâmes de lui rafraîchir le visage et de la sécher, car ses vêtements étaient trempés d'eau.

« Après ces premiers soins, nous essayâmes de nous rendre compte de la manière dont elle avait été précipitée. Voici ce que nous avons supposé. Arrivée près de la rivière l'Aller, la nacelle subit une secousse qui dut jeter dans l'eau madame Nadar et son mari, et fit rouler ce dernier sur la rive, pendant que madame Nadar, accrochée par ses vêtements à la claie d'osier, dut être entraînée par la nacelle jusqu'au moment où celle-ci fut brusquement arrêtée par un amas de gros arbres.

« Le choc amena probablement une secousse qui eut pour premier effet de jeter madame Nadar à terre, et pour second, la nacelle reprenant position, de la faire glisser sous l'énorme masse. C'est ainsi, je le répète, sous toutes réserves, que j'explique cette dernière chute. Avec l'aide des paysans, j'arrachai deux des cloisons intérieures de notre maison d'osier, ce qui nous procura deux civières assez confortables pour transporter les deux blessés ; au même instant, une longue charrette arriva pleine de paille. Nadar et sa femme y furent couchés et dirigés vers un endroit qui paraissait avoir été désigné d'avance aux paysans.

« Cela fait, nous nous occupâmes un peu de nous ; les Godard n'avaient rien perdu de leur énergie, non plus que Thirion ; moi, je m'affaissai près de la nacelle, et dans un mouvement que je fis pour me retenir, en étendant le bras, ma main rencontra une bouteille assez pesante. Je la tirai du milieu des débris, c'était une bouteille de Champagne, intacte et toute trempée d'eau. Louis Godard la déboucha, et ma foi ! à la guerre comme à la guerre, nous bûmes à plein goulot. Ce vin nous fut un excellent cordial ; il nous donna la force de nous acheminer vers l'endroit de la forêt où nos trois principaux blessés avaient été transportés.

« Cet endroit, fort pittoresque, était un petit pavillon de chasse bâti en briques et en charpente, situé au milieu d'une rotonde qu'entouraient de gigantesques sapins. Les blessés avaient été couchés dans le pavillon, par les ordres du gouverneur du district ; cet excellent homme, à la première rumeur qui se répandit de l'événement, était accouru avec sa femme qui parlait français et les domestiques, pour organiser les premiers secours. Il avait fait flamber un bon feu dans le pavillon, il en fit allumer un autre dehors avec des broussailles sèches.

« Les deux Godard, Montgolfier et moi, nous nous couchâmes sur de la paille autour de ce feu. Une réaction naturelle, après les diverses phases que nous venions de subir, s'opérait en nous et l'affaissement physique succédait à l'énergie des premiers instants. Louis et Jules Godard tombèrent bientôt dans un profond sommeil, Montgolfier, je crois, les imita ; j'eusse été alors très-aise d'en faire autant ; mais mon genou et mon bras droit me causaient de telles douleurs que force me fut de tenir les yeux ouverts. Je songeai alors ; car que faire ? Je songeai donc à l'étrangeté de notre situation. Il y avait à peu près vingt heures que nous nous étions élevés du Champ-de-Mars, à Paris, en présence d'un Empereur, d'un Roi et d'une foule énorme ; nous avions franchi, à vol d'oiseau, plusieurs centaines de lieues, et nous nous retrouvions dans un pays, inconnu, couchés autour d'un feu de broussailles, dans une forêt de sapins, entourés de gens qui ne savaient trop s'ils devaient nous considérer comme des hommes ou comme des esprits. Le vent sifflait dans les sapins, le feu pétillait, un ciel gris, brumeux, au-dessous duquel roulaient de gros nuages noirs, surplombait cette scène. »

Fig. 316. — Catastrophe du *Géant* dans les plaines du Hanovre
(18 octobre 1863).

Nous ne suivrons pas plus loin l'auteur de cet intéressant récit. Nous dirons seulement que, grâce à Dieu, aucun des blessés ne succomba, et que les héros de cette tragique aventure, sont encore tous pleins de vie.

Nous citerons seulement d'après les *Mémoires du Géant* le résultat financier des deux ascensions, qui, en définitive, ont assez mal répondu au but de l'entreprise, laquelle consistait, comme nous l'avons dît, à réunir, grâce aux bénéfices de ce spectacle public, l'argent nécessaire à l'œuvre du *plus lourd que l'air*.

Les frais directs et indirects pour l'ensemble de la campagne aérostatique, du mois d'août 1863 à octobre 1864, ont atteint le chiffre de 200 000 francs ; le séjour de Hanovre seul a coûté 5 000 francs. Quant aux recettes, l'ascension du Champ-de-Mars du 4 octobre 1863, a rapporté 36 000 francs ; la seconde, 24 000 francs seulement. L'exhibition du *Géant* au Palais de cristal, à Londres, en novembre 1863, a donné une recette de 19 000 francs. Total des recettes,79 000 francs. La différence, c'est-à-dire la perte, est, en définitive, de 121 000 francs.

Ce résultat répondait mal, on le voit, à l'espérance de ceux qui avaient compté sur les bénéfices réalisés dans les ascensions publiques du *Géant*, pour entreprendre la construction d'aérostats à hélice, sous l'inspiration de l'agitateur intrépide et chaleureux, qui a pris pour devise : *Plus lourd que l'air !*

Le 26 septembre 1864, le *Géant* fit sa troisième ascension à Bruxelles, pour s'associer aux fêtes du 34e anniversaire de l'indépendance belge. Le gouvernement et la ville lui avaient alloué une indemnité de 20 000 francs, et l'avaient autorisé, en outre, à faire payer ce spectacle par ceux des amateurs qui tiennent, en pareille circonstance, à avoir toutes leurs aises. Mais le *Géant*voulait lutter de générosité avec le gouvernement qui offrait ce spectacle à la population. Il renonça au seul bénéfice réel qu'il pouvait retirer de cette ascension, c'est-à-dire aux droits d'entrée, car les 20 000 francs alloués ne représentaient que les frais de voyage.

Cette fois, en outre, on devait faire quelques observations scientifiques. C'est dans ce but que le *Géant* emmenait MM. le capitaine Sterckx, aide de camp du ministre de la guerre, le lieutenant Frédérick et l'ingénieur de Rote.

Mais la disproportion de la soupape avec la capacité du *Géant*, qui avait été cause de la catastrophe du Hanovre, subsistait toujours. Rentré dans la légitime possession de son ballon, tout juste à temps pour l'ascension du 26 septembre, M. Nadar n'avait pas eu le loisir d'adapter une autre soupape. Il fallait donc songer à un expédient qui pût promettre aux voyageurs quelque sécurité.

M. Nadar sentait bien qu'il devait sauver la réputation si compromise de son *Géant*, par la sagesse de sa nouvelle ascension. Pris ainsi *in extremis* et forcé de conserver cette fois encore la funeste soupape, dont le premier aspect, à Londres, avait fait hausser les épaules à MM. Glaisher et Coxwell, il eut l'idée d'y adjoindre une sorte de soupape de réserve ou de *miséricorde*. Il fit coudre solidement, sur la partie supérieure du ballon et en dehors, une corde légère, qui partait de l'équateur et remontait sur le cintre, jusqu'au sommet. Là, elle rentrait dans le ballon et retombait par l'ouverture de l'appendice, à côté de l'autre corde de soupape, à la portée de l'équipage. Au point où cette corde opérait sa rentrée dans le ballon, sous une pièce de soie superposée, une déchirure était, pour ainsi dire, amorcée ; en d'autres termes, la corde entraînait déjà un lambeau d'étoffe, suffisamment retenu contre son poids et celui de son attache, jusqu'au moment de servir. Qu'il y eût le moindre vent à la descente, et sans même demander à l'autre soupape son dérisoire secours, on se suspendrait à cette corde de salut, et le ballon, éventré par la déchirure, s'affaisserait sur place. M. Camille Dartois, le nouveau chef de manœuvre du *Géant*, avait approuvé et disposé immédiatement ce nouveau système, toutefois un peu primitif, il nous semble.

Beaucoup d'autres précautions furent prises pour cette nouvelle ascension. Dès le premier voyage, M. Nadar avait fait acheter des grelots et sonnettes, qu'il entendait disposer, de dix en dix mètres, le long d'une ficelle pendant au-dessous de la nacelle, et terminée par un léger poids, qui, ayant une fois touché terre, devait donner le branle à toute la sonnerie. Mais L. Godard n'avait pas voulu accepter ce carillon d'une nouvelle espèce.

Songeant toujours à cette précaution, M. Nadar avait modifié sa première idée : il comptait fixer un seul timbre sur le bord de la nacelle, en rapport avec la ficelle flottante ; et, au lieu d'un seul appareil de ce genre ; il voulait en attacher au ballon quatre de longueurs différentes (50, 100, 150, 200 mètres), afin de tout prévoir, car le tintement successif des quatre sonneries pouvait avertir utilement de l'obliquité plus ou moins rapide de l'angle de descente et indiquer, par conséquent, si on devait délester plus ou moins vite la nacelle. Ce mécanisme ingénieux fut exécuté et installé à bord par un ingénieur belge, M. Ernest Cambier.

Dans cet ensemble de nouvelles mesures, il ne faut pas oublier le *guide-rope*, c'est-à-dire la corde de sûreté que l'aéronaute prudent, lorsqu'il veut opérer sa descente, fait filer hors du bord, avant de donner le coup de soupape. Cette longue corde traîne à terre. Se chargeant de sable, d'eau, des branches et des herbes qu'elle rencontre, elle agit sur le ballon en marche comme le serre-frein sur le wagon d'un train. Elle prépare, ou amortit, en ralentissant la course du véhicule aérien, le coup trop violent de la prise des ancres. Quelquefois même le *guide-rope*, qui fouaille et fait queue de serpent sur le sol, rencontre un arbre, autour duquel il s'entortille et qui le retient, arrêtant ainsi le ballon dans sa course.

Cet engin inventé par Green n'est pas assez apprécié par les aéronautes, dont les ascensions et descentes sont généralement exemptes de dangers sérieux ; mais elle devient d'une inappréciable valeur pour les aérostats d'un très-grand volume, tels que le *Géant*. Aussi M. Nadar eut-il soin d'emporter avec lui, à cet effet, un câble très-solide, de 3 centimètres d'épaisseur et d'une longueur de 150 mètres. En outre, comme il avait trop éprouvé les inconvénients du point d'attache des cordes sur la nacelle, à laquelle elles transmettent toute la violence des coups d'amarrage, il fit attacher le *guide-rope* et les câbles des ancres au cercle même, point intermédiaire entre le double système des cordes de la nacelle et des cordes du filet. De cette manière, on pouvait espérer que les chocs seraient moins sensibles.

On avait même prévu le cas d'immersion involontaire ou de bain forcé. Aux matelas en caoutchouc soufflé, qui étaient déjà suffisants pour porter sur l'eau une douzaine de personnes, on ajouta quatre barriques vides, fixées aux quatre parois, et qui devaient contribuer à maintenir le niveau d'équilibre hors de l'eau. Des ceintures de sauvetage garantissaient encore la préservation individuelle de chaque voyageur. En un mot, rien n'avait été omis pour parer aux événements.

Le *Géant* partit le 26 septembre 1864, à 6 heures du soir, du *Jardin zoologique* de Bruxelles, après quelques hésitations. Outre les personnes déjà nommées, il emportait MM. Guyot, Yves, Nizet, Behagel et Georges Barral, digne fils du savant de ce nom. Il y avait en tout douze personnes.

C'est au milieu des élans d'un véritable enthousiasme, que le *Géant* s'éleva, sous les yeux de la population de Bruxelles. Il opéra heureusement sa descente, à 10 heures du soir à Ypres (près de Nieuport), avant d'arriver à la mer, vers laquelle il était, poussé par le vent d'est.

Nous emprunterons quelques détails sur ce troisième voyage du Géant, à une note qui fut lue par M. Georges Barral dans l'une des séances de l'*Association scientifique* :

« Ce ne fut qu'à 5 heures 45 minutes du soir, dit M. Barral, que M. Nadar put enfin crier le fameux : *lâchez tout !* La ville de Bruxelles n'avait fourni que fort tard (à midi trois quarts), les 6 000 mètres cubes de gaz nécessaires pour gonfler le *Géant*.

« Au moment du départ, on s'aperçut que ce gaz excellent pour l'éclairage était très-lourd, et n'avait qu'une force ascensionnelle très-faible. Le ballon ne voulut s'enlever qu'après la descente de quatre voyageurs. Lui qui, en captivité et en plein Champ-de-Mars, à Paris, avait emporté trente-cinq artilleurs avec tout le matériel, refusait à Bruxelles treize aéronautes. Nous restâmes neuf et le *Géant* quitta la terre aux applaudissements prolongés d'une foule immense.

« À 3 heures, nous avions reçu la dépêche suivante due à la courtoise sollicitude de M. Le Verrier :

« Paris, Observatoire, 1 heure 30 minutes.

« Beau. Nuages élevés marchant E. à O. Girouette est un quart nord-est faible. Baromètre 771 mill. 4.

« Ce matin, beau et vent faible sur nord France et Belgique. »

— Nous n'irons donc pas en Allemagne ou en Russie. — Telle fut l'exclamation générale de la part des voyageurs.

— Le ciel est pur ; le vent est doux : nous sommes plus favorisés que vous ne le croyez, Messieurs, reprit M. Nadar. Souhaitons de ne pas tomber dans la mer, et remercions M. Le Verrier.

« Le désir de M. Nadar eût été de faire un très-long voyage, de passer toute la nuit en ballon, et de commencer les observations scientifiques le lendemain, dès l'apparition de l'aurore. Mais pour cela un vent soufflant de l'ouest eût été nécessaire. Le contraire se présentait : il fallait bien faire contre mauvaise fortune bon cœur.

Louis Figuier

« La commission scientifique, nommée par le gouvernement belge et composée de MM. Sterckx, aide-de-camp du ministre de la guerre ; Léon de Rote, ingénieur des ponts et chaussées ; Frédérik, lieutenant d'infanterie, — se mit alors à placer dans la nacelle tous nos instruments (baromètre à siphon de Fortin, hygromètre condenseur de M. Regnault, thermomètre à minima de Walferdin, boussole à réflexion, etc.) — avec un certain regret, car elle prévoyait — on vient de le voir, — — que nous ne serions pas dans les airs, le lendemain, pour faire au grand jour toutes nos expériences...

« Au moment du départ, le baromètre Fortin de la nacelle indiquait une pression de 769 mill. 72 après réduction à 0, et le thermomètre marquait 15 degrés.

« Nous traversâmes Bruxelles de l'est à l'ouest, et nous prîmes la direction de Ninove, qui se trouve à l'ouest de la ville. Il était 5 heures 50.

« La boussole à réflexion, que nous avons consultée, donnait pour l'angle de notre direction avec le nord 372 degrés. Nous allions donc vers l'ouest avec 2 degrés nord.

« Le baromètre marquait 715 mill. 12, et le thermomètre 12 degrés. Nous étions donc à une hauteur de 620 mètres.

« Nous fûmes spectateurs d'un splendide coucher du soleil. L'horizon était cerclé d'une bande de feu d'un rouge éclatant, qui se bronza bientôt, et fut éteinte par une nuit sans lune et très-noire. Les étoiles brillaient d'une vive splendeur dans un fond sombre et répandaient comme une vague lumière, mais insuffisante pour nous voir d'un bout à l'autre de la nacelle ; nous ne pouvions lire ni l'heure à nos montres ni les graduations de nos instruments, à moins de nous servir d'une lampe de Davy, allumée à l'avance, mais éclairant trop peu pour permettre de bonnes observations.

« Nous avons souvent senti sur la nacelle une légère brise, qui devait coïncider avec chaque changement de direction et de courant. C'est M. Nadar, le premier, qui a observé ce fait dans ses précédents voyages, contrairement au dicton aérostatique disant qu'une bougie allumée dans la nacelle ne serait jamais éteinte.

« À 7 heures, nous passions au-dessus de Ninove ; à 8 heures, nous planions au-dessus d'Audenarde. Nous demandâmes avec un porte-voix, où nous étions, et nous entendîmes très-distinctement répondre : — Audenarde !

« À 8 heures 30 minutes, nous passions sur Courtrai. Jusqu'à 9 heures 30 minutes, nous nous sommes dirigés vers le nord-ouest. À partir de ce moment, le ballon prit une direction vers la droite, c'est-à-dire plus boréale. Ce changement a été constaté par les aéronautes. Le *Géant* même sembla s'arrêter un instant, hésiter et attendre une décision de la part du vent, qui était très-faible.

« Au bout de quelques minutes, nous reprîmes la direction du nord-ouest, non sans être promenés dans divers sens au-dessus de la Flandre occidentale, poussés et repoussés tour à tour par le vent d'est, qui nous avait amenés et la brise de mer qui soufflait de la côte en sens presque opposé.

« Quand nous avons changé de direction, après avoir passé au-dessus de Courtrai, nous avons alors suivi une route mieux déterminée et notre vitesse s'est accélérée. Nous avons pris la résultante de la rencontre des deux courants d'est et de nord-ouest. Nous avons vérifié ce fait, le lendemain matin, en relevant à la boussole à réflexion, la direction du *guide-rope* tendu derrière la nacelle et que traînait le ballon sur le sol. Il nous a donné la projection horizontale de la route tracée dans l'air par le*Géant*, et nous avons trouvé qu'il allait de l'E.-N.-E. à l'O.-S.-O., c'est-à-dire que, si nous n'étions pas descendus à Ypres, l'aérostat passait au-dessus de Boulogne, traversait la Manche, en suivant le sud de l'Angleterre et allait se perdre dans l'océan Atlantique.

« Lorsque nous avons vu que l'aérostat accélérait sa vitesse et que nous allions rapidement vers la mer, M. Nadar a ordonné la manœuvre pour la descente. À ce moment, nous sentions un froid très-vif, malheureusement, il nous a été impossible d'observer le thermomètre. Au bout de dix minutes, nous touchions mollement la terre, à 10 heures du soir, après quatre heures quinze minutes de navigation aérienne.

« Nous demandâmes où nous étions à des paysans qui s'enfuirent d'abord et ne revinrent auprès de nous qu'avec mille précautions, et ils nous répondirent : « Hameau de Saint-Julien, à 6 kilomètres au-dessus d'Ypres, à 26 kilomètres de la mer et à 105 kilomètres de Bruxelles. »

Louis Figuier

À l'époque de l'Exposition universelle de 1867, M. Nadar a cédé la propriété du *Géant* à une compagnie. Quatre ascensions ont été faites. Le lieu du départ était l'esplanade des *Invalides*, que l'on avait complètement entourée d'une enceinte, pourvue de portes à guichets ne s'ouvrant qu'aux spectateurs payants. Là se trouvaient trois autres enceintes, formées par des cordes et des piquets, et dans lesquelles les spectateurs étaient répartis selon le prix de leur carte d'entrée : 20 francs, 10 francs, et la bagatelle de vingt sous.

Pendant que le *Géant* s'élançait de l'esplanade des *Invalides*, le ballon d'Eugène Godard partait de l'Hippodrome ; et souvent le *Géant* et l'*Impérial*, le ballon de M. Nadar et le ballon de M. Godard, ces deux frères et ennemis, se rencontraient en l'air, et voyageaient de compagnie. Mais ces exhibitions d'un spectacle déjà bien usé, n'ont que faiblement excité l'attention du public, en dépit de la prodigieuse affluence d'étrangers, qu'attirait dans la capitale de la France, l'Exposition universelle de 1867.

CHAPITRE XV

CONSTRUCTION ET REMPLISSAGE DES AÉROSTATS À GAZ HYDROGÈNE ET À GAZ D'ÉCLAIRAGE. — CONSTRUCTION ET REMPLISSAGE DES MONTGOLFIÈRES. — LES PETITS BALLONS À GAZ HYDROGÈNE A L'USAGE DES ENFANTS.

Nous croyons utile, avant de terminer cette Notice, de décrire la manière de construire les aérostats. Nous dirons aussi quelques mots des ballons que peuvent exécuter les jeunes gens, tant pour leur instruction que pour leur plaisir, ainsi que de ces petits ballons qui sont fabriqués depuis quelques années pour l'amusement des enfants.

Un ballon de forme sphérique, résulte de l'assemblage de larges fuseaux, cousus les uns-aux autres. La matière du ballon est le papier, quand il s'agit d'une montgolfière, et la soie, quand il s'agit d'un aérostat à gaz hydrogène.

Il existe plusieurs moyens de découper ces fuseaux, de manière à composer un globe sphérique par leur juxtaposition. Le savant anglais, Tibère Gavallo, a donné une formule logarithmique qui permet de tailler les patrons de ces fuseaux ; mais cette méthode exige des calculs préliminaires assez longs ; nous ferons connaître, pour arriver à ce résultat, un procédé géométrique très-simple et à la portée de tous.

Il s'agit d'abord de tailler un modèle en papier, sur lequel on découpera ensuite, les fuseaux de taffetas. Voici la manière de tailler ces fuseaux.

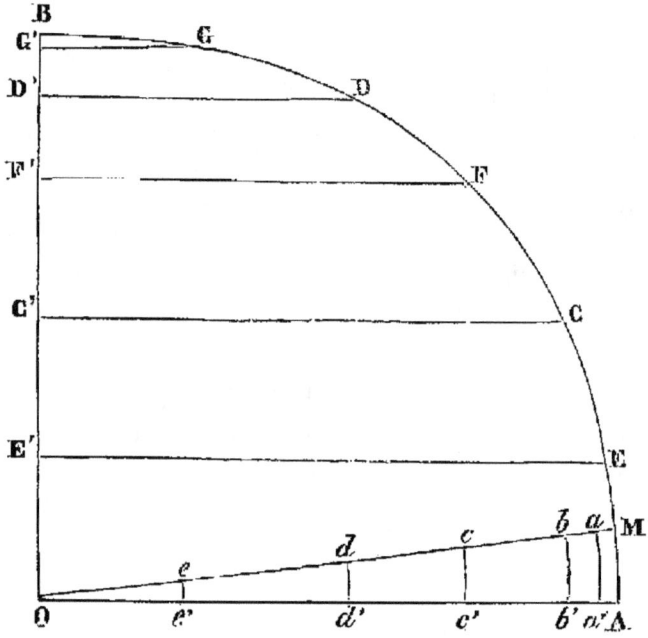

Fig. 317. — Figure géométrique pour la taille des fuseaux d'un ballon.

On décrit sur la feuille de papier, dont les dimensions sont les mêmes que celles du ballon, un quart de cercle AOB, dont le rayon est égal à celui du ballon. On divise ensuite l'arc AB en six parties égales ; pour cela il suffit de porter successivement le rayon AO sur la circonférence de A en D et de B en C, On obtient ainsi trois arcs égaux AC, CD, DB ; si l'on divise chacun d'eux en deux parties égales par les points E, F, G l'arc AB sera divisé en six parties égales. Par les points de division on mène des parallèles au rayon AO qui coupe le quart de cercle aux points E', C', F', D', G'. On joint alors le centre O au milieu M de l'arc AE et on décrit du même point O comme centre avec des rayons respectivement égaux à EE′, CC′, etc., des arcs de cercle *aa′*, *bb′*, etc. Admettons que le cercle auquel appartient l'arc AB soit l'équateur du ballon, l'arc AM en sera la vingt-quatrième partie, les arcs *aa′*, *bb′*, etc., seront alors la vingt-quatrième partie des parallèles de rayons EE′ CC′, FF′, etc.

Fig. 318. — Figure géométrique pour la taille des fuseaux d'un ballon.

Ceci posé, sur une ligne droite XY portons douze fois la longueur AM et des points de division, 1, 2, 3, 4, 5, 6, de part et d'autre du milieu 1, décrivons des arcs de cercle avec des rayons respectivement égaux aux longueurs AM, *aa'*, *bb'* etc. Si l'on trace une courbe tangente à la fois à tous ces arcs et qui passe en X et Y, on obtiendra un fuseau dont la surface est la vingt-quatrième partie de celle de la sphère. Il suffira donc de découper vingt quatre bandes égales à celles-ci, en laissant un bord qui permette de les réunir entre elles. On construira ainsi un ballon dont la forme sera à peu près sphérique. On voit que ce procédé repose principalement sur ce que les arcs AM, *aa'*, *bb'* etc., peuvent être considérés comme sensiblement égaux à leurs cordes, ce qui n'a lieu que s'ils sont assez petits.

Si le ballon doit avoir de grandes dimensions, on divisera l'arc AB en douze parties égales, au lieu de 6, et en répétant une construction analogue à la précédente, on obtiendra des fuseaux qui dans ce cas devront être au nombre de quarante-huit pour former l'enveloppe sphérique tout entière.

Les ballons sont généralement terminés par un appendice, qui leur donne une forme particulière. Pour construire cet appendice, on ne termine pas en pointe l'extrémité inférieure de chaque fuseau, on laisse de la sorte une largeur, variable avec le nombre de fuseaux, et qui permet de donner au ballon la forme qu'on veut.

La soie est le tissu qui sert à former les aérostats. On a la précaution de la recouvrir d'avance, d'un vernis, afin de boucher ses pores, et de s'opposer au passage du gaz hydrogène à travers l'enveloppe. On choisit généralement la soie cuite, le taffetas de Lyon ou le satin croisé, parce que ces étoffes sont à la fois solides et de longue durée.

La composition des vernis dont on recouvre la soie destinée à former un aérostat, est assez variable. Nous indiquerons la manière de préparer quelques-uns de ces enduits.

On fait, au bain-marie, une dissolution de caoutchouc dans l'essence de térébenthine, en ayant soin d'agiter le mélange pendant toute la durée de l'opération. La dissolution arrive ainsi à avoir une consistance sirupeuse ; on la laisse bien refroidir ; puis on la décante dans un autre vase, en inclinant légèrement et peu à peu celui qui la contient. Enfin on mélange la dissolution de caoutchouc ainsi obtenue, avec de l'huile de lin. Il suffit d'enduire de ce vernis, les deux faces de chaque fuseau, l'une après l'autre, à douze heures d'intervalle, et de laisser sécher pendant un jour. La soie ainsi vernissée sert à tailler les fuseaux destinés à former l'aérostat.

On emploie également comme vernis, un, mélange d'essence de térébenthine et d'huile de lin rendue siccative par une ébullition prolongée avec la litharge.

Quelquefois le ballon est fabriqué avec de la baudruche, c'est-à-dire la membrane interne du gros intestin du bœuf ; mais on ne peut confectionner ainsi que des ballons d'un faible volume, car la baudruche est une substance assez chère.

Depuis quelques années on se sert, pour fabriquer les ballons, d'un tissu peu perméable aux gaz, qu'on homme *makintosh*, et qui est formé d'une lame de caoutchouc, interposée entre deux feuilles de taffetas ou de toile. C'est ainsi qu'est fabriquée l'enveloppe de l'aérostat captif de M. Giffard, dont nous aurons à parler dans le chapitre suivant.

L'aérostat, ou la montgolfière, étant construits, il s'agit de les remplir. Nous parlerons d'abord du remplissage des aérostats par le gaz hydrogène et par le gaz d'éclairage.

La production du gaz hydrogène est basée sur la décomposition de l'eau, par l'action simultanée du fer ou du zinc, et de l'acide sulfurique. On sait que l'eau est formée, sur 100 parties, de 89 parties d'oxygène et de 11 parties d'hydrogène. L'oxygène, ayant une grande affinité pour le fer, peut se séparer de l'hydrogène. Cette séparation se produit facilement sous l'influence de l'acide sulfurique, qui tend à se combiner avec l'oxyde de fer.

Quand on n'a besoin que de très-peu de gaz, cette opération se fait, dans les laboratoires de chimie, au moyen de flacons de verre. Mais pour la production en grand, il faut substituer aux flacons, des tonneaux, dont le fond supérieur soit percé de deux trous livrant passage à deux tubes, l'un pour le gaz dégagé, l'autre pour l'acide sulfurique qui sert à provoquer la réaction. Ces tubes sont en plomb ; le premier est droit, et muni d'un entonnoir, pour verser l'acide, le deuxième, qui est recourbé, conduit le gaz dans une sorte de cuve pleine d'eau, destinée à laver le gaz hydrogène, avant son introduction dans le ballon.

CHAPITRE XV

La réaction se produit aussitôt après l'introduction des matières dans les tonneaux. Elle s'accompagne, pendant toute sa durée, d'une effervescence qui sert, en quelque sorte, de régulateur dans l'opération ; car, suivant que cette effervescence est plus ou moins vive, l'arrivée du gaz dans le ballon est plus ou moins rapide. Il convient d'agiter souvent la masse afin d'établir un contact intime entre l'acide sulfurique et les morceaux de fer qui n'auraient pas encore été attaqués.

Il est essentiel de laver le gaz dans l'eau, car le fer et l'acide employés étant impurs, il se produit, par leur réaction, de l'acide sulfureux et de l'hydrogène sulfuré. Ces deux gaz étant solubles dans l'eau, restent dissous dans l'eau de la cuve.

Il est bon de disposer sur le trajet du gaz hydrogène, avant de le faire pénétrer dans le ballon, un tube plein de chaux vive, qui dépouille le gaz de son humidité, et arrête la petite quantité de gaz acide carbonique qui peut s'y trouver mélangée.

Au sortir de ce tube à dessèchement, le gaz hydrogène est dirigé dans le ballon, au moyen d'un tuyau de caoutchouc.

Ainsi que nous l'avons déjà dit, on met dans les tonneaux, de l'eau, de l'acide sulfurique et du fer, ou mieux de la tôle découpée en menus fragments. Il est important de savoir dans quelles proportions on doit employer les matières nécessaires à la production de l'hydrogène. L'expérience indique que 3 kilogrammes de fer et 5 kilogrammes d'acide sulfurique, à 66° de l'aréomètre, donnent au moins un mètre cube de gaz. Il suffira donc de connaître le volume du ballon et de prendre autant de fois 3 kilogrammes de fer et 5 kilogrammes d'acide, qu'il contiendra de mètres cubes. Calculer le volume du ballon est chose facile, à cause de sa forme sphérique. Son volume et sa surface se calculent par la méthode géométrique ordinaire : π représentant le rapport de la circonférence au diamètre, et D le diamètre du ballon, la surface du ballon est égale à πD^2 et son volume à $\frac{\pi D^3}{6}$

La figure 320, représente l'ensemble des dispositions qu'il faut donner à l'appareil pour la préparation du gaz hydrogène par l'action de l'acide sulfurique sur le fer. Cette figure reproduit avec exactitude les dispositions qui ont été employées par M. Henry Giffard, pour préparer le gaz hydrogène, destiné à remplir le vaste aérostat, qui a servi à opérer des *ascensions captives* à Paris en 1867.

Fig. 320. — Appareil pour la préparation, par l'acide sulfurique et le fer, du gaz hydrogène destiné au remplissage d'un aérostat.

AA sont les tonneaux de bois dans lesquels l'acide sulfurique réagit sur le fer ; BB, les tubes qui conduisent le gaz sortant des tonneaux ; CC, le grand tube dans lequel se réunit le gaz dégagé dans tous les tonneaux ; D, la cuve dans laquelle le gaz vient se laver. F représente le cylindre plein de chaux que le gaz doit traverser, pour s'y dessécher et y laisser son acide carbonique, avant de se rendre dans l'aérostat. H est un manchon de verre contenant un hygromètre et un thermomètre, pour s'assurer de l'état de dessiccation du gaz et de sa température.

La cuve à lavage est d'une disposition particulière, l'eau s'y renouvelle sans cesse. À cet effet, une pluie d'eau tombe à travers une multitude d'orifices percés dans un tube intérieur, et elle s'écoule ensuite par un trop-plein. De cette manière le lavage du gaz est parfait.

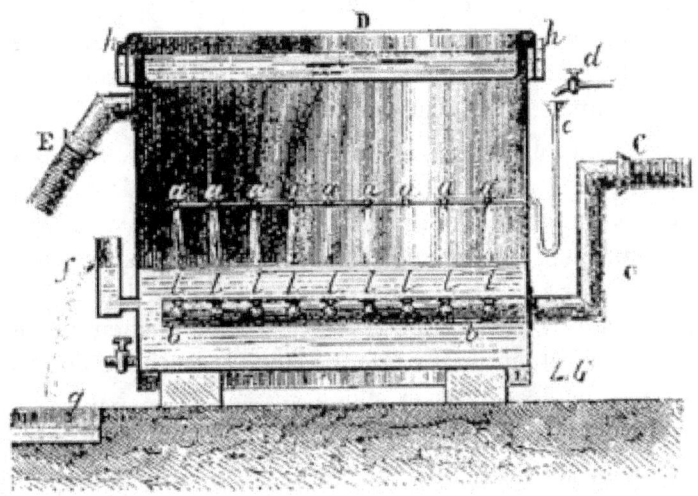

Fig. 319. — Coupe de la cuve à lavage du gaz hydrogène.

Nous représentons à part (*fig.* 319) en coupe verticale, l'intérieur de cette*cuve à lavage.* C est le tube d'entrée, et E le tube de sortie du gaz. *aa* est le tube, persillé de trous, par lequel l'eau tombe en pluie dans l'intérieur du vase, *f* le trop-plein par lequel cette eau s'écoule sans cesse, *d* le robinet d'arrivée de cette même eau ; le gaz arrivant par une série d'orifices *l, l, l,* est très-divisé et peut se mêler avec l'eau, pour se laver parfaitement.

Ainsi préparé, le gaz hydrogène revenait à M. Henry Giffard au prix de 1 franc le mètre cube. C'est dire qu'il serait impossible de pratiquer en grand, avec économie, la préparation du gaz hydrogène par cette méthode. C'est pourtant avec le gaz ainsi obtenu, que fut rempli, pour la première fois, l'aérostat de M. Giffard. Et comme les dimensions de cet aérostat ne sont pas moindres, comme nous le dirons bientôt, de 5 000 mètres cubes, le coût du remplissage était de 5 000 francs. Aussi, comme nous le verrons tout à l'heure, M. Giffard a-t-il eu recours, pour préparer le gaz hydrogène, à une opération plus économique, consistant à décomposer l'eau par le charbon porté au rouge. C'est ce que nous aurons à décrire plus au long, dans le chapitre suivant, consacré aux ascensions en ballon captif.

On ne doit jamais remplir complètement un ballon avant l'ascension ; car le gaz, qui le gonfle, a une pression égale à la pression de l'air ambiant, et cette pression diminue à mesure qu'on s'élève. Si l'aérostat était entièrement gonflé au départ, l'excès de pression intérieure amènerait bientôt la rupture de l'enveloppe.

On ne le remplit donc qu'aux deux tiers ; de cette façon, le gaz intérieur peut, par son expansion, faire équilibre à la pression extérieure, sans presser contre les parois du ballon. Ainsi l'appareil ne se gonfle dans son entier qu'en s'élevant, et il conserve une force ascensionnelle à peu près constante, jusqu'à ce qu'il ait atteint son volume définitif. On peut du reste régler le gonflement de l'aérostat, de façon à atteindre la hauteur à laquelle on veut qu'il s'arrête.

Au début de l'opération, le ballon doit être soutenu par une corde, fixée à sa partie supérieure, et passant sur des poulies portées par deux grands poteaux, de façon à pouvoir l'élever ou l'abaisser à volonté. Mais, à mesure que le gaz le remplit, la poussée qu'il occasionne rend cette suspension inutile ; il faut alors, au contraire, retenir le ballon vers la terre au moyen de cordes attachées au filet dont on a eu soin de recouvrir préalablement l'aérostat.

Ce filet est d'une nécessité absolue ; il permet de répartir, sur tous les points du ballon, la traction exercée par la nacelle, et d'éviter ainsi les chances de rupture, aux points qui, sans cela, auraient été soumis à des tiraillements trop énergiques et trop prolongés.

On construit le filet très-solidement en corde de chanvre, en faisant les mailles de la partie supérieure assez petites, et en les agrandissant à mesure qu'on s'en éloigne. Cette disposition a pour but d'augmenter la résistance de l'enveloppe dans les points où elle est soumise à la plus grande pression de la part du gaz. Le filet doit envelopper totalement le ballon dont il embrasse exactement la surface jusqu'au milieu. À partir de là, les différentes cordes, dont il est formé, convergent vers un même cercle de bois, ou d'osier, auquel on suspend la nacelle.

Par tous les détails contenus dans cette Notice, on sait déjà que les moyens qui permettent à l'aéronaute de s'élever ou de descendre, une fois qu'il plane dans les airs, se réduisent aux sacs de lest, qu'il jette pour s'élever, et à la soupape placée à la partie supérieure du ballon, qu'il ouvre pour perdre du gaz, s'alléger et descendre. Inutile de dire, par conséquent, que l'aéronaute doit emporter avec lui, dans sa nacelle, une quantité de sacs de sable, dont le nombre et le poids varient avec la force ascensionnelle qu'il entend conserver. Il doit, en même temps, bien s'assurer du bon état de la soupape, qui lui permettra de vider le gaz à volonté, pour opérer sa descente.

Quant à l'orifice inférieur du ballon, il doit rester constamment ouvert ; la raison en est facile à comprendre. À mesure que le ballon s'élève dans une région plus haute, le gaz intérieur se dilate, subit une expansion, qui est proportionnelle à la diminution de la pression des couches de l'air extérieur raréfié. Il faut donc que le gaz puisse prendre, sans obstacle, cette expansion ; sans cela, il presserait contre les parois de l'aérostat, les distendrait, et les ferait infailliblement éclater. C'est ce que l'on évite en laissant l'orifice inférieur du ballon toujours ouvert. L'hydrogène étant extrêmement léger, comparativement à l'air, ne peut se perdre en quantité sensible par cet orifice ouvert, tant que la pression extérieure ne diminue pas ; ce n'est qu'au moment de la diminution de cette pression, qu'il s'échappe au dehors, et proportionnellement à l'affaiblissement de cette pression.

Nous ajouterons maintenant que là est la cause fondamentale de la faible course que peut fournir un aérostat. Dès qu'il s'élève un peu haut, quand il atteint 2 500 mètres, à plus forte raison 4 000 mètres, un aérostat perd, par son orifice inférieur ouvert, une quantité énorme de son gaz. Cette perte lui ôte toute sa force ascensionnelle, et oblige bientôt l'aéronaute à descendre.

On s'imagine communément, que la cause de la prompte déperdition du gaz d'un aérostat, c'est le passage de l'hydrogène à travers l'enveloppe. D'après ce qui vient d'être dit, cette cause de perte, dans le faible intervalle de temps d'une ascension, n'est presque rien, comparée à celle qui résulte de l'expansion du gaz dans les hautes régions et de son dégagement par l'orifice inférieur. Si le ballon pouvait se conserver clos, sans briser ses parois, il pourrait fournir une carrière très-longue.

Comment connaître d'avance le poids que peut enlever l'aérostat, c'est-à-dire la force qui le sollicite à s'élever ? Il est facile, comme on vient de le voir, de connaître la surface du ballon et le volume d'hydrogène qu'il renferme. Ce gaz, dans les conditions ordinaires de température et de pression, pèse environ 100 grammes le mètre cube. D'autre part, on évalue à 250 grammes le poids d'un mètre carré du taffetas formant l'enveloppe. On obtiendra le poids total du ballon en ajoutant le poids du gaz et celui du taffetas. Connaissant le volume de l'aérostat, on connaît le volume, et par suite le poids, de l'air déplacé par le ballon. La différence entre ces deux poids, évaluée en kilogrammes, représente la charge que peut soulever le ballon.

Il faut remarquer, toutefois, qu'on prend toujours une charge moindre que cette différence ; sans cela le ballon resterait en équilibre dans l'air. Il faut qu'il possède une certaine force ascensionnelle, pour pouvoir s'élever.

Le tableau ci-dessous donne, connaissant le diamètre d'un ballon à gaz hydrogène, sa charge et sa force ascensionnelle, évaluées en kilogrammes.

DIAMÈTRE du BALLON, en mètres.	POIDS EN KILOGRAMMES, que le ballon peut soulever.	FORCE ASCENTIONNELLE, en kilogr.

1	0,62	0,16
2	5,03	1,89
4	40,21	27,65
6	135,72	107,44
7	215,51	177,03
8	321,70	269,69
9	458,04	394,42
10	622,32	549,78

Passons au remplissage des ballons par le gaz de l'éclairage.

L'hydrogène est le gaz le plus diffusible que l'on connaisse, c'est-à-dire qu'il possède au plus haut degré, la propriété de traverser les parois des vases dans lesquels on l'enferme. Il n'y a pas, pour ainsi dire, de vases dans lesquels on puisse le conserver ; il passe même au travers du caoutchouc, qui est cependant imperméable à beaucoup de gaz. Cette facilité à traverser les enveloppes ne tient, d'ailleurs, qu'à sa très-faible densité. Plus un gaz est léger, plus il peut s'écouler facilement à travers les pores des substances qui le renferment. L'hydrogène est difficile à contenir dans une enveloppe de nature organique, parce qu'il est prodigieusement léger ; voilà tout le mystère.

Quelque bien vernie que soit l'enveloppe de taffetas, il arrive donc toujours un moment où le ballon s'affaisse, car l'hydrogène s'échappe peu à peu, tandis qu'il ne rentre à sa place qu'une quantité d'air bien plus faible. On comprend donc que l'on ait cherché à remplacer l'hydrogène par un autre gaz, plus léger que l'air, mais n'offrant pas l'inconvénient propre à l'hydrogène pur.

Le gaz que l'on a substitué à l'hydrogène pur est celui de l'éclairage, vu la facilité avec laquelle on se le procure dans les grandes villes. Seulement, sa densité plus grande oblige à donner à l'aérostat un volume double, pour obtenir la même force ascensionnelle.

Le gonflement d'un ballon par le gaz de l'éclairage, nécessite très-peu d'appareils. Il suffit d'adapter aux conduits souterrains qui distribuent le gaz dans les villes, un tuyau de caoutchouc, ou de cuir, d'un assez grand diamètre, qui l'amène jusqu'à l'intérieur du ballon.

L'expérience, avons-nous déjà dit, a établi qu'un mètre cube de gaz hydrogène pur, préparé pour les ascensions aérostatiques, pèse 100 grammes, et qu'il peut, dès lors, enlever un poids de 1 200 grammes par mètre cube de la capacité du ballon, car un mètre cube d'eau pèse environ 13 000 grammes, et la différence, soit 12 000 grammes, représente dès lors la force ascensionnelle d'un mètre cube de gaz hydrogène. Un mètre cube de gaz d'éclairage pèse de 600 à 650 grammes, et peut enlever, dès lors, un poids de 650 grammes seulement par mètre cube. Il faut donc pour obtenir la même force ascensionnelle donner à un aérostat gonflé par le gaz de l'éclairage, un volume à peu près double de celui que l'on donnerait à un aérostat gonflé par le gaz hydrogène pur.

Arrivons aux montgolfières.

L'emploi des montgolfières est aujourd'hui très-limité, en raison des dangers auxquels elles exposent. Ces ballons sont dangereux, non-seulement pour ceux qu'ils emportent, mais encore pour les pays au-dessus desquels ils passent. De nombreux incendies ont été causés par la descente de ces montgolfières, qu'on avait autrefois l'habitude de lancer, en France, à l'occasion des fêtes publiques. Pour ces raisons, nous nous étendrons très-peu sur le gonflement de ces ballons.

La montgolfière étant construite, par les procédés que nous avons décrits, il suffit pour les lancer, d'allumer du feu au-dessous de l'orifice. L'air intérieur s'échauffe et provoque, par sa dilatation, l'ascension de l'appareil. Mais il faut le maintenir à la température à laquelle on l'a porté. Pour cela, le ballon est muni, à sa base, d'un fourneau, dans lequel on entretient du feu, par la combustion de certaines matières, telles que des étoupes imbibées d'esprit-de-vin, des boules pyrogéniques formées par l'agglomération de copeaux de bois avec du goudron, de la paille arrosée d'essence de térébenthine, etc.

C'est surtout la présence de ce fourneau qui est la source de nombreux dangers. D'abord, au moment du départ de la montgolfière il se produit des oscillations, qu'il est très-difficile d'éviter, et qui peuvent déterminer son inflammation ; puis, lorsqu'elle s'est élevée dans les airs, elle laisse tomber des flammèches ; enfin quand elle descend dans la campagne, sur des matières inflammables, elle peut occasionner de grands désastres.

Les jeunes gens trouveront une occasion de plaisir et d'instruction, à confectionner de petits ballons, destinés à être gonflés par l'air chaud ou par le gaz hydrogène. Nous dirons donc un mot de leur construction, qui est très-simple. Il suffit de faire avec de moindres dimensions, le tracé géométrique que nous avons indiqué pour les grands ballons. On pourrait employer dans ce cas, le taffetas recouvert de vernis ; mais, pour un objet sans grande utilité, il vaut mieux agir autrement.

On prend des feuilles de papier à lettre ordinaire, que l'on réunit au moyen de colle de pâte. On les taille en fuseaux, par le procédé que nous avons fait connaître, et on les recouvre, sur chaque face, soit avec de l'huile grasse, rendue siccative par la litharge, soit avec un des nombreux vernis gras que l'on trouve chez les fabricants de couleurs.

Le papier ainsi recouvert, devient, au bout d'un certain temps, dur et cassant. On peut modifier la préparation du ballon de façon à éviter cet inconvénient. Pour cela, on réunit les feuilles de papier deux à deux, en interposant entre elles une couche du vernis, dont nous avons précédemment décrit la préparation. On obtient ainsi une enveloppe qui conserve une grande souplesse, et qui, de plus, est presque entièrement imperméable aux gaz.

On se dispense d'employer un filet, en réunissant les fuseaux entre eux, à l'aide de rubans de soie et de coton, qu'on laisse dépasser les fuseaux.

Pour gonfler un tel ballon, il suffit de diriger à l'intérieur, au moyen d'un tube, du gaz hydrogène produit à la façon ordinaire des laboratoires, dans un flacon de verre à deux tubulures.

Au début, il faut soutenir le ballon ; mais bientôt il tend lui-même à s'élever, en vertu de la poussée de l'air. On n'a plus alors qu'à le retenir à l'aide d'une corde, jusqu'à ce que le gonflement soit achevé.

Il nous reste à parler de ces petits ballons en caoutchouc qui servent de jouets aux enfants. Voici comment ils sont fabriqués.

On découpe dans une feuille de caoutchouc de 2 millimètres d'épaisseur, quatre portions de sphère, qui se prolongent, à une extrémité seulement, en une bande de 5 à 6 millimètres de large et

15 de long. On soude ces quatre segments ensemble, en appuyant les bords deux à deux au moyen d'un fer chaud, et l'on obtient ainsi une petite sphère creuse, terminée par un tube de 15 millimètres de long et de 7 millimètres de diamètre. On *vulcanise* alors cette sphère, en la plongeant dans un mélange de sulfure de carbone et de chlorure de soufre. Puis, on maintient le ballon gonflé avec de l'air, pendant tout le temps nécessaire à la teinture en rouge. Cette teinture s'obtient en dissolvant une dissolution d'orcanette dans le sulfure de carbone. Il ne reste plus qu'à recouvrir le ballon avec un vernis formé de gomme du Sénégal dissoute dans un mélange d'alcool, de vin blanc et de mélasse. Le petit ballon est alors prêt à être gonflé. On le remplit de gaz hydrogène, à l'aide d'une pompe de compression.

Le volume de ces ballons varie de 4 à 8 litres ; leur force ascensionnelle est très-faible, comme on le sait. Ainsi un de ces ballons dont le volume serait de 5 litres, pèse environ $5^{gr},448$, dont 5 grammes pour l'enveloppe, $0^{gr},448$ pour les 5 litres d'hydrogène qu'il renferme. Il déplace 5 litres d'air dont le poids est de $6^{gr},466$, sous la pression 76 centimètres et à la température ordinaire. La force ascensionnelle est donc égale à $6^{gr},466 - 5^{gr},448 = 1^{gr},018$.

Cette industrie a pris aujourd'hui une telle extension à Paris, qu'elle livre, chaque année, au commerce, 15 millions de petits ballons. Nous tenons ce chiffre de M. Gillard, savant chimiste et industriel, à qui l'on doit les procédés de fabrication que nous venons de décrire.

CHAPITRE XVI

LES ASCENSIONS EN BALLON CAPTIF. — LE BALLON DE M. HENRY GIFFARD.

Les ascensions en ballon captif sont une nouveauté, car depuis la suppression, faite par Bonaparte en 1799, du corps des aérostiers militaires de la République, on n'avait vu nulle part l'intéressante opération qui consiste à hisser, à une hauteur plus ou moins grande, au milieu des airs, des amateurs et des curieux. C'est cette entreprise qu'a réalisée avec un grand bonheur, en 1867, M. Henry Giffard.

Louis Figuier

Le nom de M. Henry Giffard est bien connu aujourd'hui dans la science et dans l'industrie. On lui doit l'invention d'une véritable merveille en mécanique, un appareil qui remplace la pompe aspirante et foulante, pour le renouvellement de l'eau, dans les chaudières à vapeur : l'*injecteur Giffard*, qui est aujourd'hui adopté sur toutes les locomotives, dont il contribue à accélérer singulièrement et à faciliter les manœuvres.

M. Henry Giffard se fait remarquer, entre tous nos ingénieurs actuels, par son esprit inventif et original. Les conceptions neuves et hardies, attirent particulièrement son imagination fertile. Nous verrons bientôt que c'est à lui qu'appartient le mérite et l'audace de la tentative consistant à appliquer la machine à vapeur à la direction d'un aérostat ; nous décrirons et nous représenterons plus loin, *l'aérostat à vapeur* dont M. Henry Giffard, à peine sorti des bancs de l'École centrale, fit l'expérience à Paris, en 1852.

Malgré les travaux divers qui l'ont occupé depuis, dans sa carrière d'ingénieur, M. Henry Giffard n'a jamais perdu de vue la question des aérostats, qui avait rempli une courte mais intéressante période de sa jeunesse. Il était donc parfaitement préparé, par ses connaissances et par son expérience personnelle, à exécuter l'entreprise, beaucoup plus compliquée qu'on ne se l'imagine, qui consistait à réaliser l'aérostation en ballon captif, c'est-à-dire à installer un vaste aérostat à gaz hydrogène, présentant une certaine force d'ascension, et offrant toute sécurité aux amateurs et curieux qui voudraient se donner le plaisir d'une promenade aérienne.

Pendant le dernier mois de l'Exposition universelle de Paris, c'est-à-dire pendant le mois d'octobre 1867, les visiteurs du palais et des jardins du Champ-de-Mars, voyaient régulièrement, toutes les après-midi, s'élever et planer quelque temps, à une assez grande hauteur dans l'air, un aérostat de très-grandes dimensions, retenu à terre au moyen d'un câble, et contenant un certain nombre de personnes. Après une station de quelques minutes, au plus haut de sa course, on le voyait redescendre, pour recommencer le même manège, jusqu'à l'arrivée de la nuit. C'était le ballon de M. Giffard qui, établi dans une vaste enceinte, faisant partie de l'établissement de construction mécanique de M. Flaud, situé dans l'avenue Suffren, aux portes de l'Exposition, opérait ses ascensions captives.

Hâtons-nous de dire, que ce n'est pas seulement en vue de l'Exposition universelle que M. Henry Giffard a fait l'installation et la construction de son aérostat captif. Après la clôture de l'Exposition, le ballon et tout son outillage mécanique ont été transportés dans un autre emplacement, plus central, afin de donner, d'une manière permanente, au public parisien, le plaisir d'une ascension en ballon captif, avec ses sensations émouvantes et uniquement agréables.

Il y avait des difficultés fondamentales, et une foule de petits problèmes de détail, à résoudre, pour arriver à réaliser l'aérostation en ballon captif, avec toutes les conditions de sécurité qu'elle exige. Toutes ces difficultés ont été parfaitement résolues.

Le ballon construit par M. Henry Giffard, est d'un volume énorme, afin qu'il puisse emporter une vingtaine de personnes à la fois. Il est presque aussi gros que le *Géant* ; son volume est de 5 000 mètres cubes, tandis que celui du *Géant*, comme nous l'avons dit, est de 6 000 mètres cubes.

Pour retenir attachée au sol une pareille masse, et pour combattre l'effet du vent s'exerçant sur elle, il faut un effort mécanique, que l'on peut calculer facilement. La surface du ballon qui donne prise au vent, est représentée par son grand cercle, qui est de 300 mètres carrés environ. Avec un vent ayant une vitesse de 10 mètres par seconde, la force qui s'exerce contre la surface du ballon, est, d'après cela, de 1 500 kilogrammes. Une telle puissance coucherait le ballon sur le sol, ou l'empêcherait de s'élever, s'il ne jouissait pas d'une force ascensionnelle considérable, et si l'on n'employait, quand il s'agit de le ramener à terre, non de simples cordes, comme le faisaient les aérostiers de la République, mais un véritable câble de vaisseau, pouvant s'enrouler et se dérouler sur un treuil, au moyen d'une machine à vapeur.

C'est donc une machine à vapeur, dont M. Henry Giffard fait usage pour ramener à terre son ballon captif. Cette machine fait tourner l'arbre d'un treuil, dont les dimensions sont d'un mètre de diamètre et de 6 mètres de longueur. La longueur du câble est de 330 mètres, et il pèse 900 kilogrammes, poids qui, pendant l'ascension, vient s'ajouter à celui du ballon, de ses agrès et des personnes embarquées.

Ce câble va en diminuant graduellement de calibre, depuis son point d'attache à la nacelle, jusqu'à son extrémité inférieure, fixée au treuil. Son diamètre est de 8 centimètres à la nacelle et de 4 centimètres seulement, à son extrémité fixée au treuil. Sa résistance à la rupture est, à son gros bout, de 50 000 kilogrammes, et à son petit bout, de 12 000 kilogrammes, ce qui représente dix fois plus de puissance que la force ascensionnelle du ballon. En effet, l'effort du ballon, par un grand vent, est de 3 000 kilogrammes quand il est parvenu en haut de sa course. On voit donc que le câble a une résistance décuple de la puissance qu'il doit combattre, ce qui assure toute sécurité aux personnes placées dans la nacelle.

La machine à vapeur qui fait marcher le treuil, est de la force de 50 chevaux. Elle se compose d'une chaudière, placée hors de l'enceinte, et de quatre cylindres à vapeur marchant à la pression de quatre atmosphères. Il suffit de donner accès à la vapeur dans ces cylindres, pour ramener à terre l'aérostat et sa cargaison.

Pour modérer la vitesse du déroulement, le treuil porte deux freins, composés d'un levier oblique venant presser, au besoin, l'arbre du treuil. Deux hommes sont affectés à la manœuvre de ces freins. Une *coulisse de Stéphenson*, avec son long levier, assez semblable à ceux qu'on voit sur les locomotives, sert à changer le sens du travail des pistons, pour faire tourner le treuil dans un sens ou dans un autre. Rien n'est curieux comme de voir M. Henry Giffard, la main sur le levier d'admission de la vapeur dans les cylindres, ou sur la coulisse de Stéphenson, faire partir la masse colossale de l'aérostat, l'arrêter dans sa course, la laisser reprendre son essor, ou la ramener vers la terre ; le tout par le jeu de quelques millimètres d'un robinet, ouvert ou fermé.

La figure 322 montre l'ensemble des dispositions du ballon captif.

L'attache du câble à la nacelle est ce qu'il y a de plus remarquable et de plus neuf, dans ce système mécanique. Au milieu de l'enceinte, se trouve une cavité circulaire, de 3 mètres de hauteur et de 10 mètres de large, dans laquelle descend et se meut la nacelle. Le câble partant du treuil, vient aboutir à cette cavité, par un tunnel souterrain. Le mode de suspension de la nacelle au ballon, est un bijou d'élégance et de sûreté. La corde, avant de s'attacher à la nacelle, passe sur une poulie, rendue mobile par le système de suspension connu, en mécanique, sous le nom de *suspension de Cardan*. C'est un axe articulé, ou doublement coudé, qui permet à la poulie de tourner sur elle-même, de manière à pouvoir suivre, sans que le câble ait à s'en ressentir, tous les mouvements de la nacelle et par conséquent du ballon.

Fig. 322. — Le ballon captif construit par M. Giffard en 1867.

Fig. 321. — Système de suspension du ballon captif de M.

Louis Figuier

Giffard.

Nous représentons (*fig.* 321) ce curieux mode d'attache. AB est la poulie mobile au point d'articulation E ; F est un simple contrepoids, destiné à équilibrer la poulie, de manière que les mouvements de ce système n'exigent le développement d'aucune force ; et que tout se borne à détruire l'équilibre établi. CD est l'axe de suspension fixe. Jamais un système aussi simple et aussi ingénieux n'a été mis en œuvre, pour ce cas particulier.

L'étoffe du ballon consiste en deux toiles, réunies par une dissolution de caoutchouc, et enduites, à l'extérieur, d'un vernis à l'huile de lin. Toutes les coutures ont été recouvertes d'une bande de la même étoffe, appliquée au moyen de la dissolution de caoutchouc, et enduite du vernis à l'huile de lin.

Cet enduit paraît avoir résolu, en grande partie, le problème, tant cherché, de la conservation du gaz hydrogène dans un aérostat. Tandis que, dans la plupart des aérostats construits jusqu'à ce jour, le gaz hydrogène traverse, avec une promptitude extraordinaire, l'étoffe de soie vernie du ballon, l'aérostat de M. Henry Giffard est doué d'une propriété de conservation vraiment remarquable. Il n'a pas été nécessaire de renouveler, pendant deux ou trois mois, la provision de gaz dans le ballon, une fois gonflé, à la condition de remplacer, chaque deux ou trois jours, les 40 ou les 50 mètres cubes de gaz perdus dans cet intervalle, par leur passage à travers l'enveloppe.

Le gaz hydrogène, destiné à remplir l'aérostat, fut d'abord préparé, au moyen de la réaction de l'acide sulfurique sur le fer, dans l'appareil dont nous avons représenté les dispositions et les détails (*fig.* 320). Nous disions à ce propos, que le gaz hydrogène ainsi obtenu, revient à 1 franc le mètre cube, ce qui représente une dépense totale de 5 000 francs pour le remplissage du ballon. Nous ajoutions que M. Giffard avait substitué à cette coûteuse méthode, la préparation de gaz hydrogène au moyen de la décomposition de l'eau par le charbon porté au rouge.

Le système employé par M. Giffard, pour la préparation du gaz hydrogène au moyen de la décomposition de l'eau, repose en partie sur des principes connus, en partie sur des dispositions nouvelles.

Il consiste à opérer la décomposition de la vapeur d'eau par le charbon, en faisant d'abord traverser un foyer chargé de coke incandescent, par un courant de vapeur d'eau, qui produit, en réagissant sur le charbon rouge, de l'hydrogène carboné et de l'oxyde de carbone. Pour ramener l'hydrogène carboné à l'état d'hydrogène pur, et l'oxyde de carbone à l'état d'acide carbonique, on fait arriver, à l'autre extrémité du fourneau, un nouveau courant de vapeur d'eau. Cette vapeur produit de l'hydrogène pur et de l'acide carbonique, en réagissant par son oxygène, sur les deux gaz qui remplissent l'enceinte du fourneau.

Ce mélange d'acide carbonique et d'hydrogène, est alors dirigé à travers un *dépurateur* plein de chaux, semblable à celui dont on se sert dans les usines à gaz. L'hydrogène s'y débarrasse de l'acide carbonique ; de sorte que l'on obtient ainsi de l'hydrogène pur, que l'on dirige à l'intérieur du ballon, dès sa sortie du *dépurateur à chaux*.

Nous négligeons ici certains détails pratiques, tels que le fractionnement en deux temps, de l'opération qui se passe à l'intérieur du foyer, détails qui ne pourraient trouver place que dans un ouvrage de chimie. Nous nous bornerons à dire que par cette manière de décomposer l'eau par le charbon, le gaz hydrogène ne revient qu'au prix de 5 ou 6 centimes le mètre cube.

Il est une disposition importante par laquelle le ballon captif de M. Giffard, diffère de tous les aérostats qui l'ont précédé. Il est fermé de toutes parts. Il ne présente pas l'ouverture qui se voit à la partie inférieure des aérostats ordinaires. Cette ouverture est, d'ailleurs, indispensable, pour que le gaz puisse s'échapper, lorsque le ballon arrive à une grande hauteur dans l'atmosphère, là où les couches d'air raréfiées par l'élévation, amènent nécessairement l'expansion du gaz intérieur, et causeraient la rupture de l'enveloppe, si le ballon était entièrement fermé. Le ballon captif de M. Giffard ne devant s'élever qu'à 300 mètres, on n'avait pas à craindre l'effet de cette expansion. Le manomètre, placé à l'intérieur, fait, d'ailleurs, connaître à chaque instant l'état de la tension de l'hydrogène intérieur. L'ouverture inférieure du ballon, cause de déperdition constante du gaz, a donc pu être supprimée ici. Elle est remplacée par trois soupapes, qui s'ouvrent du dedans au dehors, sous une pression calculée.

Louis Figuier

Nous n'avons pas besoin de dire qu'il existe à la partie supérieure de l'aérostat, une soupape ordinaire, que l'on peut manœuvrer de l'intérieur de la nacelle, au moyen d'une corde, pour perdre le gaz si cela est nécessaire. Un manomètre à mercure permet, comme nous venons de le dire, de reconnaître de l'extérieur la pression que le gaz exerce à l'intérieur de l'aérostat.

Un autre appareil mécanique qu'il importe de signaler dans le ballon captif de M. Giffard, c'est un *dynamomètre* placé au-dessous du ballon, non loin des soupapes automatiques, et à la portée du regard des aéronautes.

Ce dynamomètre est représenté sur la figure 322. Il est composé de lames d'acier, qui cèdent plus ou moins, selon la pression, grâce à leur élasticité, uniformément progressive. L'assemblage de ces lames élastiques constitue un instrument fort sensible, qui indique l'effort total de traction du ballon. Une aiguille, parcourant horizontalement un cadran, fait connaître la pression en kilogrammes. Il suffit que les aéronautes lèvent la tête, pour lire le chiffre de puissance, qui les emporte.

L'aérostat pèse, avec son filet, 1 500 kilogrammes ; le poids de la nacelle et de celui qui la supporte, est de 500 kilogrammes.

Tel est l'ensemble des dispositions mécaniques, du ballon captif construit à Paris par M. Giffard, en 1867. Elles assurent toute sécurité et tout agrément aux personnes qui veulent se donner le plaisir d'une ascension. Tout est ici admirablement entendu et réalisé. L'aérostation a été si longtemps exploitée par des gens dépourvus de toutes connaissances scientifiques, qu'on est heureux de saluer, pour la première fois, l'entrée dans ce domaine tant discrédité, d'une science sérieuse et d'une pratique éclairée.

CHAPITRE XVII

LES AÉROSTATS SONT-ILS DIRIGEABLES ? — EXPÉRIENCES ET FAITS. — OPINION DE MONGE ET DE MEUNIER. — EXPÉRIENCES POUR LA DIRECTION DES AÉROSTATS FAITES PAR CALAIS, PAULY, JACOB DEGEN, LE BARON SCOTT, EDMOND GENET, DUPOIS-DELCOURT ET REGNIER. — LE NAVIRE **L'AIGLE** DE M. DE LENNOX. — L'AÉROSTAT DE M. PETIN.

Vienne l'année 1883, et l'aérostation comptera un siècle d'existence. On est comme attristé, quand on considère le peu de résultats qu'a produits, dans un aussi long intervalle, l'invention qui fut accueillie, à son début, avec un enthousiasme universel, et qui réunissait le vulgaire et les savants dans les hommages qu'elle recevait de l'Europe entière. Dans cette période, si admirablement remplie par le développement universel des sciences, lorsque tant de découvertes, obscures à leur origine, ont reçu des développements si rapides, et sont devenues le point de départ de tant d'applications fécondes, l'art de la navigation aérienne, si riche de promesses à son début, est resté entièrement stationnaire. Cet enfant dont parlait Franklin est devenu centenaire sans avoir fait un pas.

C'est que toutes les applications qui peuvent être faites des aérostats, sont dominées par une difficulté qui les tient sous la plus étroite dépendance. Peut-on diriger à volonté les ballons lancés dans les airs, et créer ainsi une navigation atmosphérique, capable de lutter avec la locomotion terrestre et la navigation maritime ? Telle est la question qui domine évidemment toute la série des applications des aérostats, tel est aussi le point de théorie que nous devons examiner.

La possibilité de diriger à volonté les ballons lancés dans l'espace, est une question qui a occupé un grand nombre de savants. Meunier, Monge, Lalande, Guyton de Morveau, Bertholon et beaucoup d'autres physiciens, n'hésitaient pas à regarder le problème comme pouvant se résoudre assez facilement. Les beaux travaux mathématiques que Meunier nous a laissés sur les conditions d'équilibre des aérostats et les moyens de les diriger, montrent à quel point ces idées l'avaient séduit. On peut en dire autant de Monge, qui a traité avec soin les diverses questions qui se rattachent à l'aérostation. Cependant on pourrait citer une très-longue liste de géomètres qui ont combattu les opinions de Monge et de Meunier. D'un autre côté, une foule d'ingénieurs et d'aéronautes ont essayé diverses combinaisons mécaniques, propres à diriger les aérostats. Mais toutes ces tentatives n'ont eu aucun succès, et la pratique n'a pas tardé à renverser les espérances que les inventeurs avaient conçues.

C'est que la direction des aérostats, sans être une question insoluble, s'environne d'un grand nombre de difficultés. Ces difficultés, nous allons d'abord les faire comprendre ; nous verrons ensuite s'il

Louis Figuier

y a quelque espoir de les résoudre.

L'agitation de l'atmosphère est une règle qui souffre peu d'exceptions. Lorsque le temps nous semble le plus calme à la surface de la terre, les régions élevées de l'air sont souvent parcourues par des courants très-forts. La résistance considérable que l'air, même le plus tranquille, opposerait à la progression d'un aérostat, ne pourrait être surmontée par la force de l'homme, réduit à ses bras ou à un mécanisme destiné à transmettre cette force. C'est ce qu'il est facile d'établir.

Le seul point d'appui offert au mécanicien, c'est l'air atmosphérique ; c'est sur l'air qu'il doit agir, et l'air si raréfié des régions supérieures. En raison de la ténuité de ce fluide et de son extrême raréfaction, il faudrait le frapper avec une vitesse excessive, pour produire, avec les forces de l'homme, appliquées à un mécanisme quelconque, un effet sensible de réaction. Mais pour obtenir cette vitesse excessive, il faudrait employer divers appareils plus ou moins compliqués, appliqués à un mécanisme tournant dans l'air. Or, les rouages, les engrenages et les agents moteurs, qu'il faudrait embarquer pour produire un résultat, sont d'un poids trop considérable pour être utilement adaptés à un ballon, dont la légèreté est la première et la plus indispensable des conditions.

Si, pour obvier à cet inconvénient capital, on veut augmenter, dans les proportions nécessaires, le volume du ballon, on tombe dans un autre défaut tout aussi grave. L'aérostat présente alors en surface un développement immense. Or, en augmentant les dimensions du ballon, on offre nécessairement à l'action de l'air une prise plus considérable ; c'est comme la voile d'un navire sur laquelle le vent agit avec d'autant plus d'énergie que sa surface est plus grande. Ainsi, en augmentant la force, on augmenterait en même temps la résistance, et comme ces deux éléments croîtraient dans le même rapport, les conditions premières resteraient les mêmes.

Il est donc manifeste qu'aucun des mécanismes que nous connaissons, mis en jeu par la seule main de l'homme, ne pourrait s'appliquer efficacement à la direction des aérostats. Ainsi tous les innombrables systèmes de rames, de roues, d'hélices, de gouvernails, *mus par la force humaine*, etc., qui ont été proposés ou essayés, ne pouvaient en aucune manière, permettre d'arriver au but que l'on se proposait d'atteindre.

C'est donc un moteur d'une grande puissance qu'il faudrait substituer, dans le cas qui nous occupe, à la force humaine. Existe-t-il un moteur capable de remplir cet objet ? Les machines à vapeur, qui produisent un résultat mécanique si puissant, ne pourraient qu'à travers bien des difficultés, s'installer sous un aérostat. Le poids de la machine à vapeur, celui du combustible, et surtout les dangers qu'occasionne l'existence d'un foyer dans le voisinage d'un gaz inflammable comme l'hydrogène, sont autant de conditions qui sembleraient interdire l'emploi de la vapeur, comme force motrice, dans les appareils destinés à traverser les airs. Cependant, la belle expérience exécutée, en 1852, par M. Henry Giffard, et sur laquelle nous aurons bientôt à revenir, prouve que l'on peut parvenir à installer sans danger, au-dessous d'un ballon à gaz hydrogène, une chaudière à vapeur et un foyer plein de combustible en ignition.

Quant aux autres moteurs d'une puissance plus faible que celle de la vapeur, c'est-à-dire les ressorts, l'air comprimé, le moteur électrique, etc., un vent d'une force médiocre paralyserait toute leur action. La vapeur seule a la puissance suffisante pour lutter contre l'effet d'un vent modéré.

Le problème qui nous occupe présente une seconde difficulté : c'est de connaître à chaque instant, et dans toutes les circonstances, la véritable direction de la marche du ballon. L'aiguille aimantée, qui sert de guide dans la navigation maritime, ne peut s'appliquer à la navigation aérienne. En effet, le pilote d'un navire ne se borne pas à consulter, sur la boussole, la direction de l'aimant. Il a soin de comparer cette direction avec la ligne qui représente la marche du vaisseau ; il consulte le sillage laissé sur les flots par le passage du navire, et c'est l'angle que font entre elles les deux lignes du sillage et de l'aiguille aimantée, qui sert à reconnaître et à fixer sa marche. Mais l'aéronaute, flottant dans les airs, ne laisse derrière lui aucune trace analogue au sillage des vaisseaux. Placé au-dessus d'un nuage, le navigateur aérien ne peut plus reconnaître la route de la machine aveugle qui l'emporte ; perdu dans l'immensité de l'espace, il n'a aucun moyen de s'orienter. Cette difficulté, à laquelle on songe peu d'ordinaire, est cependant un des obstacles les plus sérieux qu'aurait à surmonter la navigation aérienne ; elle obligerait les aéronautes, même en les supposant munis des appareils moteurs les plus parfaits, à se maintenir près de la terre, pour reconnaître le sens de la route parcourue.

On peut conclure de ce qui précède, que la machine à vapeur est le seul moteur qui puisse nous faire espérer la solution du problème des aérostats, sans avoir, bien entendu, la prétention de lutter contre le vent, même modéré, mais en profitant des instants de calme qui se produisent dans l'air.

Il est donc peut-être réservé à notre siècle de voir s'accomplir la magnifique découverte de la navigation atmosphérique. Mais, dans tous les cas, ce n'est point dans les stériles efforts des aéronautes empiriques, que l'on trouvera jamais les moyens de la réaliser. C'est la mécanique seule, c'est cette science, tant décriée à cette occasion par d'ignorants rêveurs, qui nous permettra d'accomplir cette découverte admirable qui doit doter l'humanité de facultés nouvelles et ouvrir à son ambition et à ses légitimes désirs une carrière toute nouvelle.

Il semblerait superflu, après la discussion à laquelle nous venons de nous livrer, de passer en revue les essais faits à différentes époques, pour parvenir à diriger les aérostats. Il ne sera pas inutile, pourtant, de mentionner ces tentatives. Le secours qu'elles ont apporté à l'avancement de la question est des plus minimes, mais il est bon de les signaler, ne fût-ce que pour montrer que les conceptions les plus raisonnables et les mieux fondées en apparence, soumises à la sanction de la pratique, ont trahi toutes les espérances des inventeurs.

Presque au début de l'aérostation, Monge traita le premier, la question qui nous occupe. Il proposa un système de vingt-cinq petits ballons sphériques, attachés l'un à l'autre comme les grains d'un collier, formant un assemblage flexible dans tous les sens, et susceptible de se développer en ligne droite, de se courber en arc dans toute sa longueur ou seulement dans une partie de sa longueur, et de prendre, avec ces formes rectilignes ou ces courbures, la situation horizontale ou différents degrés d'inclinaison. Chaque ballon devait être muni de sa nacelle et dirigé par un ou deux aéronautes. En montant ou en descendant, suivant l'ordre transmis, au moyen de signaux, par le commandant de l'équipage, ces globes auraient imité dans l'air le mouvement du serpent dans l'eau. Nous n'avons pas besoin de dire que cet étrange projet ne fut pas mis à exécution.

Meunier a traité plus sérieusement le problème de la direction des aérostats. Le travail mathématique qu'il a exécuté sur cette question, en 1784, est digne d'être encore médité. Meunier voulait employer un seul ballon de forme sphérique et d'une dimension médiocre. Ce ballon se trouvait muni d'une seconde enveloppe, destinée à contenir de l'air comprimé. À cet effet, un tube faisait communiquer cette enveloppe avec une pompe foulante placée dans la nacelle ; en faisant agir cette pompe, on introduisait, entre les deux enveloppes, une certaine quantité d'air atmosphérique, dont l'accumulation augmentait le poids du système, et donnait ainsi le moyen de redescendre à volonté. Pour remonter, il suffisait de donner issue à l'air comprimé ; le ballon s'allégeait, et regagnait les couches supérieures. Ni lest ni soupape n'étaient donc nécessaires, ou plutôt les navigateurs avaient toujours le lest sous la main, puisque l'air atmosphérique en tenait lieu.

Quant aux moyens de mouvement, Meunier ne comptait que sur les courants atmosphériques ; en se plaçant dans leur direction, on devait obtenir une vitesse considérable. Mais pour chercher ces courants et pour s'y rendre, il faut un moteur et un moyen de direction. Meunier pensait que le moteur le plus avantageux, c'étaient les bras de l'équipage. Il employait, comme mécanisme pour utiliser cette force, les ailes d'un moulin à vent, qu'il multipliait autour de l'axe, afin de pouvoir les raccourcir sans diminuer leur superficie totale ; il donnait à ces ailes une inclinaison telle, qu'en frappait l'air, elles transmettaient à l'axe une impulsion dans le sens de sa longueur, impulsion qui devait entraîner la progression de l'aérostat. L'équipage était employé à faire tourner l'axe de ce moulin à vent.

L'auteur de ce projet avait calculé qu'en employant toutes les forces des passagers, on ne pourrait communiquer au ballon que la vitesse d'une lieue par heure. Cette vitesse suffisait cependant au but qu'il se proposait, c'est-à-dire pour trouver le courant d'air propice auquel il devait ensuite abandonner sa machine[41].

Tels sont les principes sur lesquels Meunier croyait devoir fonder la pratique de la navigation aérienne. Son projet de lester les ballons avec de l'air comprimé, mériterait d'être soumis à l'expérience ; mais on voit que la navigation aérienne, exécutée dans ces conditions, ne répondrait que bien imparfaitement aux espérances qu'on en a conçues.

C'est à l'oubli des principes posés par Meunier qu'il faut attribuer la marche vicieuse qu'ont suivie, après lui, les recherches concernant la direction des ballons. En s'écartant de ces sages et prudentes prémisses, en voulant lutter directement contre les courants atmosphériques, en essayant de construire, avec des mécanismes mis en action par la force de l'homme, divers appareils destinés à lutter contre la résistance de l'air, on n'a abouti, comme il était facile de le prévoir, qu'aux échecs les plus déplorables.

C'est ce qui arriva, par exemple, à un certain Calais, qui fit, au jardin Marbeuf à Paris, en 1801, une expérience aussi ridicule que malheureuse, sur la direction des ballons.

En 1812, un honnête horloger de Vienne, nommé Jacob Deghen, échoua tout aussi tristement, à Paris. Il réglait la marche du temps, il crut pouvoir asservir l'espace. Le système qu'il employait était une sorte de combinaison du cerf-volant et de l'aérostat. Il différait peu de celui que Blanchard avait essayé à Paris, en 1780, et que nous avons déjà représenté (fig. 295). Un plan incliné, se portant à droite ou à gauche au moyen de la pression des mains ou des pieds, devait offrir à l'air une résistance et à l'aéronaute un centre d'action. La figure 323 montre les dispositions de l'appareil que Deghen avait construit pour faire mouvoir à l'aide des mains ou des pieds, des espèces d'ailes qui auraient imprimé à l'aérostat la direction désirée.

L'expérience tentée au Champ-de-Mars trompa complètement l'espoir de l'horloger viennois. Le pauvre aéronaute fut battu par la populace, qui mit en pièces sa machine.

En 1816, Pauly, de Genève, l'inventeur du fusil à piston, voulut établir à Londres des transports aériens. Il construisit un ballon colossal en forme de baleine, mais il n'obtint aucun succès.

Cet appareil de Pauly n'était d'ailleurs que l'imitation du système que le baron Scott avait imaginé, dès le début des tentatives de ce genre.

Fig. 323. — Appareil de Deghen pour la direction des aérostats.

En 1788, le baron Scott de Martinville avait soumis au monde savant, le projet d'un immense aérostat, représentant une sorte de poisson aérien, muni de sa nageoire articulée et mobile, qui devait rappeler par sa marche dans l'air, la progression du poisson dans l'eau. Mais ce plan, qui, dès le commencement de l'année 1789, avait réuni un assez grand nombre de souscripteurs, ne fut pas exécuté par suite de la gravité des événements politiques que la Révolution fit éclore.

C'est encore parmi les projets qu'il faut ranger la machine proposée en 1825, par M. Edmond Genêt, frère de madame Campan, établi aux États-Unis, qui publia à New-York un mémoire sur les *forces ascendantes des fluides*, et qui obtint un brevet du gouvernement américain pour un *aérostat dirigeable*.

La machine décrite par Genêt était d'une forme ovoïde et allongée dans le sens horizontal ; elle présentait une longueur de cent cinquante pieds (anglais) sur quarante-six de largeur et cinquante-quatre de hauteur. Le moyen mécanique dont l'auteur voulait faire usage, était un manège mû par des chevaux ; il embarquait dans l'appareil les matières nécessaires à la production du gaz hydrogène.

Nous pouvons citer encore le projet d'une machine aérienne dirigeable, qui fut conçue par MM, Dupuis-Delcourt et Régnier. C'était un aérostat de forme ellipsoïde, soutenant un plancher sur lequel fonctionnait un arbre engrenant sur une manivelle. Cet arbre, qui s'étendait depuis le milieu de la nacelle jusqu'à son extrémité, était muni d'une hélice destinée à faire avancer l'appareil horizontalement.

« Pour obtenir l'ascension ou la descente, entre l'aérostat et la nacelle, on dispose, disait Dupuis-Delcourt, un châssis recouvert d'une toile résistante et bien tendue. Si l'aéronaute veut s'élever, il baisse l'arrière de ce châssis, et la colonne d'air, glissant en dessous, fait monter la machine. S'il veut descendre, il abaisse le châssis par devant, l'air qui glisse en dessus oblige l'appareil à descendre. » Cette disposition est fort loin de présenter la solution du problème. Dans un air parfaitement calme et à la surface de la terre, on pourrait peut-être faire obéir l'aérostat, mais dans une atmosphère un peu agitée il n'en serait pas ainsi. Qu'il vienne une bourrasque d'en haut, et en raison de la grande surface que présente le châssis, la nacelle sera précipitée à terre ; qu'elle vienne d'en bas, et l'aérostat subira une ascension forcée, qui pourra devenir dangereuse.

Les divers projets qui viennent d'être énumérés n'ont pas été mis à exécution ; mais, par la triste déconvenue qu'éprouva, le 17 août 1834, M. de Lennox, avec son navire aérien, l'*Aigle*, on peut juger du sort qui attendait ces rêveries, si l'on eût voulu les transporter dans la pratique.

M. de Lennox était un ancien colonel d'infanterie, qui avait jeté toute sa fortune, c'est-à-dire une centaine de mille francs, dans la construction d'un aérostat dirigeable. Cet aérostat avait 50 mètres de longueur sur 20 de hauteur. Il portait une nacelle de 20 mètres de long, pouvant enlever dix-sept personnes, et était muni d'un gouvernail, de rames tournantes, etc. « Le ballon est construit, disait le programme, au moyen d'une toile préparée de manière à contenir le gaz pendant près de quinze jours. » Hélas ! on eut toutes les peines du monde à faire parvenir jusqu'au Champ-de-Mars, la malheureuse machine, qui pouvait à peine se soutenir. Elle ne put s'élever, et la multitude la mit en pièces.

Un autre essai exécuté à Paris, par M. Eubriot, au mois d'octobre 1839, ne réussit pas mieux. Ce mécanicien avait construit un aérostat, de forme allongée, offrant à peu près la figure d'un œuf. Il présentait cet œuf par le gros bout. Cette disposition, que l'on regardait comme un progrès, n'avait au contraire rien que de vicieux. Une fois la colonne d'air entamée par le gros bout, le reste, disait-on, devait suivre sans encombre. C'était rappeler la fable du dragon à plusieurs têtes et du dragon à plusieurs queues : il fallait pouvoir faire avancer le gros bout. Or, ce résultat ne pouvait être obtenu par les faibles moyens mécaniques auxquels on avait recours, et qui se bornaient à deux moulinets mus par les bras de l'homme.

Le problème de la direction des aérostats fut remis à l'ordre du jour, vers 1850. À la suite de la faveur nouvelle que le caprice de la mode vint rendre, à cette époque, aux ascensions et aux expériences aérostatiques, un inventeur, que n'avait point découragé l'insuccès de ses nombreux devanciers, traça, au mois de juin 1850, le plan d'une sorte de *vaisseau aérien*. Ce prétendu système de locomotion aérienne était fort au-dessous des combinaisons du même genre déjà proposées ; cependant, comme il a fait beaucoup de bruit à Paris et dans le reste de la France, nous rappellerons ses dispositions principales.

M. Petin proposait de réunir en un système unique, quatre aérostats à gaz hydrogène reliés, par leur base, à une charpente de bois, qui formait comme le pont de ce nouveau vaisseau. Sur ce pont s'élevaient, soutenus par des poteaux, deux vastes châssis, garnis de toiles, disposées horizontalement. Quand la machine s'élevait ou s'abaissait, ces toiles, présentant une large surface qui donnait prise à l'air, se trouvaient soulevées ou déprimées uniformément par la résistance de ce fluide ; mais, si l'on en repliait une partie, la résistance devenait inégale, et l'air passait librement à travers les châssis ouverts ; comme il continuait cependant d'exercer son action sur les châssis encore munis de leurs toiles, il résultait de là

Louis Figuier

une rupture d'équilibre qui devait faire incliner le vaisseau et le faire monter ou descendre à volonté, en sens oblique, le long d'un plan incliné.

Le projet de M. Petin présentait un vice irrémédiable. Les mouvements provoqués par la résistance de l'air ne pouvaient s'exécuter que pendant l'ascension ou la descente ; ils étaient impossibles quand le ballon était en repos. Pour provoquer ces effets, il était indispensable d'élever ou de faire descendre l'aérostat, en jetant du lest ou en perdant du gaz ; on n'atteignait donc le but désiré qu'en usant peu à peu la cause même du mouvement.

Là n'était pas encore toutefois le défaut radical de ce système ; ce défaut radical, c'était l'absence de tout moteur. L'effet de bascule provenant du jeu des châssis aurait peut-être pu imprimer, dans un temps calme, un mouvement à l'appareil ; mais, pour surmonter la résistance du vent et des courants atmosphériques, il faut évidemment faire intervenir une puissance mécanique. Cet agent fondamental, c'est à peine si M. Petin y avait songé, ou du moins les moyens qu'il proposait étaient tout à fait puérils. Il se tirait d'embarras, en disant que son moteur serait la main des hommes, ou tout autre moyen mécanique ; mais c'est précisément ce moyen mécanique qu'il s'agissait de trouver, car en cela justement consiste la difficulté qui s'est opposée jusqu'à ce jour à la réalisation de la navigation aérienne.

Fig. 324. — Petin.

L'inventeur de l'imparfait appareil que nous venons de décrire et que nous représentons (*fig.* 325) d'après une gravure publiée à cette époque, parcourut la France, en 1851, pour recueillir les moyens de l'exécuter en grand. Dans les séances publiques qu'il donnait en nos différentes villes, M. Petin, ex-bonnetier de la rue Saint-Denis, vouait à l'anathème les savants et la science qui condamnaient son entreprise.

Fig. 325. — Vaisseau aérien de M. Petin (Projet conçu en 1850).

Sa propagande infatigable eut pour résultat la réunion d'une somme importante, qu'il jeta tout entière dans la construction d'une machine différant en certains points de son premier modèle, mais qui n'en était pas pour cela plus raisonnable. Au mois de septembre 1851, le gigantesque appareil était terminé. Malheureusement le préfet de police de Paris partagea l'avis des savants, et l'autorisation demandée par M. Petin, pour exécuter son ascension, lui fut refusée, par la crainte très-légitime de compromettre la vie des personnes qui devaient l'accompagner.

M. Petin passa alors en Angleterre ; mais l'hospitalité britannique ne semble pas lui avoir été favorable, car nous voyons, bientôt après, M. Petin faire voile pour l'Amérique, pour y exhiber ses ballons accouplés.

Il fit une ascension à New-York, avec l'un des ballons qui entraient dans la composition de son système : il était accompagné d'un aéronaute de profession, nommé Chevalier. Mais la chance leur fut contraire, car ils allèrent tomber à la mer, d'où l'on eut grand'peine à les retirer.

M. Petin se rendit ensuite à la Nouvelle-Orléans, où il fit une ascension avec un autre de ses ballons. Mais le même guignon le poursuivait, car il tomba encore dans l'eau. Ce fut, cette fois, dans le lac Pontchartrain, où il faillit périr.

Jusque-là M. Petin n'avait jamais mis à l'épreuve son fameux système. Il en fit l'essai public à la Nouvelle-Orléans, sur la *Place du Congo*, aujourd'hui *Place d'Armes*. Mais toujours poursuivi par la mauvaise chance qui semble s'être attachée à son entreprise, il ne put jamais parvenir à gonfler ses quatre ballons : le gaz fourni par les usines de la ville ne put suffire, ou bien il existait des fuites dans l'appareil. Le fait est qu'il ne put effectuer son ascension ; de sorte qu'il est impossible de dire comment se serait comporté dans l'air ce bizarre équipage.

M. Petin se rendit ensuite à Mexico, où il exécuta une simple ascension, qui réussit assez mal.

Finalement, l'inventeur du système de navigation aérienne qui avait fait un moment tant de bruit parmi nous, revint en France, après sa malheureuse campagne dans le Nouveau-Monde. Nous croyons qu'il est aujourd'hui attaché à un établissement de construction mécanique.

Sur la liste des aéronautes qui ont essayé de construire des aérostats dirigeables, nous pouvons ajouter, pour arriver jusqu'à notre epoque, le nom de M. Delamarne. Cet expérimentateur essaya, en 1866, dans le jardin du Luxembourg, de lancer un aérostat à gaz hydrogène, mû par des rames en forme d'hélice. Il avait annoncé qu'il décrirait en l'air un cercle, grâce à son mécanisme directeur. Mais l'événement ne répondit pas à ses promesses. L'aérostat s'éleva *cahin-caha*. Il s'en allait incliné sur lui-même, prouvant ainsi qu'il obéissait assez mal à l'action de l'hélice prétendue directrice.

Le même aéronaute répéta cette expérience, peu de temps après, sur l'esplanade des Invalides, en présence de l'Empereur. Mais, dans les mouvements du départ, l'hélice vint à accrocher l'étoffe du ballon, et la déchira du haut en bas. Ainsi finit tristement la tentative de direction des ballons, la plus récente qui soit à notre connaissance.

CHAPITRE XVIII

APPLICATION DE LA VAPEUR À LA DIRECTION DES AÉROSTATS. — L'AÉROSTAT À VAPEUR DE M. HENRY GIFFARD EXPÉRIMENTÉ À PARIS EN 1852.

Nous venons de dire que c'est l'insuffisance de la puissance motrice qui est l'obstacle principal à la solution du problème de la direction des aérostats. Pénétré, sans doute, de cette vérité, M. Henry Giffard, dont nous avons parlé dans un des précédents chapitres, comme constructeur d'un ballon captif fit, en 1852, une expérience, vraiment remarquable, pour l'application de la vapeur aux aérostats. Le 22 septembre 1852, Paris eut le spectacle extraordinaire d'un aérostat emportant, suspendue à son filet, une machine à vapeur destinée à le diriger à travers les airs ; et l'expérience donna, d'ailleurs, un résultat satisfaisant.

La figure 328, fait voir quelle était la forme du ballon. M. Henry Giffard pensait, avec raison, que la forme sphérique est très-peu avantageuse pour obtenir la direction, et que pour naviguer dans l'air, il faut adopter la forme des vaisseaux et embarcations qui naviguent sur l'eau.

Fig. 328. — Aérostat à vapeur de M. Giffard (Expérience du 25 septembre 1852).

Nous pouvons donner une description exacte de l'*aérostat à vapeur* de M. Giffard, grâce à la description que l'inventeur a publiée dans le journal *la Presse*, le 26 septembre 1852.

Ce ballon était de forme allongée, représentant par sa section à peu près celle d'un navire ; deux pointes le terminaient de chaque côté. Long de 44 mètres, large en son milieu de 12 mètres, il contenait environ 2 500 mètres cubes de gaz, et était enveloppé de toutes parts, sauf à sa partie inférieure et aux pointes, d'un filet, dont les extrémités en pattes d'oie venaient se réunir à une série de cordes, fixées à une traverse horizontale de bois, de 20 mètres de longueur. Cette traverse portait à son extrémité une espèce de voile triangulaire, assujettie par un de ses côtés à la dernière corde partant du filet, et qui lui tenait lieu de charnière ou axe de rotation.

Cette voile représentait le gouvernail et la quille ; il suffisait, au moyen de deux cordes qui venaient se réunir à la machine, de l'incliner de droite à gauche, pour produire une déviation correspondante à l'appareil, et changer immédiatement de direction ; à défaut de cette manœuvre, elle revenait aussitôt se placer d'elle-même dans l'axe de l'aérostat, et son effet normal consistait alors à faire l'office de quille ou de girouette, c'est-à-dire à maintenir l'ensemble du système dans la direction du vent.

À 6 mètres au-dessous de la traverse était suspendue la machine à vapeur, et tous ses accessoires.

Cette machine à vapeur était posée sur une espèce de brancard de bois, dont les quatre extrémités étaient soutenues par les cordes de suspension, et dont le milieu, garni de planches, était destiné à supporter les personnes et l'approvisionnement d'eau et de charbon.

La chaudière était verticale et à foyer intérieur sans tubes à feu, elle était entourée, en partie, extérieurement, d'une enveloppe de tôle qui, tout en utilisant mieux la chaleur du charbon, permettait aux gaz de la combustion de s'écouler à une plus basse température. Le tuyau de cheminée était renversé, c'est-à-dire dirigé de haut en bas, afin de ne pas mettre le feu au gaz. Le tirage s'opérait dans ce tuyau, au moyen de la vapeur, qui venait, comme dans les locomotives, s'y élancer avec force à sa sortie du cylindre, et qui, en se mélangeant avec la fumée, abaissait encore considérablement sa température, tout en projetant rapidement cette vapeur dans une direction opposée à celle de l'aérostat.

Le charbon brûlait sur une grille, complètement entourée d'un cendrier, de sorte qu'il était impossible d'apercevoir extérieurement la moindre trace de feu. Le combustible employé était du coke.

La vapeur produite se rendait aussitôt dans la machine proprement dite.

Nous représentons à part (*fig.* 326) cette machine à vapeur. Elle se compose d'un cylindre vertical, dans lequel se meut un piston, qui, par l'intermédiaire d'une bielle, fait tourner l'arbre coudé placé au sommet.

Cet arbre porte à son extrémité, une hélice à trois palettes de $3^m,40$ de diamètre, destinée à prendre le point d'appui sur l'air et à faire progresser l'appareil. La vitesse de l'hélice est d'environ cent dix tours par minute, et la force que développe la machine pour la faire tourner est de trois chevaux, ce qui représente la puissance de vingt-cinq à trente hommes.

Le poids du moteur proprement dit, indépendamment de l'approvisionnement et de ses accessoires, était de 100 kilogrammes pour la chaudière et de 50 kilogrammes pour la machine ; en tout, 150 kilogrammes, ou 50 kilogrammes par force de cheval, ou bien encore 5 à 6 kilogrammes par force d'homme, de sorte que s'il avait fallu obtenir le même effet mécanique à bras d'homme, il aurait fallu enlever vingt-cinq à trente individus, représentant un poids moyen de 1 800 kilogrammes, c'est-à-dire un poids douze fois plus considérable, et que l'aérostat n'aurait pu porter.

De chaque côté de la machine étaient deux bâches, dont l'une contenait le combustible et l'autre l'eau destinée à remplacer, dans la chaudière, celle qui disparaissait par l'évaporation. Une pompe, mue par la tige du piston, servait à refouler cette eau dans la chaudière. Cette dépense d'eau remplaçait, circonstance intéressante, le lest ordinaire des aéronautes. Ce lest d'un nouveau genre avait pour effet, étant dépensé graduellement par la disparition de l'eau en vapeurs, de délester peu à peu l'aérostat, sans qu'il fût nécessaire d'avoir recours à des projections de sable, ou à tout autre moyen que l'on emploie dans les ascensions ordinaires.

Louis Figuier

L'appareil moteur était monté tout entier sur quelques roues, mobiles en tous sens, ce qui permettait de le transporter facilement à terre.

Gonflé avec le gaz de l'éclairage, l'aérostat à vapeur de M. Giffard avait une force ascensionnelle de 1 800 kilogrammes environ, distribués comme il suit ;

Aérostat avec la soupape	320	kil.
Filet	150	
Traverses, cordes de suspension, gouvernail, cordes d'amarrage	300	
Machine et chaudière vide	150	
Eau et charbon contenus dans la chaudière au moment du départ	60	
Châssis de la machine, brancard, planches, roues mobiles, bâches à eau et à charbon	420	
Corde traînante pour arrêter l'appareil en cas d'accident	80	
Poids de la personne conduisant l'appareil	70	
Force ascensionnelle nécessaire au départ	10	
	1 360	

Il restait donc à disposer d'un poids de 240 kilogrammes, que l'on avait affecté à l'approvisionnement d'eau et de charbon, et par conséquent de lest.

Dans l'expérience, si intéressante et si neuve, qu'il entreprenait, M. Giffard avait à vaincre des difficultés de deux genres : 1° suspendre une machine à vapeur au-dessous d'un aérostat à gaz hydrogène, de la manière la plus convenable en évitant le danger terrible, qui devait résulter de la présence d'un foyer dans le voisinage du gaz inflammable ; 2° obtenir, avec l'hélice mue par la vapeur, la direction de l'aérostat.

Il y avait, sur la première question, bien des difficultés à vaincre.

En effet, les appareils aérostatiques que l'on avait employés jusque-là, étaient à peu près invariablement des globes sphériques, tenant suspendus par une corde, soit une nacelle, pouvant contenir une ou plusieurs personnes, soit tout autre objet plus ou moins lourd. Toutes les expériences tentées en dehors de cette primitive et unique disposition, avaient eu lieu, ce qui était infiniment moins dangereux, sur de petits modèles tenus captifs par l'expérimentateur ; le plus souvent même, comme il résulte de la revue historique qui précède, ces expériences étaient restées à l'état de projet ou de promesse.

En l'absence de tout fait antérieur concluant, l'inventeur devait encore concevoir certaines craintes sur la stabilité de son aérostat en forme de carène de navire. L'expérience vint le rassurer pleinement à cet égard ; elle prouva que l'emploi d'un aérostat allongé, le seul que l'on puisse espérer diriger convenablement, était aussi avantageux que possible. La même expérience établit de la façon la plus concluante, que le danger résultant de la réunion du feu et d'un gaz inflammable, pouvait être complètement écarté.

Quant au second point, c'est-à-dire celui de la direction, les résultats obtenus furent les suivants : Dans un air parfaitement calme, la vitesse de transport en tous sens était de 2 à 5 mètres par seconde ; cette vitesse était naturellement augmentée ou diminuée de toute la vitesse du vent, suivant qu'on marchait avec ou contre ce vent, absolument comme pour un bateau montant ou descendant le courant d'un fleuve. Dans tous les cas, l'appareil avait la faculté de dévier plus ou moins de la ligne du vent, et de former avec celle-ci un angle, qui dépendait de la vitesse de ce dernier.

La figure 326 représente les détails de la machine à vapeur qui servit à diriger cet aérostat. AB est la chaudière à foyer renversé, FG le tuyau de cheminée dans laquelle se dirige aussi la vapeur sortant du cylindre, de manière à former comme dans les locomotives, le tuyau soufflant qui active le tirage de la cheminée. H est la bâche renfermant la provision d'eau et de charbon ; E, l'axe coudé qui, mis en action par l'arbre de la machine à vapeur, fait agir l'hélice directrice.

Fig. 326. — Machine à vapeur de l'aérostat de M. Giffard.

Voici maintenant comment se passa l'expérience du 25 septembre 1852.

Fig. 327. — M. Henry Giffard.

M. Henry Giffard partit seul de l'Hippodrome, à 5 heures et quart. Le vent soufflait avec une assez grande violence. Il ne songea pas un seul instant à lutter directement contre le vent ; la force de la machine ne l'eût pas permis ; mais il opéra, avec succès, diverses manœuvres de déviation latérale et de mouvement circulaire.

L'action du gouvernail se faisait parfaitement sentir. À peine l'aéronaute avait-il tiré légèrement une des deux cordes (L) de ce gouvernail, qu'il voyait immédiatement l'horizon tournoyer autour de lui.

Il s'éleva à une hauteur de 1 500 mètres, et s'y maintint quelque temps.

Cependant, la nuit approchait, et notre hardi expérimentateur ne pouvait rester plus longtemps dans l'atmosphère. Craignant que l'appareil n'arrivât à terre avec une certaine vitesse, il commença à étouffer le feu avec du sable et il ouvrit tous les robinets de la chaudière. Aussitôt la vapeur s'écoula de toutes parts, avec un fracas épouvantable. M. Giffard craignit un moment qu'il ne se produisît, par la sortie de la vapeur, quelque phénomène électrique, et pendant quelques instants il fut enveloppé d'un nuage de vapeur qui ne lui permettait plus de rien distinguer.

L'aérostat, au moment où la vapeur fut lâchée, était à la plus grande élévation qu'il eût atteinte : le baromètre indiquait une hauteur de 1 800 mètres.

M. Giffard effectua très-heureusement sa descente dans la commune d'Élancourt, près de Trappes, dont les habitants l'accueillirent avec le plus grand empressement, et l'aidèrent à dégonfler l'aérostat.

À 10 heures du soir, il était de retour à Paris. L'appareil n'avait éprouvé, en touchant le sol, que quelques avaries insignifiantes.

M. Giffard avait été puissamment secondé, dans son entreprise, par deux de ses camarades de l'École centrale, MM. David et Sciamma. Ces deux amis et collaborateurs de M. Giffard, moururent tous les deux, peu d'années après.

Nous ajouterons que M. Giffard a répété la même expérience, en 1855, et qu'il a obtenu des résultats très-encourageants. Aussi n'a-t-il point renoncé à reprendre cette œuvre capitale, et quelques années ne se passeront pas, sans que l'on soit témoin d'une expérience entièrement décisive sous ce rapport.

Les connaissances positives et l'expérience personnelle de M. Giffard, en ces sortes de questions, font espérer que le problème de la direction des aérostats pourra trouver sa solution dans l'emploi d'un appareil semblable à celui qui fut expérimenté par lui en 1852 et en 1855.

Nous ne voyons, en résumé, aucune impossibilité à ce que l'application de la machine à vapeur à l'aéronautique, vienne apporter la solution du problème, tant poursuivi, de la direction des ballons, en fournissant la force mécanique nécessaire, pour lutter contre un vent très-modéré. Le danger de l'existence d'un foyer au-dessous d'un réservoir de gaz hydrogène, serait évité, en partie, par l'emploi d'un foyer à flamme renversée, dont M. Giffard fit usage dans son expérience de 1852.

Il y aurait, selon nous, un autre moyen d'éviter ce même danger ; ce serait de fermer complètement le ballon, de supprimer cette ouverture qu'on a l'habitude de laisser toujours libre, à la partie inférieure de l'aérostat, dans les ascensions ordinaires, et de la remplacer par des soupapes automatiques, s'ouvrant de dedans en dehors, comme celles qui existent dans l'aérostat captif de M. Giffard. On n'aurait pas à craindre ainsi l'inflammation du gaz, qui n'aurait alors aucune communication avec l'extérieur, par conséquent avec le foyer de la machine à vapeur. Cette disposition serait parfaitement réalisable, si l'on maintenait le ballon à une faible hauteur, à 250 ou 300 mètres, élévation bien suffisante pour des transports aériens. Il est, dans ce cas, parfaitement superflu d'atteindre à de grandes hauteurs : tout ce que l'on veut obtenir, c'est le transport rapide et économique d'un lieu à un autre, par la voie de l'air.

Cependant, pour arriver à réaliser dans des conditions pratiques et sûres, la navigation aérienne au moyen des machines à vapeur, il faudrait se livrer à de longues et coûteuses recherches ; car tout est encore à créer dans ce domaine si peu connu. Un simple particulier pourrait difficilement suffire à de telles dépenses de temps et d'argent, mais rien n'empêcherait des compagnies financières de s'organiser, pour poursuivre ce résultat, comme des compagnies se sont formées, il y a quarante ans, pour la création des chemins de fer. C'est une compagnie financière qui a entrepris l'œuvre humanitaire du percement de l'isthme de Suez, qu'aucun gouvernement n'aurait jamais songé à aborder. C'est donc à une réunion de capitalistes, animés du même esprit de dévouement, qu'il faudrait s'adresser, pour étudier, avec les soins et le temps nécessaires, le grand problème de la direction des ballons par l'emploi de la vapeur, que notre siècle verra bien probablement résolu.

Après cette digression, et pour revenir à notre sujet, nous examinerons plus en détail une question que nous n'avons qu'effleurée dans un précédent chapitre : nous voulons parler du système du *plus lourd que l'air*, ou de la navigation aérienne effectuée sans ballon.

MM. Ponton d'Amécourt, de la Landelle et Nadar ont affiché la prétention de supprimer tout aérostat, dans la navigation aérienne ; d'employer, pour s'élever, se maintenir et se diriger dans l'air, des engins mécaniques plus lourds que l'air lui-même. Ils ont annoncé qu'en adaptant un moteur à une hélice de métal, on pourrait imprimer a cette hélice une vitesse suffisante pour que non-seulement l'appareil quittât la terre, et se maintînt en l'air un temps indéfini, mais encore que l'on pût le diriger à volonté, en un sens quelconque.

MM. Ponton d'Amécourt, de la Landelle et Nadar ont rallié à leur opinion plusieurs savants d'une autorité reconnue. Au premier rang de ces partisans du système du *plus lourd que l'air*, il faut citer le savant et spirituel géomètre, M. Babinet.

M. Babinet a appuyé, dans des articles de journaux et dans de petites préfaces, la nouvelle école qui a déclaré la guerre aux aérostats, qui proclame que le ballon à gaz est le grand obstacle à la navigation aérienne, et appelle l'invention des frères Montgolfier, « *une découverte sublime et détestable*[42]. » Mais M. Babinet n'a jamais présenté, en faveur de la nouvelle théorie, aucun argument scientifique, et l'on ne peut se contenter, en pareille matière, d'une adhésion qui se produit sous la forme pure et simple d'une profession de foi. On nous permettra donc de formuler les doutes qui s'élèvent dans notre esprit, contre la valeur du système du *plus lourd que l'air*.

Et d'abord n'y a-t-il pas une prétention bien téméraire à rejeter loin de soi, de gaieté de cœur, l'aérostat, qui, sans aucune force mécanique, et par le seul fait qu'il contient un gaz plus léger que l'air, donne la condition fondamentale, l'avantage essentiel, de nous emporter dans les airs ? N'y a-t-il pas une singulière aberration à rejeter du pied ce secret, que tant de siècles avaient inutilement cherché, c'est-à-dire la possibilité d'élever dans les airs un corps pesant, de telle sorte qu'il ne reste plus à chercher que les moyens de régulariser et de diriger le corps flottant ? Un aérostat permet de monter à plusieurs kilomètres dans l'air, et de s'y maintenir un temps considérable, sans qu'il soit nécessaire de tourner une roue ou de bander un ressort. Evidemment il faut y regarder beaucoup, avant de se dépouiller d'un tel avantage, avant de tuer pareille poule aux œufs d'or.

Quel est cependant l'agent mécanique que l'on entend substituer à la force ascensionnelle d'un aérostat, force qui, nous le répétons, ne coûte rien pour sa production, et ne demande pas davantage pour son entretien ? Cet agent c'est l'hélice. Mais l'hélice est-elle capable d'accomplir de telles merveilles ? C'est ce qu'il faut examiner.

Quand on applique à la navigation aérienne proprement dite les données prises à la surface ou à une faible distance du sol, on s'expose à un grave mécompte. À la hauteur de 5 kilomètres et demi, l'air a perdu la moitié de sa densité, la moitié de sa masse ; par conséquent, la réaction que l'hélice doit en recevoir devient moitié moindre, et l'appareil placé à cette hauteur doit développer une puissance deux fois plus forte qu'à une faible élévation au-dessus du sol. C'est là un écueil qui mérite d'être pris en considération sérieuse. Si, pour l'éviter, on veut se maintenir dans une région peu élevée, si l'on veut rester à proximité du sol, on renonce au précieux avantage d'aller chercher dans les régions supérieures de l'atmosphère, un vent plus favorable que celui qui règne à la surface de la terre.

Quant à lutter contre les courants atmosphériques, ce problème soulève, il nous semble, des difficultés insurmontables. Il est connu que l'effort qu'une bonne brise exerce sur la grande voile d'un navire, est l'équivalent de la force de cinq cents chevaux-vapeur. Or, l'*aéronef*, avec sa cargaison et avec ses ailettes verticales, offrira toujours une assez grande surface au souffle des vents ; la résistance qui naîtra de l'action des vents contraires, sera plus terrible, selon nous, que la pesanteur du système. Les oiseaux, ces machines naturelles qui réalisent le plus grand effort sous le moindre volume, n'essayent même pas de lutter contre l'impulsion d'un vent trop fort ; ils s'arrêtent, replient leurs ailes, ou, s'ils résistent, ils ne tardent pas à tomber épuisés.

Autre remarque. Je comprends l'action puissante de l'hélice appliquée à un navire, je la comprends moins employée dans l'air. En effet, un navire est une machine déjà équilibrée, et qui flotte sur l'élément liquide, en vertu de sa légèreté spécifique ; l'hélice, fonctionnant dans l'eau, n'a qu'à diriger un corps flottant. Dans la navigation aérienne sans aérostat, comme le veut M. Ponton d'Amécourt, sans gaz léger procurant l'équilibre, il faut non-seulement que l'hélice produise la direction, mais encore qu'elle produise l'élévation de tout l'appareil, qu'elle triomphe de l'action de la pesanteur, et cela pendant toute la durée d'une course assez longue. Voilà bien des efforts que l'on te demande, ô sainte hélice ! et tu justifieras assurément toutes les épithètes admiratives que l'on t'accorde, si tu parviens jamais à réaliser tant de merveilles !

En admettant que l'hélice puisse produire sur l'air un effet de réaction assez énergique pour déterminer ces trois résultats prodigieux : élever la machine en l'air, l'y *maintenir* quelque temps, et la diriger, il restera toujours à savoir quel sera le moteur qui se chargera de faire tourner cette bienheureuse hélice ? Ce moteur sera sans doute la vapeur, car il n'y a pas d'autre puissance mécanique aujourd'hui connue, capable de développer un effort très-puissant, sans tenir grande place. Mais si l'on emploie la vapeur, il faudra des machines lourdes, une provision d'eau et de charbon ; cela accroîtra terriblement le poids de l'appareil. Avec un ballon à gaz hydrogène, qui porte avec lui sa force ascensionnelle, on peut embarquer sans inconvénient, comme l'a prouvé l'expérience de M. Giffard, une provision d'eau et de charbon, plus une machine à vapeur assez lourde. Mais avec votre *aéronef*, qui est plus lourd que l'air, comment soulèverez-vous, comment maintiendrez-vous en l'air, cet excès énorme de matière pesante, ce charbon, cette eau, cette machine de fer et d'acier ?

Quand on serre un peu de près ce fameux système du *plus lourd que l'air*, on est étonné de la légèreté des bases sur lesquelles on l'a fait reposer. Car du moteur à employer, question fondamentale, question de vie ou de mort, on n'a jamais dit mot. On croirait que

Louis Figuier

l'hélice doit tourner toute seule, mue par une baguette magique, ou par l'éloquence enthousiaste de ses apôtres.

Les défenseurs enthousiastes de l'*aéronef* de M. Ponton d'Amécourt, posent en principe qu'il faut, pour lutter contre l'air, être plus lourd que l'air, et ils citent en exemple l'oiseau. L'argument ne nous paraît pas décisif. Sans doute, l'oiseau en repos est plus lourd que l'air ; mais qui a pesé l'hirondelle, au moment où elle plane dans les cieux ? Les poumons des oiseaux se prolongent dans la plus grande partie de l'abdomen ; leurs os sont criblés de canaux aériens ; tout leur corps renferme une infinité de petites cavités, de poches membraneuses à valvules : toutes ces cavités se dilatent et se remplissent d'air chaud pendant le vol. En outre, leurs plumes fonctionnent comme de petites montgolfières, si bien que le poids spécifique de l'oiseau change considérablement par cette insufflation d'air chaud et léger à travers leur corps tout entier. Enfin, la grande surface de leurs ailes, déployées horizontalement, présente une résistance relativement considérable, si on la compare au poids des muscles qui représentent l'appareil moteur. Il est donc permis d'avancer, en dépit de l'affirmation contraire de la nouvelle école, et conformément à l'opinion des physiciens et des physiologistes du siècle dernier, que l'oiseau *en mouvement* est presque aussi léger que l'air.

Ce sont de purs raisonnements théoriques que nous venons de développer dans les pages qu'on vient de lire. Mais nous n'avons fait en cela que suivre les partisans du système du *plus lourd que l'air*. Tout jusqu'ici s'est borné, de leur part, à des assertions, à des affirmations, à des théories. Depuis l'année 1862, époque à laquelle ce système fut formulé pour la première fois, aucune expérience n'a été tentée, aucun essai pratique n'a été réalisé. Tout s'est borné à des promesses et à l'appui moral de M. Babinet. Un système qui ne peut invoquer en sa faveur que des présomptions théoriques et des promesses, plus ou moins séduisantes ; qui se tient dans les limbes de faciles dissertations ; qui, dans un intervalle de plus de six ans, n'a exhibé aucun appareil mécanique permettant d'apprécier nettement sa valeur, est déjà en grande partie jugé.

Fig. 329. — M. Babinet.

Nous ferions bon marché de nos répugnances théoriques, si l'on nous montrait sur un modèle, grand ou petit, l'*aéronef* tant annoncé par MM. Ponton d'Amécourt et de La Landelle, ce merveilleux appareil mécanique, qui, tout en étant plus lourd que l'air, permettrait, d'abord, de s'élever de terre, ensuite de s'y maintenir un certain temps, enfin de triompher de la résistance de l'air, pour se diriger librement dans l'espace. Mais, aucun instrument de ce genre n'a encore été construit, personne n'a été mis à même d'apprécier les mérites de ce phénix de l'aéronautique.

En résumé, le système du *plus lourd que l'air*, conçu par des hommes éclairés sans doute par des littérateurs et des artistes pleins d'imagination et animés du plus louable zèle, a pu séduire quelques esprits enthousiastes, mais il ne saurait avoir la prétention de conquérir l'approbation de ceux qui ont pour principe de ne se prononcer que sur ce qu'ils ont vu. Nous n'avons aucune prévention systématique contre l'*aviation sans aérostat* ; seulement, nous voudrions, pour incliner en sa faveur, avoir sous les yeux, non des dissertations, des amplifications des dithyrambes, mais un peu de fer ou d'acier façonné en un mécanisme tangible, et qui réalisât une partie des merveilles tant annoncées. Jusque-là nous réserverons nos préférences et nos sympathies à ce classique aérostat, auquel il ne manquait plus, pour achever les péripéties de son histoire, que d'être honni et bafoué par ceux mêmes qui prétendent nous ouvrir la route des airs.

CHAPITRE XIX

LES APPLICATIONS DES AÉROSTATS. — L'EXPLORATION DE L'ATMOSPHÈRE ET L'ÉTUDE DE LA CONSTITUTION PHYSIQUE DE L'AIR. — ASCENSION DE MM. BARRAL ET BIXIO, EN 1850. — ASCENSION DE M. WELSH EN ANGLETERRE, EN 1852. — EXPÉRIENCE DE GLAISHER SUR LA DÉCROISSANCE DE LA TEMPÉRATURE DE L'AIR, SUR LES VARIATIONS DE L'HUMIDITÉ ATMOSPHÉRIQUE, ET SUR LE SPECTROSCOPE, FAITES DANS L'AÉROSTAT DE M. COXWELL EN 1863 ET 1864.

Pour terminer cette Notice, déjà longue, nous avons à parler des principales applications qu'on a faites jusqu'à ce jour, des aérostats, pour l'étude de certaines questions scientifiques ou autres.

Nous rappellerons d'abord les principaux résultats, dont la physique générale et la physique du globe se sont enrichies, grâce aux expériences faites en ballon.

La célèbre ascension de Biot et de Gay-Lussac, faite dans les premières années de notre siècle, a servi de prélude à un certain nombre d'expériences du même genre, entreprises de nos jours et ayant pour but d'étudier la constitution physique de l'atmosphère. Ce n'est toutefois qu'après un bien long intervalle, que les physiciens se sont engagés dans la carrière tracée par Biot et Gay-Lussac. Depuis l'ascension aérostatique exécutée par ces deux savants, quarante ans s'écoulèrent sans amener aucune ascension exécutée dans l'intérêt de l'étude physique de l'atmosphère. Ce n'est qu'en 1850 que MM. Barral et Bixio donnèrent le signal de la reprise de ces expériences utiles.

MM. Barral et Bixio, l'un, ancien élève de l'École polytechnique, l'autre, médecin, homme politique et directeur d'une *librairie agricole*, conçurent le projet de s'élever en ballon à une grande hauteur, pour étudier, avec les instruments perfectionnés que nous possédons, plusieurs phénomènes météorologiques encore imparfaitement observés. Les appareils et les instruments nécessaires à cette expédition aérienne, avaient été construits par M. Regnault ; Dupuis-Delcourt avait fourni le ballon qui devait emporter les expérimentateurs dans les régions de l'air.

L'ascension eut lieu devant la cour de l'Observatoire, le 29 juin 1850, à 10 heures et demie du matin. Le ballon était rempli d'hydrogène pur, préparé au moyen de la réaction de l'acide chlorhydrique sur le fer. Tous les instruments, baromètres, thermomètres, hygromètres, ballons destinés à recueillir de l'air, etc., étaient rangés, suspendus à un cercle, au-dessus de la nacelle où se placèrent les voyageurs.

Cependant, au moment de partir, on reconnut que plusieurs dispositions de l'appareil aérostatique étaient loin d'être convenables, et faisaient craindre pour l'expédition un dénouement fâcheux. Le ballon de Dupuis-Delcourt était vieux et d'une étoffe usée, le filet trop étroit ; les cordes qui supportaient la nacelle étaient trop courtes : aussi, au lieu de rester suspendue, comme à l'ordinaire, à quelques mètres au-dessous de l'aérostat, la nacelle se trouvait-elle presque en contact avec lui. Enfin, une pluie torrentielle vint à tomber ; sous l'action des rafales, l'étoffe du ballon se déchira en plusieurs points, et l'on fut obligé de la raccommoder, à grand'peine et en toute hâte. Les conditions étaient donc de tout point défavorables, et la prudence commandait de différer le départ. Mais les voyageurs ne voulurent rien entendre ; l'ordre fut donné de lâcher les cordes, et le ballon, dont la force ascensionnelle n'avait pas même été mesurée, s'élança avec la rapidité d'une flèche. On le suivit d'un œil inquiet, jusqu'au moment où on le vit disparaître dans un nuage.

Ensevelis dans un brouillard obscur et épais, MM. Barrai et Bixio restèrent près d'un quart d'heure avant de revoir le jour. Sortant enfin de ce nuage, ils s'élancèrent vers le ciel, et n'eurent au-dessus de leurs têtes qu'une voûte bleue étincelante de lumière. Ils commencèrent alors leurs observations. La colonne du baromètre ne présentait que 45 centimètres, ce qui indiquait une élévation de 4 242 mètres au-dessus du niveau de la mer. Le thermomètre, qui à terre marquait 20 degrés, était tombé à 7 degrés.

Pendant qu'ils se livraient à ces premières observations, le baromètre continuait de baisser, et la vitesse d'ascension ne faisait que s'accroître. En effet, le ballon avait quitté la terre, gorgé d'humidité ; en arrivant dans la région supérieure aux nuages, dans un espace sec, raréfié, directement exposé aux rayons solaires, il se délestait spontanément par l'évaporation de l'humidité, et sa force ascensionnelle allait toujours croissant. Cependant les voyageurs, tout entiers au soin de leurs expériences, songeaient à peine à donner un regard a la machine qui les emportait, et ne s'apercevaient aucunement de l'allure dangereuse qu'elle commençait à prendre. La chaleur du soleil, agissant sur le gaz, le dilatait considérablement, et comme nos aéronautes inexpérimentés ne songeaient pas à ouvrir la soupape, pour lui donner issue, les parois du ballon, violemment distendues, faisaient effort comme pour éclater : MM. Barral et Bixio ne pensaient qu'à relever les indications de leurs instruments.

Ils avaient déjà fait l'essai du polarimètre d'Arago ; ils notèrent la hauteur du baromètre qui indiquait une élévation de 5 893 mètres. Enfin ils se disposaient à observer le thermomètre, et comme l'instrument s'était chargé d'une légère couche de glace, l'un d'eux s'occupait à l'essuyer, pour reconnaître la hauteur de la colonne, lorsqu'il s'avisa par hasard de lever la tête… il demeura stupéfait du spectacle qui s'offrit à lui. Le ballon, gonflé outre mesure, était descendu jusque sur la nacelle, et la couvrait comme d'un immense manteau.

Que s'était-il donc passé ? Un fait bien simple et bien facile à prévoir. La soupape n'ayant pas été ouverte, pour donner issue à l'excès du gaz dilaté par la chaleur solaire, le ballon s'était peu à peu enflé et distendu de toutes parts. Comme le filet était trop petit, comme les cordes qui supportaient la nacelle étaient trop courtes, le ballon, en se distendant, commença par peser sur le cercle qui porte la nacelle ; puis, son volume augmentant toujours, il avait fini par pénétrer dans ce cercle. En ce moment, il faisait hernie à travers sa circonférence, et couvrait les expérimentateurs comme d'un vaste chapeau. En quelques minutes, tout mouvement leur devint impossible. Ils essayèrent de donner issue à l'excédant du gaz en faisant jouer la soupape ; mais il était trop tard, la soupape était condamnée : sa corde, pressée entre le cercle de suspension et la tumeur proéminente de l'aérostat, ne transmettait plus l'action de la main.

CHAPITRE XIX

M. Barral prit alors le parti auquel le duc de Chartres avait eu recours en pareille occasion, et qui lui avait valu tant de méchantes épigrammes : il plongea son couteau dans les flancs de l'aérostat. Le gaz, s'échappant aussitôt, vint inonder la nacelle et l'envelopper d'une atmosphère irrespirable. Les aéronautes en furent l'un et l'autre à demi asphyxiés, et se trouvèrent pris de vomissements abondants. En même temps, le ballon commença à descendre à toute vitesse. En revenant à eux, ils aperçurent dans l'enveloppe du ballon une déchirure de plus d'un mètre et demi, provenant du coup de couteau, et par laquelle le gaz, s'échappant à grands flots, provoquait leur chute précipitée. La rapidité de cette descente leur sauva la vie, car elle les débarrassa du gaz irrespirable qui se dégageait au-dessus de leurs têtes.

Dans cette situation, MM. Barral et Bixio ne durent plus songer qu'à préserver leur existence. Il fallait pour cela, amortir, en arrivant à terre, l'accélération de la chute. M. Barral montra, dans cette manœuvre, toute l'habileté et tout le sang-froid d'un aéronaute consommé. Il rassemble son lest et tous les objets autres que les instruments qui chargent la nacelle, il mesure du regard la distance qui les sépare de la terre, et qui diminue avec une rapidité effrayante ; dès qu'il se croit assez rapproché du sol, il jette la cargaison par-dessus le bord : neuf sacs de sable, les couvertures de laine, les bottes fourrées, tout, excepté les précieux instruments qu'il tient à honneur de rapporter intacts. La manœuvre réussit aussi bien que possible ; le ballon tomba sans trop de violence au milieu d'une vigne du territoire de Lagny, dans le département de Seine-et-Marne.

M. Bixio sortit sain et sauf ; M. Barral en fut quitte pour une égratignure et une contusion au visage. Cette périlleuse expédition n'avait duré que quarante-sept minutes, et la descente s'était effectuée en sept minutes.

Un voyage exécuté dans des conditions pareilles, ne pouvait rapporter à la science un bien riche contingent. Cependant les deux physiciens reconnurent que la lumière des nuages n'est pas polarisée, ainsi que l'avait présumé Arago. Ils constatèrent que la décroissance de température s'était montrée à peu près semblable à celle que Gay-Lussac avait notée dans son ascension. Enfin on put déduire de leurs mesures barométriques, comparées à celles mises à l'Observatoire au même moment, que, dans la région où le ballon se déchira, les voyageurs étaient déjà parvenus à la hauteur de 5 200 mètres.

Le mauvais résultat de cette première tentative ne découragea pas les deux intrépides explorateurs. Un mois après, ils exécutaient une nouvelle ascension. Seulement, on sera peut-être surpris d'apprendre qu'en dépit des mauvais services que leur avait rendus la vicieuse machine de Dupuis-Delcourt, ils osèrent se confier encore à la même nacelle, suspendue au même ballon. Il était facile de prévoir que les accidents qui les avaient assaillis la première fois, se reproduiraient encore, et l'événement justifia ces craintes.

Fig. 330. — Ascension de MM. Barral et Bixio, départ de

l'Observatoire le 27 juillet 1850.

Cette seconde ascension eut lieu le 27 juillet 1850. Les aéronautes partirent de l'Observatoire, en présence d'Arago. On voyait disposés dans leur nacelle, deux baromètres à siphon, gradués sur verre ; trois thermomètres, dont les réservoirs présentaient des états de surface différents. L'un rayonnait par sa surface naturelle de verre ; le second était recouvert de noir de fumée, et le troisième était protégé par une enveloppe d'argent poli ; tous trois étaient destinés à être impressionnés directement par le rayonnement solaire. Un quatrième thermomètre, entouré de plusieurs enveloppes concentriques et espacées, était destiné à donner la température à l'ombre. Il y avait enfin deux autres thermomètres, dont la boule était entourée d'un linge mouillé. Les aéronautes emportaient des ballons vides, des tubes pleins de potasse caustique et de fragments de pierre ponce imbibée d'acide sulfurique, destinés à s'emparer de l'acide carbonique de l'air injecté par des corps de pompe d'une capacité connue, et qui devaient servir à déterminer la richesse en acide carbonique de l'air pris à de grandes hauteurs.

Le thermomètre *à minima* de M. Walferdin, qui fonctionne tout seul, et un baromètre imaginé par M. Regnault, qui agit d'après le même principe, étaient enfermés dans des boîtes métalliques à jour, et protégés par un cachet qu'on ne devait briser qu'au retour. La plupart de ces instruments portaient des échelles arbitraires, afin de laisser les observateurs à l'abri de toute préoccupation de leur part, qui aurait pu réagir involontairement sur les résultats. Pour étudier la nature de la lumière des espaces célestes, on emporta le petit *polariscope* d'Arago.

Entre 2 000 et 2 500 mètres, les aéronautes entrèrent dans un nuage d'au moins 5 kilomètres d'épaisseur ; car, à 7 000 mètres, ils n'en étaient pas encore sortis. Il se forma à cette hauteur, une éclaircie qui laissait voir le bleu du ciel. La lumière, à cette hauteur, était fortement polarisée, tandis que la lumière transmise par les nuages ne l'était point. Le soleil se montrait alors faiblement à travers la brume congelée, et en même temps une seconde image apparut au-dessous de la nacelle, symétrique par rapport à l'image directe. C'était évidemment une image réfléchie.

Louis Figuier

Arrivés à 3 750 mètres, nos aéronautes lâchent du lest pour s'élever davantage. Les thermomètres marquaient déjà 0°. Mais, par suite de l'expansion du gaz à cette hauteur, le ballon se déchire. Cet accident ne les arrête pas : ils jettent encore de leur lest.

À 6 000 mètres, on rencontra de petits glaçons, en forme d'aiguilles extrêmement fines, qui couvraient tous les objets. La présence de ces aiguilles de glace, à une telle hauteur, et en plein été, prouva la vérité de l'hypothèse qui sert à expliquer les *halos, parhélies*, etc.

À la hauteur de 7 004 mètres les attendait un phénomène météorologique siextraordinaire, qu'il valait à lui seul le voyage dans ces régions.

Le thermomètre s'abaissa sous leurs yeux à la température, extraordinaire, de — 39°, du point voisin de la congélation du mercure.

On s'attendait si peu à cet abaissement de température, que les instruments étaient impuissants à l'accuser, leur graduation n'étant pas prolongée assez bas, et presque toutes les colonnes étaient rentrées dans les cuvettes. Deux degrés de moins encore et le mercure des thermomètres et du baromètre se congelait, en brisant tous les tubes.

Ce froid s'était fait sentir, d'ailleurs, très-brusquement. C'est à partir seulement des 600 derniers mètres que la loi du décroissement de température fut ainsi troublée inopinément. Il est probable que le nuage que les observateurs traversaient, était le théâtre particulier de cette température anormale. Il est certain du moins qu'un froid rigoureux n'est point propre à cette hauteur, car Gay-Lussac, en s'élevant à 7 016 mètres, n'avait rencontré que — 9 degrés et demi. On voit par la différence de ces résultats combien il est difficile de procéder à des expériences de ce genre, et à quelles divergences contradictoires on peut s'attendre.

Ce froid extraordinaire congelait l'humidité du nuage, en formant une multitude de petites aiguilles de glace aux arêtes vives et aux facettes polies. Ces aiguilles se montraient en telle abondance qu'elles tombaient comme un sable fin, et se déposaient sur le carnet des observateurs.

Les effets physiologiques ne présentèrent rien de particulier à nos observateurs. MM. Barral et Bixio n'eurent ni douleurs d'oreilles, ni hémorrhagie, ni gêne de la respiration.

Par ce froid extraordinaire de — 39°, ils n'étaient pas fort à l'aise, assis dans une nacelle où ils ne s'étaient pas prémunis contre un abaissement si considérable de la température. Leurs doigts engourdis finirent par les fort mal servir, à tel point qu'un des thermomètres à rayonnement se brisa entre leurs mains. Au même moment ils perdirent, en voulant l'ouvrir, un des ballons vides qu'ils avaient emportés, dans l'intention d'y recueillir de l'air.

Cependant la déchirure de leur ballon devait les forcer à descendre assez promptement. Il fallut, bon gré, malgré, regagner la terre. La chute fut même assez violente.

En touchant terre au hameau de Peux, dans l'arrondissement de Coulommiers (Seine-et-Marne), MM. Bixio et Barral avaient complètement épuisé leur lest ; ils avaient même jeté comme tel, tout ce qui, hors les instruments, leur avait paru capable de soulager la nacelle.

Partis à 4 heures, ils arrivèrent à 5 heures 30 minutes, après avoir parcouru une distance de 69 kilomètres. La manœuvre délicate du débarquement s'effectua sans accident.

Il ne restait plus qu'à gagner le chemin de fer, et à prendre au passage le train venant de Strasbourg. Un accident aussi contrariant que vulgaire vint encore signaler cette partie du voyage qu'il fallut faire en charrette. Le chemin était mauvais, le cheval s'abattit, et le choc entraîna la perte de deux instruments, d'un baromètre, et du seul ballon qui restât rempli d'air pour être soumis à l'analyse. Pour compléter le récit qui précède, nous croyons devoir donner un extrait du Journal du voyage de MM. Barral et Bixio.

« Les instruments divisés que nous avons emportés, disent MM. Barral et Bixio, ont été construits par M. Fastré, sous la direction de M. Regnault. Les tables de graduation ont été dressées dans le laboratoire du Collége de France ; elle n'étaient connues que de M. Regnault.

« Le ballon est celui de M. Dupuis-Delcourt, qui a servi à notre première ascension ; il est formé de deux demi-sphères ayant pour rayon 4^m, 08, séparées par un cylindre ayant pour hauteur 3^m, 08, et pour base un grand cercle de la sphère. Son volume total est de 729 mètres cubes. Un orifice inférieur, destiné à donner issue au gaz pendant sa dilatation, se termine par un appendice cylindrique en soie, de 7 mètres de longueur, qui reste ouvert pour laisser sortir librement le gaz pendant la période ascendante. La nacelle se trouve suspendue à 4 mètres environ au-dessous de l'orifice de l'appendice, de manière que le ballon complètement gonflé est resté distant de la nacelle de 11 mètres et qu'il n'a pu gêner en rien les observations. Les instruments sont fixés autour d'un large anneau en tôle qui s'attache au cerceau ordinaire en bois portant les cordes de la nacelle. La forme de cet anneau est telle que les instruments sont placés à une distance convenable des observateurs.

« Notre projet était de partir vers 10 heures du matin ; toutes les dispositions avaient été prises pour que le remplissage de l'aérostat commençât à 6 heures. MM. Véron et Fontaine étaient chargés de cette opération.

« Malheureusement, des circonstances indépendantes de notre volonté, et provenant de la nécessité de bien laver le gaz, pour qu'il n'attaquât pas le tissu de l'aérostat, ont occasionné des retards, et le ballon ne fut prêt qu'à 1 heure. Le ciel, qui avait été très-pur jusqu'à midi, se couvrit de nuages, et bientôt une pluie torrentielle s'abattit sur Paris. La pluie ne cessa qu'à 3 heures, la journée était trop avancée, et les circonstances atmosphériques trop défavorables, pour que nous pussions avoir l'espoir de remplir le programme que nous nous étions proposé. Mais l'aérostat était prêt, de grandes dépenses avaient été faites, et des observations, dans cette atmosphère troublée, pouvaient conduire à des résultats utiles. Nous nous décidâmes à partir. Le départ eut lieu à 4 heures ; il présenta quelque difficulté à cause de l'espace, très-rétréci, que le jardin de l'Observatoire laissait à la manœuvre. Le ballon était très-éloigné de la nacelle, comme on vient de le voir, et emporté par le vent, il prit le devant sur le frêle esquif dans lequel nous étions montés ; ce ne fut que par une série d'oscillations à une assez grande distance de chaque côté de la verticale, que nous finîmes par être tranquillement suspendus à l'aérostat. Nous allâmes frapper contre des arbres et contre un mât ; il en résulta qu'un des baromètres fut cassé et laissé à terre. Le même accident arriva au thermomètre à surface noircie.

« Nous transcrivons ici les notes que nous avons prises pendant notre ascension.

CHAPITRE XIX

« 4ʰ 3ᵐ. *Départ.* Le ballon s'élève d'abord très-lentement, en se dirigeant vers l'est ; il prend un mouvement ascendant plus rapide, après la projection de quelques kilogrammes de lest. Le ciel est complètement couvert de nuages, et nous nous trouvons bientôt dans une brume légère.

Heures.	Baromètre.	Thermomètre.	Hauteur.
4ʰ 6ᵐ	694ᵐᵐ,70	+ 16°	757ᵐ
4 8	674 96	»	999
4 9 3ˢ	655 57	+ 13,0	1 244
4 11	636 68	+ 9,8	1 483

« Au-dessus de nous s'étend une couche continue de nuages ; au-dessous, nous apercevons çà et là des nuages détachés qui semblent rouler sur Paris. Nous sentons un vent frais.

Heures.	Baromètre.	Thermomètre.	Hauteur.
4ʰ 13ᵐ	597ᵐᵐ,73	+ 9°,0	2 013ᵐ
4 15	558 70	»	2 567
4 20	482 20	— 0°,5	3 751

« Le nuage dans lequel nous pénétrons présente l'apparence d'un brouillard ordinaire très-épais ; nous cessons de voir la terre.

Baromètre.	Thermomètre.	Hauteur.
405ᵐᵐ,41	— 7°,0	5 121ᵐ

« Quelques rayons solaires deviennent perceptibles à travers les nuages.

« Le baromètre oscille de 366ᵐᵐ,99 à 386ᵐᵐ,42 ; le thermomètre marque 9°,0 ; le calcul donne de 5 911 à 5 492 pour la hauteur à laquelle nous sommes parvenus en ce moment.

« Le ballon est entièrement gonflé ; l'appendice, jusqu'ici resté aplati sous la pression de l'atmosphère, est maintenant distendu, et le gaz s'échappe par son orifice inférieur sous forme d'une traînée blanchâtre ; nous sentons très-distinctement son odeur. On aperçoit une déchirure dans le ballon à une distance de 1ᵐ,05 environ de l'origine de l'appendice ; cette déchirure augmente seulement l'étendue de l'issue donnée au gaz ; comme elle est à la partie inférieure, elle ne diminue que faiblement la force ascensionnelle de l'aérostat.

Louis Figuier

« Une éclaircie se manifeste et laisse voir vaguement la position du soleil.

« Le ballon reprend sa marche ascendante, après un nouvel abandon de lest.

« 4^h 25^m. Des oscillations du baromètre entre 347^{mm},75 et 367^{mm},04 indiquent une nouvelle station de l'aérostat ; le thermomètre varie de 10°,5 à 9°,8 ; la hauteur à laquelle nous sommes parvenus varie de 6 330 à 5 902 mètres.

« Le brouillard, beaucoup moins intense, laisse apercevoir une image blanche et affaiblie du soleil.

« Un nouvel abandon de lest détermine une nouvelle ascension du ballon qui arrive à une nouvelle position stationnaire indiquée par de nouvelles oscillations du baromètre. Nous sommes couverts de petits glaçons, en aiguilles extrêmement fines, qui s'accumulent dans les plis de nos vêtements. Dans la période descendante de l'oscillation barométrique, par conséquent pendant le mouvement ascendant du ballon, le carnet ouvert devant nous les ramasse de telle façon qu'ils semblent tomber sur lui avec une sorte de crépitation. Rien de semblable ne se manifeste dans la période ascendante du baromètre, c'est-à-dire pendant la descente de l'aérostat.

Le thermomètre horizontal vitreux marque

4°,69

Le thermomètre argenté

8°,95

« Nous voyons distinctement le disque du soleil à travers la brume congelée ; mais, en même temps, dans le même plan vertical, nous apercevons une seconde image du soleil, presque aussi intense que la première ; les deux nuages paraissent disposés symétriquement au-dessus et au-dessous du plan horizontal de la nacelle, en faisant chacune avec ce plan un angle d'environ 30 degrés. Ce phénomène s'observe pendant plus de dix minutes.

« La température baisse très-rapidement ; nous nous disposons à faire une série complète d'observations sur les thermomètres à rayonnement et sur les thermomètres du psychromètre ; mais les colonnes mercurielles sont cachées par les bouchons, parce que l'on n'avait pas prévu un abaissement aussi brusque de la température. Le thermomètre des enveloppes concentriques en fer-blanc marque 23°,79.

« Nous ouvrons une cage où se trouvant deux pigeons ; ils refusent de s'échapper ; nous les lançons dans l'espace ; ils étendent les ailes, tombent en tournoyant et en décrivant de grands cercles et disparaissent bientôt dans le brouillard qui nous entoure. Nous n'apercevons pas au-dessous de nous l'ancre qui est attachée à l'extrémité d'une corde de 50 mètres de long que nous avons déroulée.

« 4^h 32^m. Nous jetons du lest et nous nous élevons davantage. Les nuages s'écartent au-dessus de nous, et nous voyons dans le ciel une place d'un bleu d'azur clair, semblable à celui que l'on voit de la terre par un temps serein. Le polariscope n'indique de polarisation dans aucune direction, sur les nuages en contact avec nous ou plus éloignés. Le bleu du ciel est, au contraire, fortement polarisé.

Fig. 331. — M. Barral.

« Les oscillations du baromètre indiquent que nous cessons de monter, nous jetons du lest, ce qui détermine un nouveau mouvement ascendant. »

Heures.	Baromètre.	Thermomètre.	Hauteur.

4^h 45^m	338^{mm},05	— 35°	6 512^m

« Nos doigts sont roidis par le froid, mais nous n'éprouvons aucune douleur d'oreilles et la respiration n'est nullement gênée. Le ciel est de nouveau couvert de nuages, mais laisse encore apercevoir le soleil voilé et son image. Nous pensons qu'il y a intérêt à voir si le froid augmentera si nous parvenons à nous élever davantage. Nous jetons du lest, ce qui détermine une nouvelle ascension.

« 4^h 50^m. Le baromètre marque 315^{mm},02. L'extrémité de la colonne du thermomètre du baromètre est inférieure, de 2 degrés environ, à la dernière division tracée sur l'instrument. Cette division est 37 degrés ; la température était donc de 39 degrés environ ; la hauteur à laquelle nous sommes arrivés est de 7 039 mètres.

« Le baromètre oscille de 315^{mm},02 à 326^{mm},20 ; ainsi l'aérostat oscille de 7 039 mètres à 6 798. Il ne nous reste plus que 4 kilogrammes de lest, que nous jugeons prudent de conserver pour la descente. D'ailleurs il est inutile de chercher à monter davantage avec des instruments désormais usuels ; le mercure se congèle. Tout au plus pouvons-nous chercher à nous maintenir quelque temps à cette hauteur, mais, bien que l'appendice soit relevé pour éviter la sortie du gaz par son orifice, le ballon commence son mouvement descendant. Nous faisons nos prises d'air. Le tube de l'un de nos ballons se casse sous les efforts que nous faisons pour tourner le robinet, le second se remplit d'air sans accident. Mais le froid paralyse tous nos efforts ; les observations sont devenues impossibles ; nos doigts sont inhabiles à toute opération. Nous nous laissons descendre.

Heures.	Baromètre.	Température.	Hauteur.
5^h 2^m	436^{mm},40	— 9°	4 502^m

« Nous rencontrons encore les petites aiguilles de glace.

Heures.	Baromètre.	Température.	Hauteur.
5^h 7^m	483^{mm},16	— 7°	3 688^m
5 10	540 39	— 3°	2 796
5 12	559 70	— 1°	2 452
5 14	582 90	0	2 185

Le thermomètre marque

+ 2°,50

Le thermomètre argenté

+ 1 ,91

« 5^h 16^m. Le baromètre oscille de 598^{mm},05 à 618^{mm},0, parce que nous jetons notre lest, ce qui arrête notre descente ; la température est de 1°,8 ; la hauteur varie de 1 973 à 1 707 mètres.

« Les oscillations sont prolongées par les dernières portions de lest que nous jetons. Nous ne nous occupons plus que de modérer la descente, en sacrifiant tout ce que nous avons de disponible, hors les instruments, et nous mettons les thermomètres dans leurs étuis.

« 5^h 30^m. Nous touchons à terre au hameau de Deuse, commune de Saint-Denis-lez-Rebais, arrondissement de Coulommiers (Seine-et-Marne), à quelques pas de la demeure de M. Brulfert, maire de cette commune, située à 70 kilomètres de Paris. »

« Nous avons eu le bonheur de ne casser aucun instrument à la descente. Nous ne trouvons au village qu'une charrette pour nous transporter à la station la plus voisine du chemin de fer de Strasbourg, éloignée de 18 kilomètres. Le trajet fut pénible dans les chemins de traverse, par un ouragan violent et des pluies continuelles ; le cheval s'abattit. Deux des appareils que nous tenions le plus à rapporter intacts à Paris furent brisés ou mis hors de service : le ballon à air et l'instrument indicateur du minimum de pression barométrique. Heureusement le thermomètre à minima de M. Walferdin fut rapporté intact, avec son cachet, au Collège de France.

« Le cachet a été enlevé par MM. Regnault et Walferdin, et le minimum de température, déterminé par des expériences directes, a été trouvé de — 39°,67, par conséquent très-peu différent de la plus basse température que nous avions observée nous-mêmes sur le thermomètre du baromètre. »

Arago assura devant l'Académie des sciences, que la constatation de la présence d'un nuage composé de petits glaçons, ayant une température d'environ 40°, en plein été, à une hauteur de 6 000 mètres au-dessus du sol de l'Europe, était la plus grande découverte que la météorologie eût encore enregistrée. Elle expliquait, selon lui, comment de petits glaçons peuvent devenir le noyau de grêlons d'un volume considérable, car on comprend, disait-il, comment ils peuvent condenser autour d'eux et amener à l'état solide, les vapeurs aqueuses contenues dans les couches atmosphériques dans lesquelles ils voyagent. Arago ajoute que la même observation fait connaître la vérité de l'hypothèse de Mariotte, qui attribuait à des cristaux de glace suspendus dans l'air les *halos*, les *parhélies* et les *parasélènes*.

La présence de ce nuage, si étendu et si froid, permit à MM. Barral et Bixio d'expliquer le refroidissement subit auquel furent en proie, à cette époque, plusieurs régions de l'Europe, qui se trouvaient dans la sphère de ces vapeurs glacées.

En 1852, M. Welsh, accompagné de M. Green, exécuta quatre ascensions dans un but scientifique. Les hauteurs auxquelles il parvint, sont de 5 950, 6 096, 3 850 et 6 990 mètres. La plus basse température observée par M. Welsh, fut de 24° au-dessous de zéro.

Comme résultat général de ses observations, M. Welsh a trouvé que la température de l'air décroît uniformément jusqu'à une certaine hauteur, laquelle varie d'un jour à l'autre ; cette hauteur se maintient constante sur un espace de 600 à 900 mètres, après quoi la diminution reprend assez régulièrement. D'après les expériences de M. Welsh, la température atmosphérique décroîtrait, en général, d'environ 1 degré centigrade pour 165 mètres d'élévation, sans toutefois que cette règle soit constante.

Arago a donné dans le volume de ses *Œuvres* consacré aux *Voyages scientifiques*, quelques détails sur les expériences aéronautiques de M. Welsh. L'illustre physicien s'exprime en ces termes :

« En juillet 1852, le comité de direction de l'Observatoire de Kew, près de Londres, résolut de faire faire une série d'ascensions aéronautiques, dans le but d'étudier les phénomènes météorologiques et physiques qui se produisent dans les régions les plus élevées de l'atmosphère terrestre. Cette résolution fut approuvée par le Conseil de l'Association britannique pour l'avancement des sciences. Les instruments furent immédiatement préparés : ce furent un baromètre de Gay-Lussac, des thermomètres secs et mouillés, un aspirateur, un hygromètre condensateur de M. Regnault, un hygromètre de Daniell, un polariscope et des tubes en verre pour recueillir l'air. Le ballon employé fut celui de M.

Green, qui accompagna constamment M. John Welsh, chargé des observations ; il fut rempli de gaz d'éclairage. Quatre ascensions furent exécutées le 17 et le 26 août, le 21 octobre, le 10 novembre 1852. Dans les deux premiers voyages, M. Nicklin accompagna aussi M. Welsh. Le point du départ fut le jardin royal du Wauxhall.

« Dans la première ascension, du 17 août, les voyageurs partirent à 3^h 49^m du soir, et touchèrent terre à 5^h 20^m, à vingt-trois lieues au nord de Londres. Ils s'élevèrent jusqu'à une hauteur de 5 947 mètres ; la plus basse pression qu'ils obtinrent fut de 364^{mm},5, et la température de — 13°,2. À terre, le baromètre marquait 755^{mm},1, et le thermomètre + 21°,8. Un nuage couvrait l'horizon ; sa limite inférieure fut atteinte à 762 mètres environ, et sa limite supérieure à 3 963 mètres au delà. Le ballon fut alors plongé dans un air pur, mais il régnait au-dessus, à une grande hauteur, une masse nuageuse épaisse. Une neige, formée de flocons étoilés, tomba de temps à autre sur le ballon.

« La seconde ascension, du 26 août, commença à 4^h 43^m du soir, et fut terminée à 7^h 35^m ; la descente eut lieu à dix lieues à l'ouest-nord-ouest de Londres. Le ballon s'éleva à une hauteur de 6 096 mètres, et la température la plus basse observée fut de — 10°,3. À terre, la pression était de 760^{mm},9, et la température de + 19°,1. Quelques nuages étaient suspendus dans l'atmosphère, à une hauteur de 900 mètres environ ; au delà, le ciel était pur et d'un beau bleu.

« La troisième ascension eut lieu, le 21 octobre, à 2^h 45^m ; les voyageurs descendirent à 4^{h}20^m, à douze lieues environ à l'est de Londres. Ils ne s'élevèrent qu'à une hauteur de 3 853 m. ; la plus basse pression observée a été de 475^{mm},5, et la plus basse température de — 3°,8. À terre, le baromètre marquait 759^{mm},2, et le thermomètre + 14°,2. Entre 254 et 853 mètres, le ballon rencontra des nuages détachés et irréguliers ; à environ 915 mètres, il pénétra dans une couche nuageuse continue, dont la partie supérieure se terminait à 1 093 mètres. À sa sortie des nuages, le ballon projeta sur leur surface peu irrégulière une ombre entourée de franges. La lumière, directement réfléchie par le nuage, ayant été étudiée avec le polariscope, ne présenta aucune trace de polarisation.

« La plus grande hauteur à laquelle M. Welsh est parvenu a été atteinte dans le quatrième voyage, exécuté le 10 novembre. Le départ eut lieu à $2^h 21^m$, et la descente à $3^h 43^m$, près de Folkstone, à vingt-trois lieues à l'est-sud-est de Londres. Le ballon s'éleva jusqu'à 6 989 mètres, et la température minimum observée fut de — 23°,6 ; le baromètre indiqua une pression minimum de $310^{mm},9$. À terre, le baromètre marquait $761^{mm},1$, et le thermomètre + 9°,6. Un premier nuage fut rencontré à 152 mètres de hauteur ; sa surface supérieure se terminait à 600 mètres. Venait ensuite un espace de 620 mètres de hauteur, libre de tout brouillard. À 1 220 mètres, se trouvait un nuage qui se terminait à 1 494 mètres. Au delà, il n'y avait plus que quelques cirrhus placés à une très-grande hauteur.

« On voit que, dans leurs voyages, les aéronautes anglais n'ont pu qu'une seule fois approcher, mais sans l'atteindre, de la hauteur de 7 000 mètres, à laquelle sont parvenus Gay-Lussac et MM. Barral et Bixio. La température très-basse de — 23°,6, observée par M. Welsh dans l'ascension du 10 novembre 1852, eût paru certainement extraordinaire si l'expédition faite par nos compatriotes, le 27 juillet 1850, n'avait montré un nuage ayant une température beaucoup plus basse.

« L'air rapporté par M. Welsh a été analysé par M. Milles, qui lui a trouvé la composition de l'air normal.

« Enfin, les observations hygrométriques, faites avec soin et en grand nombre par M. Welsh, à l'aide du psychromètre et de l'hygromètre de M. Régnault, n'ont pas indiqué d'extrême sécheresse ; au contraire, même dans les plus hautes régions, l'humidité atmosphérique relative s'approchait beaucoup de la saturation[43]. »

En 1861, l'*Association britannique pour l'avancement des sciences*, assigna des fonds considérables, pour exécuter une série d'ascensions aérostatiques dans un but scientifique. M. Glaisher, chef du *Bureau météorologique* de Greenwich, se chargea d'effectuer lui-même ces hardis voyages d'exploration. M. Coxwell, aéronaute expérimenté, accompagna toujours M. Glaisher.

C'est au mois de juin 1861, que commencèrent leurs ascensions scientifiques.

Fig. 332. — MM. Glaisher et Coxwell procèdent, dans la nacelle
de l'aérostat, à des observations météorologiques.

La plus grande hauteur à laquelle les aéronautes anglais soient
parvenus, est de 10 000 mètres. Dans cette ascension mémorable,
qui eut lieu le 5 septembre 1862, le thermomètre descendit à 21
degrés au-dessous de zéro, vers 8 kilomètres d'élévation. À cette
prodigieuse hauteur, le froid était si intense, que M. Coxwell perdit l'usage de ses mains. Il ne put ouvrir la soupape, pour redescendre, en donnant issue au gaz, qu'en tirant la corde avec ses
dents. Depuis la hauteur de 8 850 mètres, M. Glaisher était déjà
sans connaissance, et bien peu s'en fallut que les deux voyageurs ne

restassent morts et gelés dans l'atmosphère.

La marche des températures, dans les diverses ascensions de M. Glaisher, s'est montrée, d'ailleurs, fort irrégulière ; le mercure s'est maintenu au même niveau pendant un certain temps, lorsqu'on traversait un courant d'air chaud, et a même monté quelquefois de plusieurs degrés pendant que le ballon s'élevait. Ainsi, le 17 juillet 1862, la température resta à — 3° jusqu'à 4 kilomètres de hauteur ; elle se maintint à + 5°,6 vers 6 kilomètres ; et tomba ensuite rapidement jusqu'à — 9°, à 8 kilomètres de hauteur. Des irrégularités analogues furent observées les 18 août, 5 septembre, etc.

M. Glaisher a pu néanmoins, en prenant les moyennes d'un grand nombre d'observations, former un tableau qui donne la variation ordinaire de la température atmosphérique avec l'élévation. Il résulte de ce tableau que la quantité dont il faut s'élever pour avoir un abaissement de 1 degré centigrade, augmente constamment avec la hauteur que l'on occupe dans l'atmosphère. S'il faut, par exemple, s'élever de 50 à 100 mètres près du sol pour constater un abaissement de température d'un degré, pour obtenir le même abaissement, il faut s'élever de 550 mètres à 8 kilomètres de hauteur dans l'air. Par conséquent, le décroissement est devenu dix fois moins rapide qu'à la surface de la terre. Quand le ciel est couvert de nuages, le décroissement de la température, dans le premier kilomètre, est moindre que lorsque le temps est serein ; ce qui se comprend facilement, si l'on réfléchit que les nuages jouent le rôle d'une sorte d'écran contre le rayonnement de la chaleur terrestre.

L'humidité diminue assez vite à mesure qu'on s'élève dans les hautes régions de l'air. À 6 ou 7 kilomètres de hauteur, elle n'est plus que les 12 ou 16 centièmes de ce qu'elle est quand l'air est saturé de vapeurs d'eau.

L'électricité de l'air est positive, elle diminue avec la hauteur, comme l'humidité ; à 700 mètres, l'électroscope n'en accuse presque plus de traces.

Les expériences ozonométriques n'ont fourni aucun résultat décisif.

En ce qui concerne les observations physiologiques, on a trouvé, en général, que les mouvements du pouls sont accélérés ; mais ce phénomène est peu constant, et diffère d'une personne à l'autre.

Les mains et les lèvres de M. Glaisher bleuirent plusieurs fois entre 6 000 et 7 000 mètres de hauteur.

Fig. 333. — M. Glaisher.

M. Glaisher a fait, sur la propagation des sons, plusieurs expériences intéressantes. On entendait, à une hauteur de 3 kilomètres, l'aboiement d'un chien. Le sifflet d'une locomotive fut perçu à la même hauteur ; on l'entendit même un jour que l'atmosphère était extrêmement humide, à une hauteur de *six kilomètres et demi* dans l'air. C'est la plus grande hauteur à laquelle l'oreille ait pu percevoir des bruits partis de la surface terrestre.

Dans la même ascension exécutée à la fin du mois de juin 1862, M. Glaisher entendit le vent gémir sous lui, lorsqu'il se trouvait à 3 kilomètres d'élévation. Le 31 mars de la même année, le sourd murmure de Londres s'entendait encore à 2 kilomètres de hauteur. Un autre jour, au contraire, les cris de plusieurs milliers de personnes n'étaient plus perceptibles au-dessus de 1 500 mètres.

Il n'est pas sans intérêt de rappeler, à ce propos, une expérience faite en 1784 par Boulton, l'associé de James Watt. Boulton lança un ballon plein de gaz hydrogène, muni d'une mèche à poudre destinée à enflammer le ballon à une certaine hauteur, afin de savoir si le bruit du tonnerre est dû à une seule détonation répercutée par les échos des nuages, ou à une série de détonations successives. Quand l'aérostat prit feu et éclata dans les airs, on crut remarquer une certaine ressemblance entre son explosion et le bruit du tonnerre ; mais les cris de la foule qui assistait à cette curieuse expérience, empêchèrent d'apprécier nettement la nature du bruit que produisit l'explosion.

Le 31 mars et le 18 avril 1863, M. Glaisher fît des observations très-intéressantes sur le *spectroscope*, c'est-à-dire l'instrument d'optique qui permet d'examiner la nature de la lumière décomposée, et d'observer les raies obscures qui existent dans ce spectre.

Le 31 mars 1863, M. Glaisher partait du palais de Sydenham, à 4 heures du soir, par une température de + 10 degrés. À plus de 2 kilomètres de hauteur, il entendait encore le murmure lointain de Londres. À 5 kilomètres la vue était admirable : la grande ville, avec ses faubourgs et les campagnes qui l'environnent, se développait en un panorama magnifique. On distinguait Brighton, Yarmouth, Douvres et la falaise de Margate. Au nord, le ciel était voilé de nuages. Au sud et sous le ballon même, on apercevait quelques *cumulus*semblables à des flocons de coton épars sur la terre. On voyait ailleurs des nuages solitaires entourés d'un ciel bleu et serein.

Le but de cette ascension était l'étude des raies noires de Frauenhofer dans le spectre solaire et dans le spectre provenant de la lumière diffuse de l'atmosphère. M. Glaisher avait emporté avec lui un spectroscope, composé d'un tube muni d'un prisme, d'un objectif et d'une lunette dirigée sur le prisme. C'est le même appareil qui avait déjà servi dans l'expédition astronomique envoyée au pic de Ténériffe.

Comme on ne pouvait faire dans un aérostat, des mesures micrométriques, on dut se borner à constater l'aspect du spectre à différentes hauteurs. Au niveau du sol, on s'assura que la raie noire B dans l'extrême rouge et la raie G dans le violet, étaient les limites visibles du spectre de la lumière diffuse du ciel. Le spectre solaire direct s'étendait à peu près jusqu'à la raie H, dans le violet. On y distinguait, en outre, les raies C, D, F, G, et beaucoup de lignes intermédiaires.

Voici maintenant les altérations qui furent constatées dans le spectre solaire, par M. Glaisher, à mesure qu'il s'élevait. À 800 mètres de hauteur, les raies extrêmes B et G semblèrent un peu affaiblies. À 1 600 mètres (un mille anglais), le spectre était raccourci aux deux extrémités ; la raie B était invisible, C douteuse. À 3 200 mètres, la raie G disparut aussi, et la région violette du spectre se ternit ; on ne vit rien au delà des deux raies D et F. À 4 800 mètres d'élévation, le violet s'effaça avec la raie F. Dès lors, le spectre se raccourcit de plus en plus ; à la hauteur de 6 400 mètres, il n'en restait plus qu'une petite nuance jaune. À 7 240 mètres (quatre milles et demi), on ne vit plus rien. En descendant de nouveau à la hauteur de 4 800 mètres, où l'on arriva à 5 heures 43 minutes, après l'avoir atteinte pour la première fois une heure auparavant, on ne vit pas de spectre ; M. Glaisher ouvrit la fente du spectroscope, et il aperçut alors une faible trace de couleur. Ce dernier fait suggéra l'idée que le spectre se raccourcissait à mesure que le soleil se rapprochait de l'horizon, et que le jour baissait, On toucha terre à 6 heures et demie, juste au coucher du soleil.

Fig. 334. — M. Coxwell.

Les observations de M. Glaisher ne décidaient donc pas la question de savoir si la hauteur à laquelle on s'élève, influe beaucoup sur la forme du spectre solaire. Une nouvelle ascension dans l'air était indispensable : elle eut lieu le 18 avril 1863, à 1 heure de l'après-midi. M. Glaisher emporta le même appareil, et il le couvrit de drap noir, pour éviter la lumière diffuse latérale. Au bout de deux minutes, on s'était élevé de 1 kilomètre ; à 2 heures et demie, on atteignit la plus grande hauteur, 4 milles et demi (7 250 mètres). Quelque temps avant d'atteindre le quatrième mille, M. Glaisher perdit toute trace du spectre en observant la région nord du ciel ; le soleil n'était pas visible à cause de la position du ballon. Il conçut alors des inquiétudes, croyant d'abord qu'il y avait quelque chose de dérangé dans le spectroscope. Mais tout était en bon état. Il était évident que la lumière diffuse du ciel sans nuage est trop faible pour donner un spectre, excepté dans le voisinage du soleil. Quand le tournoiement du ballon permettait d'approcher le tube de l'astre radieux, le spectre reparaissait ; enfin, un rayon direct de lumière solaire frappa la fente du spectroscope, et M. Glaisher vit immédiatement le spectre dans tout son éclat, depuis la raie A jusqu'au delà de H. Il distinguait d'innombrables raies noires, beaucoup plus que lorsqu'il se trouvait au niveau du sol ; tandis qu'on aurait dû s'attendre à voir s'effacer peu à peu un certain nombre de raies telluriques, dues à l'absorption de l'atmosphère terrestre.

M. Glaisher tire, de ce fait, la conclusion, prématurée, selon nous, qu'il n'y a pas de raies telluriques ; il aurait fallu, pour décider cette question, faire quelques observations.

La descente de l'aérostat fut très-périlleuse. M. Coxwell, qui dirigeait ses regards vers la terre, s'aperçut tout à coup, qu'on s'approchait de la côte de la Manche. Pour ne pas tomber à la mer, il résolut de redescendre à toute vitesse. On donna donc issue au gaz, et le ballon s'abattit avec une effrayante rapidité. Heureusement la nacelle était construite en forme de parachute, et l'on put ralentir la vitesse en jetant du lest. Néanmoins les trois derniers kilomètres furent franchis en quatre minutes seulement, et le choc fut si violent que la plupart des instruments furent brisés. On ne conserva que quelques ballons d'air recueilli dans les plus hautes régions. C'est à 2 heures 50 minutes que nos aéronautes touchaient terre, près de la station de Newhaven.

Un résultat important des dernières ascensions scientifiques de

M. Glaisher, c'est la détermination de la loi de décroissance des températures selon la hauteur. Les résultats que nous avons rapportés plus haut laissaient indécis le véritable chiffre de cette décroissance. Dans ces dernières observations M. Glaisher obtint des chiffres plus positifs. Selon lui, quand le ciel est serein, la température s'abaisse d'abord de 1 degré centigrade par 55 mètres ; mais vers 9 ou 10 kilomètres d'élévation, la décroissance se ralentit considérablement ; elle n'est que de 1 degré pour 550 mètres.

Ainsi, ce rapport varie beaucoup, et l'on a eu tort de le supposer constant (on avait admis jusqu'à un abaissement régulier d'un degré par 165 mètres).

Dans son ascension du 31 mars 1863, M. Glaisher trouva la température de l'air à 18 degrés au-dessous de zéro, vers 7 250 mètres d'altitude. Quel froid énorme doit régner, d'après cela, dans les régions planétaires !

Dans une ascension faite au mois de juillet suivant, M. Glaisher entra dans un nuage, à 600 mètres d'élévation. Il entendit à 3 kilomètres, une sorte de gémissement qui venait des régions inférieures et semblait annoncer un orage. À 3 kilomètres et demi, il rencontra une petite pluie. Il entra ensuite de nouveau dans les nuages. La température oscillait autour du point zéro ; à 5 200 mètres, elle était monté à 2 degrés ; vers 5 600 mètres, elle était tombée à 5 degrés. Vers 6 800 mètres, elle atteignit son minimum : 8 degrés au-dessous de zéro. Le ciel, à cette hauteur, était couvert de *cirrhus*, et il était d'un bleu pâle dans les éclaircies. On planait au-dessus des nuages, mais tout alentour on ne voyait qu'une immense mer de brouillards, sans formes nettement accusées.

Dans la descente, de grosses gouttes d'eau tombaient sur le ballon, lorsqu'on était encore à 5 kilomètres du sol. Depuis 4 jusqu'à 3 kilomètres de la terre, on traversait une tourmente de neige. Seulement, au lieu de tomber, la neige semblait s'élever autour du ballon, qui descendait plus rapidement. On ne voyait guère de flocons neigeux, mais beaucoup de cristaux aciculaires. La neige cessa à 3 kilomètres de hauteur ; les couches inférieures de l'air offraient alors une teinte brune, excessivement foncée et sombre. À 1 500 mètres, les aéronautes avaient épuisé leur lest, et le ballon tomba comme un corps inerte. Il arriva à terre en produisant un choc terrible qui brisa plusieurs instruments. Tel est le résumé des observations faites par le physicien anglais pendant ses dernières ascensions aérostatiques, faites en 1863. Elles ont fourni sur plusieurs points de la physique du globe, des éclaircissements utiles. La décroissance de la température, celle de l'humidité et de l'électricité, selon la hauteur, sont les faits météorologiques sur lesquels M. Glaisher a réuni le plus de renseignements nouveaux, sans qu'il soit permis néanmoins de regarder comme définitifs les rapports qu'il a notés entre l'abaissement de température et la diminution de l'humidité, selon la hauteur. De nouvelles expériences sont nécessaires pour fixer avec précision ces lois météorologiques.

CHAPITRE XX

L'ÉLECTRO-SUBSTRACTEUR DE DUPUIS-DELCOURT, OU L'EMPLOI D'UN AÉROSTAT POUR SOUTIRER L'ÉLECTRICITÉ DES NUAGES ORAGEUX. — DUPUIS-DELCOURT ET SON BALLON DE CUIVRE.

Dupuis-Delcourt eut, vers 1836 ou 1839, une idée qu'Arago prit sous son patronage, et qu'il exposa à plusieurs reprises, avec beaucoup de faveur, devant l'Académie.

Le paratonnerre, tel qu'il est établi, ne peut faire autre chose qu'écarter la foudre, l'empêcher d'éclater sur le bâtiment placé sous son égide. Dupuis-Delcourt crut qu'il serait possible d'aller neutraliser l'électricité au sein même des nuages, et de l'amener, grâce à un conducteur métallique lancé dans ces hautes régions, dans le sol ou réservoir commun, afin de neutraliser ses effets. Déjà, au siècle dernier, Montgolfier, l'abbé Bertholon et quelques autres physiciens, avaient eu cette pensée ; Dupuis-Delcourt imagina un instrument propre à la réaliser d'une façon pratique. Il appelait *électro-substracteur* (nom assez barbare) un petit aérostat, de forme cylindro-conique, composé d'une enveloppe imperméable au gaz hydrogène, et terminé par deux pointes métalliques. Cet aérostat devait être retenu captif à terre, au moyen d'une corde en partie métallique, qui aurait établi, par sa conductibilité, la communication entre le sol et les nuages orageux chargés d'électricité.

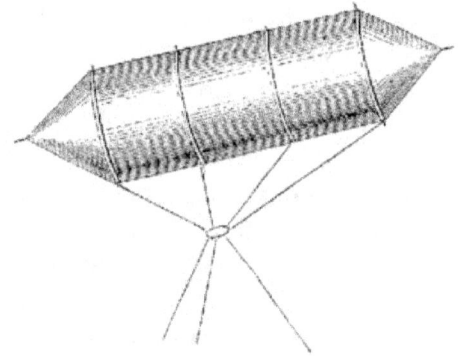

Fig. 335. — L'électro-substracteur de Dupuis-Delcourt.

Nous représentons (*fig.* 335) l'*électro-substracteur* de Dupuis-Delcourt. Plein de gaz hydrogène, il devait s'élever à 1 000 ou 1 500 mètres, et s'y maintenir, communiquant ainsi, à la manière d'un paratonnerre, avec le sol humide, et établissant une relation continue entre le fluide électrique de l'air et la terre. Grâce au mode d'attache de la corde au cylindre armé de pointes, la machine pouvait tourner à tous les vents, comme une immense girouette.

L'idée était aussi élégante que hardie : c'était le paratonnerre transporté dans les cieux. Ajoutons que c'était en même temps un *para-grêle*, si la théorie de l'origine électrique de la grêle est l'expression de la vérité.

Arago ne croyait pas que de tels appareils fussent impuissants à empêcher la grêle, et il s'en est exprimé nettement devant l'Académie.

Dupuis-Delcourt avait, en effet, adressé plusieurs communications à l'Académie des sciences, sur son *électro-substracteur*[44]. Il faut ajouter, pourtant, que cet instrument n'a jamais été mis en pratique par l'inventeur, ni par aucun autre physicien.

Nous avons dit que l'*électro-substracteur* proposé par Dupuis-Delcourt, devait être fait d'une matière imperméable au gaz hydrogène. Mais cette condition n'était guère exécutable, toutes les étoffes connues laissant passer le gaz hydrogène à travers leurs pores. Pour que cet appareil pût conserver sans aucune déperdition, le gaz hydrogène, il aurait fallu prendre un métal, comme enveloppe du gaz. Pouvait-on trouver un métal assez léger, et le réduire en lames assez minces, pour qu'il pût servir d'enveloppe à l'hydrogène, et s'élever dans l'air par la force ascensionnelle du gaz ? Dupuis-Delcourt se flatta de cet espoir.

Si l'aluminium eût été connu à cette époque, ce métal extraordinaire aurait fourni, par sa prodigieuse légèreté, jointe à sa ténacité, le phénix métallique cherché par notre aéronaute. Mais l'aluminium n'existait encore que dans les limbes de l'avenir scientifique et industriel. Il fallut se contenter du cuivre.

Dupuis-Delcourt calcula les dimensions qu'il fallait donner à une enveloppe de cuivre rouge, pour qu'elle conservât une certaine puissance ascensionnelle, une fois remplie de gaz hydrogène pur. Il se procura des lames de cuivre suffisamment légères, et construisit ainsi un modèle de son *électro-substracteur*, qui s'élevait et se maintenait dans l'air, bien qu'il se composât d'une enveloppe de cuivre rouge.

L'appétit vient en mangeant. Dupuis-Delcourt se dit que rien ne l'empêchait de passer de son *électro-substracteur* de faible dimension, à un globe d'un plus fort volume, et que, puisqu'il avait réussi à élever dans l'air une enveloppe de cuivre d'une centaine de livres, il ne lui serait pas impossible, en allant du petit au grand, d'appliquer le même principe à la construction d'un véritable aérostat de 2 000 mètres cubes.

Une des grandes difficultés de la navigation aérienne, c'est de conserver longtemps le gaz hydrogène à l'intérieur de l'aérostat. Il était donc évident que si l'on réussissait à fabriquer en cuivre l'enveloppe d'un ballon, on pouvait espérer résoudre ainsi le problème de la navigation aérienne.

Dupuis-Delcourt se mit donc à l'œuvre. Ce n'était pas une pensée sans courage, pour un homme dont les ressources étaient plus que bornées, que de se lancer dans les tâtonnements et les dépenses d'une œuvre aussi nouvelle. Cependant notre aéronaute en vint à bout. Toute l'année 1843 fut consacrée par lui, à faire fabriquer, ajuster et souder, un ballon tout en cuivre rouge, dans un atelier situé impasse du Maine.

Nous avons vu, de nos yeux, en 1844, cette curieuse machine ;

nous avons admiré ses imposants contours. De forme sphérique, et complètement en cuivre, elle avait 10 mètres de diamètre, et offrait le beau spectacle d'une surface métallique de 350 mètres carrés. Les soudures nécessaires à la réunion des pièces de cuivre, n'avaient pas moins d'un kilomètre et demi de long.

Mais Dupuis-Delcourt avait trop présumé de ses ressources. Une épreuve faite pour s'assurer, si, conformément à ses calculs, la machine, pleine de gaz d'éclairage, pourrait s'élever, eut un résultat, sinon négatif, du moins douteux. Dès lors, le bailleur de fonds, effrayé, refusa de continuer ses avances.

Le cœur plein d'anxiété, Dupuis-Delcourt s'adressa à l'Académie des sciences, qui l'avait encouragé et approuvé, dans la personne de quelques-uns de ses membres. Mais il n'est guère dans les habitudes de cette compagnie savante, de venir pécuniairement en aide aux inventeurs, surtout quand il s'agit d'une question aussi discréditée que celle des ballons. Le loyer des bâtiments de l'impasse du Maine était écrasant, et bien au-dessus des ressources du pauvre aéronaute réduit à lui-même. Il fallut donc chercher une retraite nouvelle au ballon de cuivre. On ne lui trouva d'autre asile qu'une dépendance de la*Fonderie de la ville de Paris*, au faubourg du Roule.

Ce fut un étrange spectacle que celui du transport de cette énorme machine, à travers tout Paris, de la barrière du Maine à celle du Roule. Il rappelait le transport du premier ballon à gaz hydrogène, dont nous avons parlé dans les premières pages de cette notice, lorsque, dans la nuit du 27 août 1783, le ballon, construit par le professeur Charles, fut transporté, de la place des Victoires, au Champ-de-Mars, entouré d'un cortège, et escorté par un détachement du guet à cheval.

Par une coïncidence étrange, ce fut le 27 août 1843, après soixante et un ans d'intervalle, jour pour jour, que le ballon de cuivre donna aux Parisiens un spectacle tout pareil. À 4 heures du matin, Dupuis-Delcourt chargeait son ballon sur une de ces longues voitures de transport, nommées *fardier*, longue de plus de 10 mètres. Des chevaux, des hommes, de grosses cordes, soutenaient, dirigeaient ce gigantesque et fragile édifice, formant le spectacle le plus imposant et le plus singulier à la fois.

Louis Figuier

Fig. 336. — Dupuis-Delcourt.

Partant de la barrière du Maine, le convoi suivit les boulevards Montparnasse et des Invalides, le quai, le pont et la place de la Concorde, la rue Royale et le faubourg Saint-Honoré, pour se rendre au faubourg du Roule. À 6 heures du matin, le globe de cuivre, traîné par son équipage, arrivait, non sans peine, à sa destination ; et on l'installa dans le bâtiment principal de la fonderie, d'où sont sorties les statues de Henri IV, de Louis XIV, le Napoléon de M. Seurre, qui décore aujourd'hui le rond-pointde Courbevoie après avoir trôné sur la colonne de la place Vendôme, les chapiteaux et les ornements de la colonne de Juillet, etc., etc.

Dupuis-Delcourt espérait que, dans ce nouvel asile, son ballon serait achevé et soumis à l'expérience définitive. Mais n'était-ce pas un triste présage, pour un ballon de cuivre, que d'être transporté à une fonderie ? C'était pour le malheureux appareil, comme une tombe anticipée.

L'événement ne tarda pas à justifier ce pronostic fatal. L'hiver de 1844 à 1845 fut long et rigoureux. Le pauvre artiste manquait de ressources ; comment aurait-il pu pousser plus loin une entreprise au-dessus de ses forces ? Il ne pouvait même payer le loyer de remplacement de sa machine, dans la fonderie. Il lui fallut, pour s'acquitter, se décider à vendre au fondeur, la machine même, objet de tant d'espérances et de déceptions si poignantes.

Voici la dernière pièce concernant le triste drame que nous venons de raconter.

« Je soussigné, reconnais avoir acheté de M. Dupuis-Delcourt, pour en opérer la fonte, sans pouvoir en faire aucun autre usage, un ballon de cuivre, lequel mis en pièces a pesé 310 kilogrammes, dont je lui ai remis immédiatement le montant.

Paris, le 12 janvier 1845.   MONTEL. »

Dupuis-Delcourt a continué pendant vingt ans encore, à poursuivre le métier, difficile et peu lucratif, d'aéronaute. Né à Berne, le 22 mars 1802, il avait connu des jours meilleurs. Il avait eu, comme auteur dramatique, quelques succès au théâtre ; mais rien n'avait pu le détourner de l'aérostation, qui fut la passion de sa vie. Il avait connu Montgolfier, le créateur de l'aéronautique, et le professeur Charles, son organisateur. Il avait assisté à l'expérience du pauvre Deghen, l'*homme volant*, venu de Vienne en France, pour subir la déconvenue que nous avons racontée. Il avait assisté à la dilacération, faite par le peuple furieux, du ballon, prétendu dirigeable, du colonel de Lennox. Il avait connu Robertson et vécu dans l'intimité de Jacques Garnerin, qui lui laissa tous ses manuscrits. Il avait vu le cadavre de la malheureuse madame Blanchard, relevée dans la rue de Provence, avec les débris de son ballon incendié au milieu des airs. Il avait été l'aéronaute favori de Louis-Philippe, après avoir été bien accueilli du roi Louis XVIII. Il avait exécuté de nombreuses ascensions, une, entre autres, avec cinq ballons réunis, comme devait l'annoncer plus tard, mais non l'exécuter, M. Petin : il nommait cela la *flottille aérostatique*. Il était assez bon chimiste, car, pendant cinq ans, il professa la chimie à l'Athénée de la rue de Valois, et il ne tirait guère ses moyens d'existence que de quelques leçons qu'il donnait à des jeunes gens de son pauvre quartier. Comme sa parole était facile et son débit assuré, il donnait souvent des leçons ou ce que l'on nomma plus tard des*conférences*, dans les cercles de Paris, sur les questions d'aéronautique. Il avait fondé la *Société aérostatique et météorologique*. Enfin, il avait publié, un *Manuel de l'aérostation*, que nous avons plus d'une fois cité dans le cours de cette notice, ouvrage estimable, quoique assez incohérent, et le seul qui ait longtemps existé sur cette matière. Enfin, il nous a souvent entretenu d'un *Traité complet théorique et pratique des aérostats*, auquel il travailla toute sa vie, mais dont il ne put jamais s'occuper avec suite, aucun éditeur, dans l'espace de trente ans, n'ayant voulu s'en charger.

C'est pour écrire ce fameux *Traité complet des aérostats*, qui ne devait jamais voir le jour, que Dupuis-Delcourt avait rassemblé la collection la plus complète, et certainement la plus curieuse, de livres, de pièces, de gravures et de manuscrits, concernant l'aérostation. Cette collection comprend des autographes de Montgolfier, de Jacques Garnerin, de Blanchard, plus de 600 gravures relatives aux ballons, 700 numéros de journaux, racontant les péripéties des divers voyages aériens, et discutant la valeur de ces découvertes, sans parler de 400 volumes et brochures sur la même matière, qui forment une petite bibliothèque.

Cette collection fut la passion de sa vie. Il s'occupait, sans cesse, de l'augmenter, et de réunir les pièces les plus rares. Nous lui avons vu payer quatre-vingt-dix francs, somme exorbitante pour lui, l'ouvrage du P. Galien sur l'*Art de naviguer dans les airs*, vieux bouquin in-18, que nous avons signalé à l'occasion du *parachute*. Il mettait, d'ailleurs, très-libéralement à la disposition de ses amis et même des étrangers, toutes les pièces de sa collection, qui nous fut à nous-même d'un grand secours, lorsque nous eûmes à nous occuper de ce sujet, en 1852, pour la notice dont le travail actuel n'est que le développement et la suite.

Le 2 avril 1864, Dupuis-Delcourt est mort tranquille, estimant qu'il laissait à sa veuve, comme le plus précieux héritage, sa *collection aérostatique*. C'était à ses yeux un trésor inestimable, et qui devait suffire à assurer la tranquillité des vieux jours de sa courageuse compagne. Hélas ! nous avons vu, il y a peu de mois, à l'occasion du présent travail, la pauvre veuve. Elle languit en proie aux plus dures privations. Sa collection aérostatique, qu'elle conserve avec un soin religieux, comme le seul espoir de sa vie misérable, n'a pu encore trouver d'acquéreur. Comment notre *bibliothèque impériale des estampes* ne songe-t-elle pas à attirer à elle et à conserver pour la France, cette collection à peu près unique au monde ? Il est triste de laisser mourir de faim la digne et malheureuse femme, assise, comme le chien du tombeau, sur son trésor auquel elle ne veut pas toucher. À défaut de l'Etat, sur lequel il n'est pas prudent de compter, nous oserons signaler à la curiosité des amateurs, et même à l'intérêt charitable de nos lecteurs, le *musée aérostatique*, qui existe encore entier dans le pauvre taudis de la rue de Lourcine, n° 142.

CHAPITRE XXI

APPLICATION DES AÉROSTATS À LA LEVÉE DES PLANS ET À LA
TÉLÉGRAPHIE : ESSAIS DE LOMET ET CONTÉ. — APPLICATION
RÉCENTE DES AÉROSTATS AUX OPÉRATIONS MILITAIRES.

On a fait, mais sans arriver à des résultats positifs, différents essais pour appliquer les aérostats à la levée des plans. Sous le premier Empire, un ingénieur nommé Lomet dressa un plan de Paris, au moyen d'observations faites du haut d'un ballon, en différents points de la ville. Nous avons déjà vu que, de nos jours, M. Nadar préluda, mais sans les pousser bien loin, à des essais du même genre.

À l'époque où la télégraphie commençait à occuper sérieusement les esprits, c'est-à-dire en 1804, le physicien Jacques Conté imagina un système de signaux télégraphiques exécutés en ballon captif, et qui paraissait présenter certains avantages.

Les applications des aérostats à l'art militaire, n'ont pas été complètement suspendues par l'arrêté du Premier Consul, qui licenciait le corps des aérostiers militaires. Depuis cette époque, les ballons ont rendu aux opérations des armées, certains services, que nous allons rappeler.

En 1812, les Russes avaient formé le projet d'écraser l'armée française, à l'aide de projectiles explosibles, lancés du haut d'un aérostat. Le ballon fut construit à Moscou : il pouvait, dit-on, porter jusqu'à cinquante hommes. On voulait le faire flotter par-dessus le quartier général de l'armée française, que l'on aurait accablée, de cette hauteur, de projectiles incendiaires. On commença par faire des expériences avec des ballons de plus petites dimensions ; mais elles réussirent très-mal, ce qui décida à suspendre le travail commencé.

En 1815, Carnot commandant Anvers assiégé, fit exécuter, en ballon, des reconnaissances militaires.

En 1826, le journal le *Spectateur militaire* publia un excellent article, dans lequel un ancien professeur de l'École militaire, M.

Ferry, ramenait l'attention sur l'emploi des aérostats dans les armées, et manifestait la crainte de voir oublier, par la génération actuelle, les connaissances acquises à la science par les travaux des aérostiers de la République. Une notice biographique sur Coutelle, la description des manœuvres exécutées par les anciens aérostiers, enfin une analyse du travail du général Meunier, terminaient cet article, qui attira l'attention du gouvernement. Une commission fut nommée pour étudier la question, et en faire l'objet d'un rapport. Après de consciencieux travaux, cette commission déposa son rapport, qui était favorable à la réorganisation du corps des aérostiers.

Mais le gouvernement de la Restauration ne brillait pas par l'initiative en fait d'art militaire. La proposition n'eut aucune suite, et le rapport alla s'enterrer dans les cartons du Ministère.

C'était peut-être par une réminiscence de ce projet, qu'au moment de la conquête d'Alger, on accorda à un aéronaute, M. Margat, l'autorisation d'accompagner l'armée d'expédition. Le ballon fut embarqué, mais il resta sur le navire. La caisse ne fut pas même déballée ; on le rapporta à Paris, on le paya, et tout fut dit.

Pendant le siège de Venise par les Autrichiens, en 1849, on fit usage de petits ballons, porteurs de bombes, qui devaient éclater sur la ville. Sur la proposition de deux officiers d'artillerie autrichiens, on avait confectionné deux cents petits aérostats, chargés, chacun, d'une bombe de 24 à 30 livres, et garnie d'une mèche inflammable, destinée à faire éclater la bombe. On mettait le feu à la mèche au moment de laisser partir dans les airs ces ballons incendiaires (*fig.* 337).

Ce genre d'attaque eut lieu, en effet, le 22 juin 1849, mais un vent contraire ramena les petits ballons vers le camp autrichien, de sorte que les bombes firent plus de mal aux assiégeants qu'aux assiégés.

En 1854, à l'arsenal de Vincennes, à Paris, on essaya de lancer des projectiles du haut d'un ballon retenu captif. Ces expériences, selon M. de Gaugler furent mal exécutées[45] ; tout indique que, reprises d'une façon sérieuse, elles donneraient de très-bons résultats.

Pendant la guerre d'Amérique, on fit usage simultanément, des aérostats et de la télégraphie électrique.

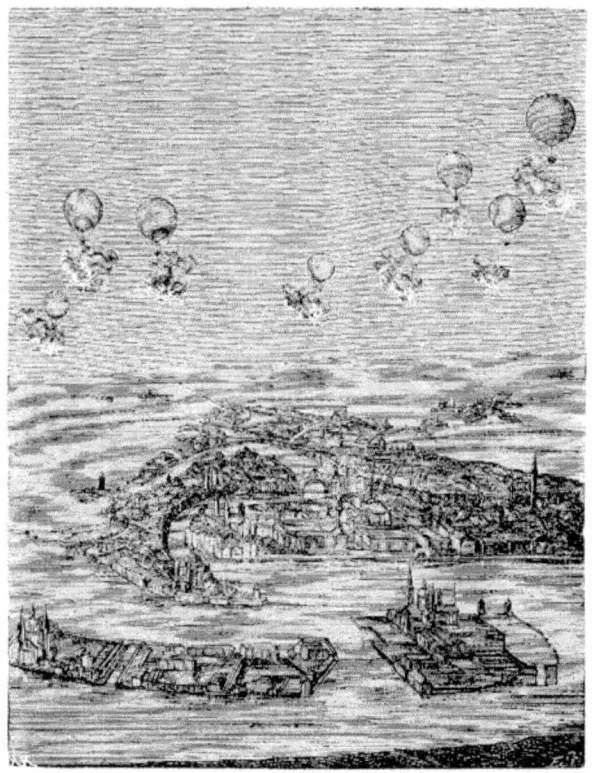

Fig 337. — Les aérostats porteurs de bombes incendiaires lancés
sur Venise par les Autrichiens, en 1849.

Au mois de septembre 1861, un aéronaute, nommé LaMountain,
fournit d'importants renseignements au général Mac Clellan. Ce
ne fut pas en ballon captif, mais en ballon perdu, que l'aéronaute
américain fit son excursion aérienne. Parti du camp de l'Union,
sur le Potomac, il passa par-dessus Washington, retenu à terre par
des cordes. Mais ne pouvant embrasser ainsi un espace suffisant, il
coupa bravement la corde qui retenait son ballon captif, et s'éleva
à la hauteur de 1 500 mètres. Il se trouva ainsi placé directement
au-dessus des lignes ennemies, dont il put observer parfaitement
la position, les mouvements et les forces. Ayant jeté une nouvelle
quantité de lest, il s'éleva plus haut encore, et trouva un nouveau
courant d'air, qui l'éloigna des lignes ennemies. Il opéra sa descente

sans difficulté à Maryland, d'où il transmit au général Mac Clellan le résultat de sa reconnaissance.

Un autre aéronaute américain, M. Allan de Rhode-Island, eut l'idée de faire communiquer par un fil électrique, l'observateur placé dans la nacelle, avec le corps d'armée pour lequel il faisait ces reconnaissances. M. Allan et le professeur Lowe, de Washington, exécutèrent, plusieurs fois, ces curieuses expériences, du haut d'un ballon captif.

Voici le texte de la première dépêche qui fut envoyée par le professeur Lowe au président des États-Unis.

Washington, ballon l'Entreprise.

« Sir, le point d'observation commande une étendue de cinquante milles à peu près en diamètre. La cité, avec sa ceinture de campements, présente une scène superbe. J'ai grand plaisir à vous envoyer cette dépêche, la première qui ait été télégraphiée d'une station aérienne, et à reconnaître tout ce que je vous dois pour m'avoir tant encouragé et m'avoir donné l'occasion de démontrer les services que la science aéronautique peut rendre à l'armée dans ces contrées. »

Le *Journal militaire de Darmstadt* a donné le récit suivant d'une autre application des aérostats, faite pendant la guerre d'Amérique.

« Dans les derniers jours de mai 1862, dit le *Journal militaire de Darmstadt*, l'armée unioniste, campée devant Richmond, lança au-dessus de la place un ballon captif. Un appareil photographique fut dirigé vers la terre et permit de prendre, en perspecfive, sur une carte, tout le terrain de Richmond à Manchester à l'ouest, et à Chikahominy à l'est. La rivière qui arrose la capitale, les cours d'eau, les chemins de fer, les chemins de traverse, les marais, bois de pins, etc., furent tracés ; on y porta aussi la disposition des troupes, batteries d'artillerie, infanterie et cavalerie. On en tira deux exemplaires. On les divisa en 64 parties, comme un champ de bataille, avec les signes conventionnels A, A², etc. Le général Mac Clellan eut un de ces exemplaires, le conducteur de ballon eut l'autre.

« L'armée fut d'abord retenue dans le camp, par le mauvais temps, une journée tout entière ; le 1er juin, l'aérostat s'éleva, vers midi, à une hauteur de plus de mille pieds (333 mètres) au-dessus du champ de bataille et se mit en relations avec le quartier général par un fil télégraphique. Pendant une heure, les mouvements de l'ennemi furent signalés avec exactitude. Une demi-heure plus tard, la dépêche porta : *Sortie de la maison Cadeys.* Mac Clellan put, en un instant, donner ordre d'avancer au général Heinsselmann et prescrivit au général Summer, qui était déjà au delà de Chikahominy, de marcher tout de suite sur la petite rivière. Les deux divisions purent, en deux heures de temps, être réunies en face de l'ennemi et défendre le champ de bataille à la baïonnette. Partout où les assiégés hasardèrent une attaque, ils furent repoussés avec une perte considérable et furent attaqués par des forces supérieures sur les points les plus faibles. Ils dirigèrent contre le ballon un canon rayé, d'une énorme portée. Les projectiles firent explosion près du ballon, et si près que les aéronautes jugèrent convenable de s'éloigner. Le ballon fut descendu à terre, lancé dans une autre direction et assez haut pour être hors de la portée des pièces ennemies. Il fut mis de nouveau en communication avec la terre ferme, et l'armée assiégeante eut avis que de fortes masses de troupes accouraient sur le champ de bataille dans une autre direction. Dès qu'elles furent arrivées à la portée du canon des fédéraux, elles se virent prévenues avec une rapidité qui dut leur paraître inconcevable. Il semblait que le Dieu des batailles les eût complètement abandonnées en ce jour. Elles se voyaient conduites en avant pour servir de but aux canons des Yankees. Elles ne pouvaient suivre aucune direction, sans rencontrer un mur de baïonnettes impénétrable. Toutes les tentatives de l'armée du Sud pour enfoncer les lignes ennemies ayant échoué, Mac Clellan commanda une attaque générale à la baïonnette et repoussa ses adversaires avec une perte énorme. Ce général n'eût pu obtenir un succès aussi complet sans le secours du ballon et de l'appareil dont il était muni[46]. »

Tout cela prouve que l'emploi des aérostats dans les armées, pourrait rendre des services réels. Aussi dans la brochure que nous avons citée plusieurs fois, M. de Gaugler conclut-il à la réorganisation du corps des aérostiers militaires, après avoir répondu aux principaux arguments que l'on peut élever contre leur usage.

« Il y a là, dit cet officier, un grave sujet d'examen pour un gouvernement ; seulement il faudrait qu'il fût consciencieusement approfondi. La question des armes de précision est moins sérieuse qu'elle ne le paraît de prime abord ; un ballon distant de 1 000 mètres et élevé de 500 n'est pas un but facile à atteindre, et est à cette distance un observatoire commode. Les anciens aérostiers ont eu les leurs percés à Frankenthal et à Francfort, à Frankenthal de neuf balles, et ils eurent le temps de rester encore trois quarts d'heure en observation avant d'être forcés à descendre. »

Il est certain qu'un ballon captif percé par une balle, ne serait pas compromis sans retour, et qu'il ne se verrait point, pour cela, forcé d'opérer de quelque temps sa descente. Disons seulement ce qu'aurait à craindre l'aéronaute militaire. Si l'on parvenait à faire pénétrer dans le ballon, au lieu d'une balle ordinaire, un morceau d'*éponge de platine*, et que ce métal tombât à l'intérieur du ballon plein de gaz hydrogène, il déterminerait l'inflammation de ce gaz, par la propriété que possède le platine, sous cette forme, de provoquer, par sa seule présence, cette action que les chimistes désignent sous le nom de *force catalytique*, l'inflammation du gaz hydrogène. Mais ne serait-il pas bien difficile que le projectile demeurât engagé juste à l'intérieur du ballon, au lieu de le traverser de part en part ? M. de Gaugler prévoit le cas que nous considérons ; et vous allez voir avec quelle résignation, toute militaire, il envisage cette fatale extrémité. « Au pis aller, dit-il, on sauterait, et cela n'arriverait pas tous les jours. Ce sont des désagréments dont il est difficile de s'affranchir absolument à la guerre. »

Le militaire français se reconnaît à ce noble langage. Nous voulons clore ce chapitre sur ce trait remarquable.

CHAPITRE XXII

CONCLUSION. — APPLICATIONS FUTURES DES AÉROSTATS AUX RECHERCHES SCIENTIFIQUES. — LA DIRECTION DES BALLONS.

Nous venons de passer en revue les emplois principaux qui ont été faits des aérostats depuis leur invention jusqu'à nos jours. On a vu que c'est surtout dans leur application aux sciences que l'on peut attendre les plus importants résultats de leur concours.

En l'état présent des choses, tout l'avenir, toute l'importance des aérostats résident dans leur application aux recherches scientifiques ; c'est principalement par son emploi comme moyen d'étude, pour les grandes lois physiques et météorologiques de notre globe, que l'art des Montgolfier peut tenir une place importante parmi les inventions modernes.

Il serait impossible de fixer le programme exact de toutes les questions qui pourraient être abordées avec profit, pendant le cours des ascensions aérostatiques, appliquées aux intérêts des sciences. Voici néanmoins la série des faits physiques qui pourraient retirer de ce moyen d'exploration, des éclaircissements utiles.

La véritable loi de la décroissance de la température dans les régions élevées de l'air, est encore mal fixée. Théodore de Saussure a essayé de l'établir, à l'aide d'observations comparatives prises sur la terre et sur des montagnes élevées, telles que le Rigi et le col du Géant. Des expériences du même genre, faites dans les Alpes, par d'autres physiciens, ont encore servi d'éléments à ces recherches. Mais toutes les observations recueillies de cette manière, n'ont amené aucune conséquence générale susceptible d'être exprimée par une formule unique. D'après les expériences de Saussure, la température de l'air s'abaisserait de 1 degré à mesure que l'on s'élève de 140 à 150 mètres dans l'atmosphère ; d'un autre côté, les observations prises dans les Pyrénées, ont donné 1 degré d'abaissement par 125 mètres d'élévation ; enfin, dans son ascension aérostatique, M. Gay-Lussac a trouvé le chiffre de 1 degré pour 174 mètres d'élévation. Sans parler du résultat extraordinaire, obtenu par MM. Barral et Bixio, qui ont observé un abaissement de température de 39 degrés au-dessous de la glace, à une élévation de 6 000 mètres, on voit quelles différences et quel désaccord tous ces résultats présentent entre eux. Nous avons rapporté les résultats auxquels a été conduit M. Glaisher, dans les recherches de la même loi. Ils sont loin de s'accorder entre eux, et surtout avec ceux de ses prédécesseurs. Seulement, le physicien anglais nous a appris à tenir compte, pour fixer cette loi de décroissance, d'un certain nombre de circonstances physiques dont on ne s'était pas encore préoccupé ; et sous ce rapport la science, on peut le dire, a fait un pas important. Il est de toute évidence que la loi de décroissance de la température dans les régions élevées, pourra être fixée avec certitude, par des observations thermométriques prises au moyen d'un aérostat, à différentes hauteurs dans l'air, comme l'ont fait MM. Glaisher et Coxwell. En multipliant les observations de ce genre, sous diverses latitudes, à différentes saisons de l'année, aux différentes heures de la nuit et du jour, on arrivera, sans aucun doute, à saisir la loi générale de ce fait météorologique.

On peut en dire autant de ce qui concerne la loi de la décroissance de la densité de l'atmosphère. La détermination exacte du rapport dans lequel l'air diminue de densité à mesure que l'on s'élève, dépend de deux éléments : la décroissance de la température et la diminution de la pression barométrique. Des observations aérostatiques peuvent seules permettre d'établir ces éléments sur des bases expérimentales dignes de confiance. Les physiciens n'accordent, à bon droit, que très-peu de crédit à la loi donnée par M. Biot, relativement à la diminution de la densité de l'air, car cette loi n'a été calculée que sur quatre ou cinq observations prises dans les ascensions aérostatiques de MM. de Humboldt et Gay-Lussac. C'est en multipliant les observations de ce genre, et en se plaçant dans des conditions différentes de latitudes, d'heures, de saisons, etc., qu'on pourra la fixer d'une manière positive.

Ajoutons que ce résultat aurait d'autant plus d'importance, qu'il fournirait une donnée certaine, pour mesurer la véritable hauteur de notre atmosphère. En effet, étant connue la loi suivant laquelle diminue la densité de l'air, dans les régions élevées, on déterminerait à quelle hauteur cette densité peut être considérée comme insensible, ce qui établirait sur une base expérimentale solide, le fait, assez vaguement établi jusqu'ici, de la hauteur et des limites physiques de notre atmosphère.

Cette même loi intéresse d'ailleurs directement l'astronomie. On sera, en effet, toujours exposé à commettre des erreurs sensibles sur la position réelle des étoiles, tant que l'on ne pourra tenir un compte exact de la déviation que subit la lumière de ces astres, en traversant l'atmosphère. Or, cette déviation dépend de la densité et de la température des couches d'air traversées. Ainsi, l'astronomie elle-même réclame la fixation de la loi de la décroissance de la densité de l'air selon la hauteur.

On établirait encore aisément, grâce aux aérostats, la loi des variations de l'humidité selon les hauteurs atmosphériques. M. Glaisher est arrivé, sous ce rapport, à des résultats qui ne peuvent être considérés comme définitifs. Les hygromètres que nous possédons aujourd'hui sont d'une précision si grande, que les observations de ce genre, exécutées dans des conditions convenablement choisies, donneraient sans aucun doute un résultat satisfaisant, et auraient pour effet d'enrichir la physique d'une loi dont tous les éléments lui font encore défaut.

On admet généralement que la composition chimique de l'air est la même dans toutes les régions et à toutes les hauteurs. M. Gay-Lussac a constaté ce fait dans son ascension aérostatique ; mais les procédés d'analyse de l'air ont subi, depuis l'époque des expériences de M. Gay-Lussac, des perfectionnements de tout genre, et il est reconnu que l'analyse de l'air par l'eudiomètre, telle que ce physicien l'a exécutée, laisse une part sensible aux erreurs d'expérience. Il serait donc de toute nécessité d'analyser l'air des régions supérieures, en se servant des procédés créés par M. Dumas. Cette expérience, si naturelle, si facile, et pour ainsi dire commandée, n'a jamais été exécutée, du moins à notre connaissance. C'est donc à tort, selon nous, que l'on admet l'identité de la composition de l'air, à toutes les hauteurs. On a soumis, il est vrai, à l'analyse par les procédés de M. Dumas, l'air recueilli au sommet du Faulhorn et du mont Blanc, et l'on a reconnu son identité chimique avec l'air qui se trouve à la surface de la terre ; mais il n'est pas douteux que la hauteur des montagnes même les plus élevées du globe, ne soit un terme très-insuffisant pour la recherche du grand fait dont nous parlons.

Plusieurs physiciens ont admis la variation, suivant les hauteurs, de la quantité de gaz acide carbonique qui fait partie de l'air. Une des expériences les plus faciles à exécuter dans la série prochaine des recherches aérostatiques, consistera à éclaircir ce point de l'histoire de notre globe. L'appareil que MM. Barral et Bixio avaient emporté dans ce but, ne revint pas intact de leur expédition, et l'analyse chimique de l'air, pour déterminer les proportions d'acide carbonique, ne put être exécutée.

Les expériences exécutées à l'aide d'un ballon aérostatique, permettraient encore de vérifier la loi de la vitesse du son, et de reconnaître si la formule, due à Laplace, est vraie pour les couches verticales de l'air comme pour les couches horizontales ; ou, si l'on veut, de chercher si le son se propage avec la même rapidité dans les couches horizontales de l'air et dans le sens de la progression verticale. Il est probable que le résultat serait différent ; et la loi que l'on fixerait ainsi jetterait un jour nouveau sur les faits relatifs à la densité de l'atmosphère, et sur quelques points secondaires qui se rattachent à ces questions.

Les phénomènes du magnétisme terrestre recevraient aussi des éclaircissements utiles d'expériences exécutées à une grande hauteur dans l'air. Le fait même de la permanence de l'intensité de la force magnétique du globe, à toutes les hauteurs dans l'atmosphère, admis par MM. Biot et Gay-Lussac comme conséquence de leurs observations aérostatiques, aurait peut-être besoin d'être examiné de nouveau. La difficulté que présente l'observation de l'aiguille aimantée, dans un ballon agité par les vents, et qui éprouve souvent une rotation sur lui-même, rend ces observations susceptibles d'erreur. Il ne serait donc pas hors de propos de reprendre, dans des conditions convenables, l'examen de ce fait.

Enfin, l'un des plus utiles problèmes que nos savants pourront se proposer dans le cours de ces ascensions, sera de rechercher s'il n'existerait pas, à certaines hauteurs dans l'atmosphère, des *courants constants*. On sait que sur certains points du globe il règne pendant toute l'année, des courants invariables, qui portent le nom de *vents alisés*. En prolongeant dans l'atmosphère les expériences aérostatiques, en se familiarisant avec ce séjour nouveau, en étudiant ce domaine encore si peu connu, peut-être arriverait-on à trouver, à certaines hauteurs, quelques courants dont la direction soit invariable pendant toute l'année, ou qui se maintiennent périodiquement à des époques déterminées. Franklin pensait qu'il existe habituellement dans l'atmosphère inférieure, une sorte de courant froid, se rendant des pôles à l'équateur, et, par contre, un courant supérieur soufflant en sens inverse et se rendant de l'équateur aux deux extrémités de la terre. La découverte de ces *vents alisés* ou de ces *moussons* des régions supérieures, serait un fait immense pour l'avenir de la navigation aérienne ; car, leur existence une fois constatée, et leur direction bien reconnue, il suffirait de placer et de maintenir un aérostat dans la zone de ces courants, pour le voir emporté vers le lieu fixé d'avance. Pour peu que ces *moussons* fussent multipliées dans l'atmosphère, le problème de la navigation aérienne se trouverait singulièrement simplifié, puisqu'il se réduirait à aller chercher, au moyen d'appareils de direction plus ou moins puissants, ces courants d'air constants qui emporteraient l'aérostat dans une direction connue par avance.

L'aérostation peut donc hâter sur plus d'un point, le progrès des sciences physiques. C'est aux savants aussi qu'il appartient de comprendre l'importance de l'art des Pilâtre et des Montgolfier, et de rendre ainsi à l'aérostation la place qu'elle doit occuper parmi les plus utiles auxiliaires de l'observation scientifique.

Disons enfin : la question de la direction des aérostats pourra maintenant être résolument abordée. Comme il est bon que chacun ouvre son cœur sur des matières d'une si grande importance, nous avons fait connaître nos vues particulières à cet égard. Nous avons dit qu'il ne nous paraît pas impossible de résoudre ce problème tant poursuivi, en se servant d'une machine à vapeur placée au-dessous du ballon plein de gaz hydrogène, comme le fit, en 1852, M. Giffard, avec la précaution d'employer un ballon fermé par le bas, au moyen de deux soupapes, pour éviter les chances d'incendie, et, comme conséquence de l'emploi d'un ballon fermé, en se maintenant toujours à une faible hauteur dans l'atmosphère.

Bien entendu qu'il ne s'agirait jamais de lutter contre les vents, mais d'attendre les moments de calme, ce qui peut toujours s'apprécier, puisque l'on ne doit s'élever qu'à quelques centaines de mètres, et que le vent qui règne à la surface du sol, ne diffère pas sensiblement de celui qui existe à quelques centaines de mètres au-dessus.

Le caractère de la vraie science, c'est de reculer sans cesse les limites de son empire, de franchir chaque jour une barrière nouvelle. La curiosité de l'homme ne connaît pas de trêve ; elle fouille tous les recoins du globe, qui lui a été donné pour domaine et passager séjour. Il a trouvé le moyen de sonder les noires profondeurs des mers, et de s'élancer avec audace sur les hauteurs glacées de l'Océan atmosphérique. Il lui reste à se diriger à son gré dans l'espace, comme l'oiseau qui fend les airs. Par son organisation physique, l'homme semblerait condamné à ramper toujours à la surface du sol, à ne s'élever dans les régions supérieures de l'atmosphère, qu'à la condition de se transporter péniblement, et à grande fatigue, au sommet des montagnes. Il faut maintenant que son génie crée des instruments qui lui tiennent lieu d'organes nouveaux, et le dotent de facultés que lui a refusées la nature. Oui, nous en conservons l'espérance, l'homme trouvera le moyen de réaliser cette magnifique découverte de la navigation aérienne, dont nous laissons à l'imagination de nos lecteurs, le soin d'apprécier l'importance et l'étendue !

NOTES

1.　　On trouve en effet dans la grande carte de France de Cassini, feuille 52, au nord-est d'Ambert, Mont-Golfier et au-dessus le Cros du Mont-Golfier.

2.　　C'est ainsi qu'il changea le moteur employé dans la fabrique, modifia la disposition des séchoirs, et inventa des formes pour le papier grand-monde, inconnu avant lui. Il trouva aussi le secret de la fabrication du papier vélin, que la France avait jusqu'alors tiré de l'étranger.

3.　　Il suffit de citer leur découverte du bélier hydraulique, une des conceptions mécaniques les plus remarquables du siècle dernier.

4.　　On évite aujourd'hui cet inconvénient en faisant passer le gaz hydrogène dans une cuve d'eau, avant de le diriger dans le ballon ; le gaz se lave et se débarrasse ainsi de l'acide sulfureux, qui reste dissous dans l'eau.

5.　　On a dit qu'en descendant de sa nacelle, Charles avait juré de ne plus s'exposer à ces périlleuses expéditions, tant avait été forte l'impression qu'il ressentit au moment où, Robert étant descendu, le ballon, subitement déchargé de ce poids, l'emporta dans les airs avec la rapidité d'une flèche.

6.　　Voir l'ouvrage L'Électro-magnétisme.

7.　　Mécanicien anglais, auteur d'une machine avec laquelle il est parvenu à marcher au fond de la mer ; il y a parcouru environ mille toises.

8.　　Tibère Cavallo, Histoire et pratiques de l'aérostation traduit de l'anglais. Paris, in-8°, 1786, pages 124-126.

9.　　C'est dans l'ouvrage de Tibère Cavallo, Histoire et pratiques de l'aérostation (ch. XV, pages 139-145}, que se trouvent les renseignements les plus authentiques sur la traversée de la Manche par Blanchard et le docteur Jefferies.

10.　　l'année historique de Boulogne-sur-mer, recueil de faits et d'événements intéressant l'histoire de cette ville, et rangés selon leurs jours anniversaires, par M. F. Morand, correspondant du Ministre de l'Instruction publique pour les travaux historiques. In-18, Boulogne-sur-mer, 1858.

11.　　Cette dame de Saint-Hilaire voulait partir avec Pilâtre de Rozier, dans son voyage aérien. Elle s'était fait recommander par le ministre Calonne, à Pilâtre, lequel avait consenti à l'emmener. C'était là une violation de l'article 1er du traité que nous avons cité, et ce manque de foi avait déterminé Romain à se plaindre au ministre des procédés de son associé.

12.　　Aérostation, Ballons. In-12, chez Roret. Paris. 1860, P. 7.

13.　　On avait fait déjà un emploi tout aussi juste de l'anagramme à propos de Pilâtre des Rosiers, dans le nom duquel on avait trouvé : Tu seras le p. roi de l'air.

14.　　　Voici les principales sources à consulter sur l'histoire de l'aérostation militaire : Récit du capitaine Coutelle, dans les Mémoires récréatifs scientifiques et anecdotiques de Robertson, Paris, in-8, 1840, t. II, p. 16-32. — Les compagnies d'aérostiers militaires sous la République, par G. de Gaugler, officier de chasseurs de Vincennes, brochure in-8, Paris, 1857. — Souvenirs de la fin du XVIIIe siècle, Extraits des mémoires d'un officier des aérostiers aux armées de 1793 à 1799, par le baron de Selle de Beauchamp, in-12, Paris 1853, imprimé à Saint-Germain.

15.　　　Souvenirs de la fin du XVIIIe siècle, Extraits des mémoires d'un officier des aérostiers, aux armées de Sambre-et-Meuse, par le baron de Selle de Beauchamp, in-12, Paris, 1853, p. 28-29.

16.　　　Mémoires sur Carnot, publiés par son fils, in-8. Paris, 1866, tome Ier.

17.　　　Souvenirs de la fin du XVIIIe siècle, Extraits des mémoires d'un officier des aérostiers, aux armées de Sambre-et-Meuse, Pages 37-41.

18.　　　Mémoires cités, pages 41-50.

19.　　　Récit du capitaine Coutelle cité par G. de Gaugler, dans sa brochure Les compagnies d'aérostiers militaires sous la République. Paris, 1857, in-8°, page 10.

20.　　　Voici le texte de cet arrêté du Comité de salut public, en date du 5 messidor an II.

Le Comité de salut public arrête :

Il sera formé une deuxième compagnie d'aérostiers composée de la même manière que celle qui est actuellement au service de l'aérostat de l'armée du Nord. Cette compagnie sera établie à Meudon, où, sous les ordres du citoyen Conté, elle sera occupée d'abord aux travaux de la construction des aérostats, et ensuite à toutes les opérations relatives au service des machines.

Le citoyen Conté est chargé de prendre toutes les mesures nécessaires à l'exécution du présent arrêté.

21.　　　Nous extrayons toutes ces pièces de la brochure de M. de Gaugler : les Compagnies d'aérostiers militaires, la meilleure relation qui existe de l'épisode que nous racontons ici.

22.　　　De Gaugler, les Compagnies d'aérostiers militaires sous la République, pages 13-14.

23.　　　Récit de Coutelle dans les Mémoires du physicien aéronaute Robertson, tome II, page 21.

24.　　　Souvenirs du XVIIIe siècle. Extrait des Mémoires d'un officier d'aérostiers, par le baron de Selle de Beauchamp, p. 57.

25.　　　Souvenirs, etc. p. 65-67.

26.　　　Mémoires récréatifs, scientifiques et anecdotiques du physicien Robertson. Paris, 1840, t. II, p. 32.

27.　　　Histoire de Constantinople, par M. Cousin, cité dans l'Essai sur l'art du vol aérien, in-12. Paris, 1784, pages 35-36.

28.　　　　Possunt etiam fieri instrumenta volandi, ut homo, sedens in medio instrumenti, revolvens aliquod ingenium per quod alæ, artificialiter compositæ, aerem yerberarent, ad modum avis, volaret (De secretis operibus artis et naturœ).

29.　　　　Histoire des sciences mathématiques en Italie. Paris, in-8, 1840, t. III, page 44.

30.　　　　Les Ballons, par Julien Turgan, in-12, Paris, 1851, page 9, Introduction, par Gérard de Nerval.

31.　　　　Recherches sur l'art de voler, depuis la plus haute antiquité jusqu'à ce jour, pour servir de supplément à la description des expériences aérostatiques de M. Faujas de Saint-Fond, par David Bourgeois, in-8, Paris, 1784, pages 59-63.

32.　　　　Essai sur l'art du vol aérien (sans nom d'auteur), in-12, Paris » 1784, p. 40-44.

33.　　　　Annales de physique et de chimie, tome XXXVI, page 97.

34.　　　　Mémoires récréatifs, scientifiques et anecdotiques du physicien aéronaute E. G. Robertson, tome II, in-8, Paris, 1840, pages 66 et suivantes.

35.　　　　Voyage dans les Alpes, t. IV, p. 312 et 313.

36.　　　　Kotzebue, Souvenirs d'un voyage en Livonie, t. IV, p. 294.

37.　　　　Pareil événement est arrivé, au mois de janvier 1867, à Marseille, à madame Poitevin, veuve de l'aéronaute de ce nom. Dans une ascension faite au Prado, le vent la poussa vers la mer. Au bout de deux heures, l'aérostat s'étant dégonflé, le ballon tombait dans la Méditerranée. Heureusement, un bateau à vapeur était sorti du port, dès que l'on avait vu la direction dangereuse que prenait l'aérostat. On recueillit madame Poitevin sur le pont du bateau, au moment où le ballon allait entrer dans l'eau.

38.　　　　Mémoires du Géant, pages 63 et suivantes.

39.　　　　Voir page 57.

40.　　　　Voyage du Géant de Paris à Hanovre en ballon, par Eugène d'Arnoult. 1 vol. in-18. Paris 1863.

41.　　　　Les mémoires dans lesquels Meunier expose ses idées sur la navigation aérienne, sont fort peu connus. Le travail dans lequel il propose de lester les ballons avec de l'air comprimé, a été publié au mois de juillet 1784, dans le Journal de physique de l'abbé Rozier. Un autre travail de Meunier, encore moins connu que le précédent, est unPrécis des travaux faits à l'Académie des sciences de Paris pour la perfection des machines aérostatiques. Ce mémoire n'existe qu'en manuscrit : il est déposé à la bibliothèque de l'École d'application de Metz. Nous en avons publié quelques extraits dans les premières éditions de notre ouvrage, intitulé : Exposition et histoire des principales découvertes scientifiques modernes.

42.　　　　Nadar, Le droit au vol, page 3.

43.　　　　Arago, Œuvres complètes, t. IX, pages 529-632. (Voyages scientifiques.)

44.　　　　Voir les Comptes rendus de l'Académie des sciences du 25 mars et du 27 juin 1844, et l'année 1846 du même recueil.

45.   Les compagnies d'aérostiers militaires sous la République, par de Gaugler, page 22

46.   Extrait d'un article du Journal militaire de Darmstadt, intitulé : Application à l'art de la guerre des aérostats et de la télégraphie, traduit de l'allemand par M. d'Herbelot, colonel d'artillerie en retraite. Brochure in-8 de 26 pages.

ISBN : 978-1519556950

Louis Figuier

www.ingramcontent.com/pod-product-compliance
Lightning Source LLC
Chambersburg PA
CBHW051439170526
45166CB00001B/44